21世纪高等学校数学系列教材

（第三版）

高等数学（上册）

■ 刘金舜　羿旭明　编著

WUHAN UNIVERSITY PRESS
武汉大学出版社

图书在版编目(CIP)数据

高等数学．上册/刘金舜，羿旭明编著．—3版．—武汉：武汉大学出版社，2012.7

21世纪高等学校数学系列教材

文科·经济类

ISBN 978-7-307-10032-9

Ⅰ.高…　Ⅱ.①刘…　②羿…　Ⅲ.高等数学—高等学校—教材　Ⅳ.O13

中国版本图书馆CIP数据核字(2012)第169386号

责任编辑：李汉保　　责任校对：黄添生　　版式设计：马　佳

出版发行：武汉大学出版社　(430072　武昌　珞珈山)

(电子邮件：cbs22@whu.edu.cn　网址：www.wdp.whu.edu.cn)

印刷：湖北睿智印务有限公司

开本：787×1092　1/16　印张：16　字数：403千字　插页：1

版次：2004年6月第1版　　2007年9月第2版

2012年7月第3版　　2013年1月第3版第2次印刷

ISBN 978-7-307-10032-9/O·475　　定价：26.00元

版权所有，不得翻印；凡购买我社的图书，如有质量问题，请与当地图书销售部门联系调换。

21世纪高等学校数学系列教材

编　委　会

主　　任　羿旭明　武汉大学数学与统计学院，副院长，教授

副主任　何　穗　华中师范大学数学与统计学院，副院长，教授

　　　　蹇　明　华中科技大学数学学院，副院长，教授

　　　　曾祥金　武汉理工大学理学院，数学系主任，教授、博导

　　　　李玉华　云南师范大学数学学院，副院长，教授

　　　　杨文茂　仰恩大学（福建泉州），教授

编　　委　（按姓氏笔画为序）

　　　　王绍恒　重庆三峡学院数学与计算机学院，教研室主任，副教授

　　　　叶牡才　中国地质大学（武汉）数理学院，教授

　　　　叶子祥　武汉科技学院东湖校区，副教授

　　　　刘　俊　曲靖师范学院数学系，系主任，教授

　　　　全惠云　湖南师范大学数学与计算机学院，系主任，教授

　　　　何　斌　红河师范学院数学系，副院长，教授

　　　　李学峰　仰恩大学（福建泉州），副教授

　　　　李逢高　湖北工业大学理学院，副教授

　　　　杨柱元　云南民族大学数学与计算机学院，院长，教授

　　　　杨汉春　云南大学数学与统计学院，数学系主任，教授

　　　　杨泽恒　大理学院数学系，系主任，教授

　　　　张金玲　襄樊学院，讲师

　　　　张惠丽　昆明学院数学系，系副主任，副教授

　　　　陈圣滔　长江大学数学系，教授

　　　　邹庭荣　华中农业大学理学院，教授

　　　　吴又胜　咸宁学院数学系，系副主任，副教授

　　　　肖建海　孝感学院数学系，系主任

　　　　沈远彤　中国地质大学（武汉）数理学院，教授

　　　　欧贵兵　武汉科技学院理学院，副教授

　　　　赵喜林　武汉科技大学理学院，副教授

　　　　徐荣聪　福州大学数学与计算机学院，副院长

高遵海　武汉工业学院数理系，副教授
梁　林　楚雄师范学院数学系，系主任，副教授
梅汇海　湖北第二师范学院数学系，副主任
熊新斌　华中科技大学数学学院，副教授
蔡光程　昆明理工大学理学院数学系，系主任，教授
蔡炯辉　玉溪师范学院数学系，系副主任，副教授
执行编委　李汉保　武汉大学出版社，副编审
黄金文　武汉大学出版社，副编审

内容简介

本书是大学经济管理类(包括文科)的高等数学教材,列为武汉大学“十五”规划教材之一。

全书分上、下两册,共十四章。

上册介绍一元函数的微积分学,包括函数的极限、连续、导数、不定积分、定积分、广义积分以及导数在经济学中的应用,定积分的应用等。下册介绍空间解析几何、二元(多元)函数的微积分学、无穷级数、常微分方程及差分方程等。

本书在传统的经济类高等数学的基础上内容稍有拓宽,主要是加强了空间解析几何和无穷级数方面的内容。

本书的最大特色是:每一章都按时下流行的考试命题模式,配备一套针对本章内容的综合练习题。此外,在全书最后,还配有两套综合全书内容的综合练习题。这些试题,既有深度,又有一定的难度。熟练地掌握这些试题的解题思路及证明方法,对将来考研将起到很好的桥梁作用。

序

数学是研究现实世界中数量关系和空间形式的科学。长期以来，人们在认识世界和改造世界的过程中，数学作为一种精确的语言和一个有力的工具，在人类文明的进步和发展中，甚至在文化的层面上，一直发挥着重要的作用。作为各门科学的重要基础，作为人类文明的重要支柱，数学科学在很多重要的领域中已起到关键性、甚至决定性的作用。数学在当代科技、文化、社会、经济和国防等诸多领域中的特殊地位是不可忽视的。发展数学科学，是推进我国科学研究和技术发展，保障我国在各个重要领域中可持续发展的战略需要。高等学校作为人才培养的摇篮和基地，对大学生的数学教育，是所有的专业教育和文化教育中非常基础、非常重要的一个方面，而教材建设是课程建设的重要内容，是教学思想与教学内容的重要载体，因此显得尤为重要。

为了提高高等学校数学课程教材建设水平，由武汉大学数学与统计学院与武汉大学出版社联合倡议，策划，组建21世纪高等学校数学课程系列教材编委会，在一定范围内，联合多所高校合作编写数学课程系列教材，为高等学校从事数学教学和科研的教师，特别是长期从事教学且具有丰富教学经验的广大教师搭建一个交流和编写数学教材的平台。通过该平台，联合编写教材，交流教学经验，确保教材的编写质量，同时提高教材的编写与出版速度，有利于教材的不断更新，极力打造精品教材。

本着上述指导思想，我们组织编撰出版了这套21世纪高等学校数学课程系列教材。旨在提高高等学校数学课程的教育质量和教材建设水平。

参加21世纪高等学校数学课程系列教材编委会的高校有：武汉大学、华中科技大学、云南大学、云南民族大学、云南师范大学、昆明理工大学、武汉理工大学、湖南师范大学、重庆三峡学院、襄樊学院、华中农业大学、福州大学、长江大学、咸宁学院、中国地质大学、孝感学院、湖北第二师范学院、武汉工业学院、武汉科技学院、武汉科技大学、仰恩大学（福建泉州）、华中师范大学、湖北工业大学等20余所院校。

高等学校数学课程系列教材涵盖面很广，为了便于区分，我们约定在封首上以汉语拼音首写字母缩写注明教材类别，如：数学类本科生教材，注明：SB；理工类本科生教材，注明：LGB；文科与经济类教材，注明：WJ；理工类硕士生教材，注明：LGS，如此等等，以便于读者区分。

武汉大学出版社是中共中央宣传部与国家新闻出版署联合授予的全国四大优秀出版社之一。在国内有较高的知名度和社会影响力，武汉大学出版社愿尽其所能为国内高校的教学与科研服务。我们愿与各位朋友真诚合作，力争使该系列教材打造成为国内同类教材中的精品教材，为高等教育的发展贡献力量！

21世纪高等学校数学系列教材编委会

2007年7月

第二版前言

本教材自2004年出版发行以来，许多高校文科及经济管理类专业使用本教材。经过作者和多所高校相关专业教师的教学实践，对于本教材在内容的选取、内容的编排、习题的编写以及整体的内容难易把握程度等方面给予了充分的肯定，并也指出了书中的错漏与不当之处。

这次修订再版，基本保持初版的体系、结构和内容，对第一版编写和排印中的疏漏进行了修正，同时，为了更好地适应文科及经济管理类专业学生对高等数学的学习需要，对部分章节、内容和习题也进行适当的删减和增补，以期达到更好的教学效果。

这次修订，得到了不少专家、教师和读者的关心和支持，在此我们一并表示感谢！并诚恳地希望得到读者的不吝指正。

作　者

2007年7月

前　言

为了使高等教育教材建设更好地适应经济建设、科技进步和社会发展，更好地适应教学与改革的需要，武汉大学确定并公布了“十五”规划教材，本书为“十五”规划教材之一。是面向大学经济管理类、财经类（包括文科）的高等数学教材。

实践已经证明，高等数学不仅在物理学、力学、天文学、计算机科学、生命科学、工程学等自然学科领域内得到广泛的应用，在经济领域中，高等数学也越来越活跃。无论是经济理论的研究，或是对某种经济现象的定性分析，高等数学已成为最有力的工具。因此，《高等数学》成为高等学校财经类、管理类等专业本科生必修的核心课程之一，也是硕士研究生入学考试中的一门必修科目。对于文科类的学生来说，通过《高等数学》的学习，对于提高自身的抽象思维能力，严格的逻辑推理能力，空间想像能力等都有极大的帮助。

本教材在基本保持传统经济类高等数学体系和经典内容的同时，注重渗透现代数学思想的概念和方法，在内容的取舍与编排上力求大胆创新。此外，本书在现有经济类高等数学内容的基础上稍有拓宽与加深，其主要目的，是为了满足读者学习后续课程的需要。同时，本书突出经济类高等数学的特点和数学在经济学中的应用。本教材在编写的过程中，始终贯彻数学建模的思想，使学生在学习数学的同时，自然领略到数学的精髓和数学对经济学研究的作用。

本教材分上、下两册出版，总课时为 144 学时，上册除对初等数学进行重点复习与归纳外，着重介绍了一元函数的微积分学。包括函数的极限、连续、导数、不定积分与定积分、广义积分等。此外，还介绍了导数在经济学中的应用，定积分的应用等。下册首先介绍了空间解析几何。为了给学生一个较为完整的空间几何的概念，使学生在学习二重积分时，不致因缺乏空间几何的概念而产生困惑，我们用较大篇幅系统地讲授了空间解析几何的基础知识。此外，下册还介绍了二元函数的偏导数、全微分、二元函数的极值、二重积分、无穷微分、常微分方程初步以及差分方程等。书中有些章节，作者打了“*”号，在讲授时可以视具体情况予以灵活处理。

本套教材的每一章后都配备了大量的基本练习题。此外，每一章还精心编写了一套针对本章内容的综合练习题。在全书最后还编写了两套综合全书的综合练习题。这十六套综合练习题，倾注了作者的大量心血。它既有广度，又有深度，当然还有一定的难度。这些练习为有志于考研的学生提供了一个较为广阔的平台。套用一句时下最流行的话：与考研接轨。

本教材第 1 章由韦光贤编写；第 2 章～第 7 章由刘金舜编写；第 8 章～第 14 章由羿旭明编写。全书的习题及综合练习题均由刘金舜编写。全套教材最后由刘金舜审核定稿。在编写过程中，我们参阅了国内外部分院校的相关教材，主要参考书目列于书后的参考文献；部分内容取自中国人民大学赵树源教授编写的《微积分》一书。

本教材从立项、编写到出版，一直得到武汉大学数学与统计学院的领导及武汉大学出版社的关心与支持，在此一并表示衷心的感谢！

限于作者自身的文化修养及水平，书中错漏之处在所难免，殷切希望读者指正。

刘金舜

2004 年 3 月

目　录

第1章　函　数

德国著名数学家高斯(Gauss,K. F. 1777—1855)曾说:任何现实生活中的问题都可以转化为数学,而任何数学都可以转化为函数.

函数,起始于人类对运动和变化的研究,是对现实世界中各种度量之间相互关系的一种抽象,是解决现实生活中各种问题必不可少的一种工具,也是微积分研究的基本对象,是高等数学中最重要的也是最基本的概念之一.

§1.1　实　数　集

1.1.1　集　合

集合是数学中的基本概念,也是集合论的主要研究对象,按集合论的创始人德国数学家康托尔(Cantor,G. 1845—1918)的说法,凡一定范围内的可以区别的具体或抽象的事物,若作为一个整体来考虑,就称为集合,而这些事物则称为该集合的元素或成员.

一般来说,集合是具有某种共同属性的事物的全体,或者按照某种研究需要进行研究的对象的全体.集合可以简称为集.构成集合的事物或对象,称为集合的元素.

通常我们研究某些事物或对象组成的集合,如一个班的所有学生、一所大学的所有专业、一个实验室的所有计算机、所有自然数等都可以称为集合,而具体的某个学生、某个专业、某台计算机、某个自然数则分别称为上述相应集合的元素.

由有限多个元素组成的集合称为有限集.如上述提到的一个班的所有学生组成的集合,一所大学的所有专业组成的集合,一个实验室的所有计算机组成的集合就是有限集;由无穷多个元素组成的集合称为无限集.如所有自然数组成的集合就是无限集.

通常,我们用大写字母 $A,B,X,\Omega,\cdots$ 表示集合,而用小写字母 $a,b,\alpha,\beta,\cdots$ 表示集合中的元素.

若 a 是 A 中的一个元素,记做 $a\in A$,读做 a 属于 A;若 a 不是 A 中的一个元素,记做 $a\notin A$(或 $a\overline{\in}A$),读做 a 不属于 A.

在今后的学习中,我们将用以下字母表示特定的集合:

N:全体自然数集;**Z**:全体整数集;**Q**:全体有理数集;**R**:全体实数集.

例如: $2\in\mathbf{N};\sqrt{2}\in\mathbf{R};\pi\notin\mathbf{Q}$.

表示一个集合,通常有两种方法.一种方法是把集合的所有元素全部列出,这种表示方法称为列举法.如 $A=\{a,b,c,d,e\}$,表示集合 A 由 a、b、c、d、e 五个元素组成.另一种方法称为描述法,即用一对花括号把元素具有的共同性质 P 表示出来.一般记为

$$A=\{x\mid x\text{ 具有性质 P}\}\text{或 }A=\{x:x\text{ 具有性质 P}\}.$$

例如：

$C=\{x|1<x\leqslant 3\}$；

$D=\{x|x$ 是正实数$\}$，此时集合也可以表示为 $D=\{x|x\in \mathbf{R}^+\}$；

$M=\{x|x$ 是等腰三角形$\}$.

我们将不含任何元素的集合称为空集，这是一个很重要的有限集，记做 $\varnothing$. 如$\{x|$方程 $x^2+1=0$ 的实数解$\}$就是空集.

设有两个集合 A 和 B，若 A 的每个元素都是 B 的元素，即 A 的每个元素都属于 B，则称 B 包含 A，或 A 包含在 B 中，或 A 是 B 的子集，并记做 $A\subset B$. 因此，$A\subset B$ 是指从 $a\in A$ 推知 $a\in B$.

例如 $C=\{x|1<x\leqslant 3\}$，$D=\{x|x$ 是正实数$\}$，有 $C\subset D$.

若 $A\subset B$ 且 $B\subset A$，则称 A 与 B 相等，记做 $A=B$. 两个集合相等是指它们具有相同的元素.

在讨论某些问题时，我们常常把讨论限制在某一集合 U 的元素、它的子集的范围内，这样的集合 U 称为全集. 很显然，全集随讨论问题的变化而有所变化.

设有集合 A、B、C，下面给出集合之间的运算及运算律：

所有既属于 A 又属于 B 的元素组成的集合称为 A 与 B 的交集，简称为 A 与 B 的交，记做 $A\cap B$，用集合表示即 $A\cap B=\{x|x\in A$ 且 $x\in B\}$.

所有至少属于 A、B 之一的元素组成的集合称为 A 与 B 的并集，简称为 A 与 B 的并，记做 $A\cup B$，用集合表示即 $A\cup B=\{x|x\in A$ 或 $x\in B\}$.

所有属于 A 而不属于 B 的元素组成的集合称为 A 与 B 的差集，记做 $A-B$，用集合表示即 $A-B=\{x|x\in A$ 且 $x\notin B\}$.

设 A 是全集 U 的一个子集，U 中所有不属于 A 的元素所组成的集合称为 A 的补集，记做 $\overline{A}$，用集合表示即 $\overline{A}=\{x|x\in U$ 且 $x\notin A\}$，用差集表示即 $\overline{A}=U-A$.

集合的运算满足如下运算律：

(1)交换律：$A\cup B=B\cup A, A\cap B=B\cap A$ (1.1)

(2)结合律：$(A\cup B)\cup C=A\cup(B\cup C)$

$(A\cap B)\cap C=A\cap(B\cap C)$ (1.2)

(3)分配律：$(A\cup B)\cap C=(A\cap C)\cup(B\cap C)$

$(A\cap B)\cup C=(A\cup C)\cap(B\cup C)$ (1.3)

(4)吸收律：$(A\cup B)\cap A=A, (A\cap B)\cup A=A$ (1.4)

(5)对偶律：$\overline{A\cup B}=\overline{A}\cap\overline{B}, \overline{A\cap B}=\overline{A}\cup\overline{B}$ (1.5)

这里，我们只给出对偶律(5)中 $\overline{A\cup B}=\overline{A}\cap\overline{B}$ 的证明，其他运算律可以类似证明．要证明 $\overline{A\cup B}=\overline{A}\cap\overline{B}$，则需证明 $\overline{A\cup B}\subset\overline{A}\cap\overline{B}$ 且 $\overline{A}\cap\overline{B}\subset\overline{A\cup B}$. 证明如下：

设 $x\in\overline{A\cup B}$，则 $x\notin A\cup B$，即 $x\notin A$ 且 $x\notin B$，于是 $x\in\overline{A}$ 且 $x\in\overline{B}$，即 $x\in\overline{A}\cap\overline{B}$，因此

$$\overline{A\cup B}\subset\overline{A}\cap\overline{B}$$

设 $x\in\overline{A}\cap\overline{B}$，则 $x\in\overline{A}$ 且 $x\in\overline{B}$，即 $x\notin A$ 且 $x\notin B$，于是 $x\notin A\cup B$，即 $x\in\overline{A\cup B}$，因此

$$\overline{A}\cap\overline{B}\subset\overline{A\cup B}.$$

1.1.2 实数与数轴

高等数学主要在实数范围内讨论问题，因此我们有必要简要地介绍一下实数的一些

属性.

人们对实数的认识是逐步发展的.首先是自然数,由自然数构成的集合叫做自然数集,记为**N**.在**N**中我们可以定义四则运算,然后发展到有理数.有理数可以表示为$\frac{p}{q}$,其中p与q都是整数,且$q\neq 0$.我们将有理数构成的集合叫做有理数集,记为**Q**.

在数轴上,每一个有理数都可以找到一个点来表示.例如图1-1中的点A_1,A_2,A_3,A_4,A_5就可以代表有理数$-4,-1.5,-0.5,3,5$.我们将代表有理数x的点称为有理点.由此可知,有理数集**Q**除了可以在其中定义四则运算外,还具有有序性.

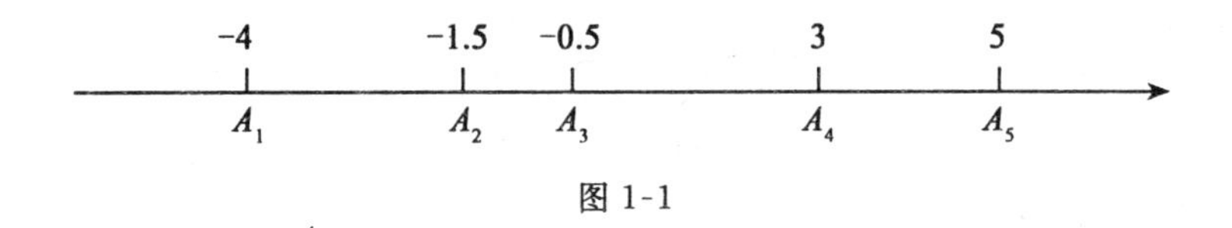

图1-1

任给两个有理数$a,b(a<b)$,则在a,b之间至少可以找到一个有理数c,使得$a<c<b$,如$c=\frac{a+b}{2}$.同样地,在a,c之间至少可以找到一个有理数d,使得$a<d<c$.可见,无论有理数a,b相差多少,在a,b之间总可以找到无穷多个有理数,这就是有理数的稠密性.因为任何一个有理数必定与数轴上的一个有理点相对应,这也说明有理点在数轴上是处处稠密的.

尽管如此,但有理点并没有充满整个数轴.事实上,如图1-2所示,在数轴上,设OC是单位长,作直角三角形OCB,使$BC=OC$,由勾股定理知$OB=\sqrt{2}$.以O为圆心,OB为半径作圆,与数轴正半轴交于一点A,显然$OB=OA$.容易证明$\sqrt{2}$不能表示为$\frac{p}{q}$(p与q都是整数,且$q\neq 0$)的形式,因此$\sqrt{2}$不是有理数.可见数轴上代表$\sqrt{2}$的点A不是有理点.与上述同样的理由,这种点也必有无穷多个,而且在数轴上也是处处稠密的.我们称这些点为无理点,与无理点相对应的数称为无理数.无理数是无限不循环小数,如$\sqrt{2},\sqrt{3},\pi$等.由它们构成的集合称为无理数集,记为**I**.有理数与无理数统称为实数.全体实数构成的集合称为实数集,记为**R**.

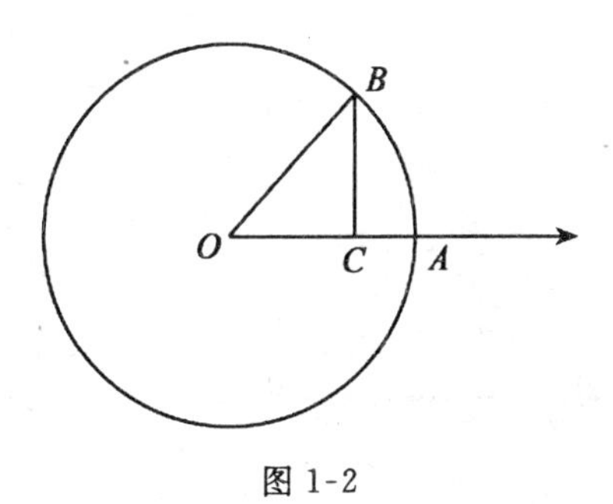

图1-2

实数充满数轴且没有间隙,这就是实数的连续性.可见每一个实数必定是数轴上某一点的坐标;反之,数轴上每一个点必是一个实数,这就是说全体实数与数轴上全体点构成一一对应的关系.基于此,我们在以后的讨论中,可以把数轴上的点与实数不加区分,点 a 和实数 a 是相同的意思.

1.1.3 绝对值

定义 1.1 一个实数 x 的绝对值,记为 $|x|$,定义为

$$|x|=\begin{cases}x, & x\geqslant 0\\ -x, & x<0\end{cases}$$

$|x|$ 的几何意义表示数轴上的点 x 与原点之间的距离.在这里我们不加证明地给出如下绝对值及其运算的下列性质:

(1) $|x|=\sqrt{x^2}$;

(2) $|x|\geqslant 0$;

(3) $-|x|\leqslant x\leqslant |x|$;

(4) $|x|\leqslant a(a>0)$,等价于 $-a\leqslant x\leqslant a$;

(5) $|x|\geqslant a(a>0)$,等价于 $x\geqslant a$ 或 $x\leqslant -a$;

(6) $|x|-|y|\leqslant |x\pm y|\leqslant |x|+|y|$;

(7) $|xy|=|x|\cdot|y|$;

(8) $\left|\dfrac{x}{y}\right|=\dfrac{|x|}{|y|}$,其中 $y\neq 0$.

1.1.4 区间与邻域

在实数集中,我们经常会碰到各种区间.所谓区间就是界于某两个点之间的所有点构成的集合,这两个点称为区间的端点.区间可以分为以下几种:

设 $a,b\in\mathbf{R}$,且 $a<b$.

1. 满足不等式 $a<x<b$ 的所有实数 x 的集合,称为以 a,b 为端点的开区间,记做 (a,b),即 $(a,b)=\{x|a<x<b\}$,如图 1-3 所示.

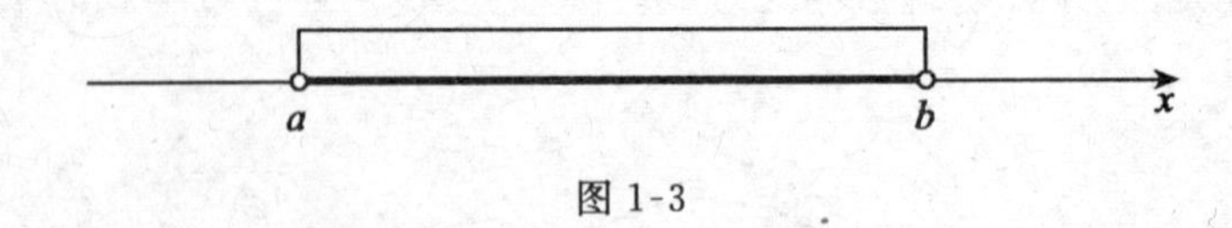

图 1-3

2. 满足不等式 $a\leqslant x\leqslant b$ 的所有实数 x 的集合,称为以 a,b 为端点的闭区间,记做 $[a,b]$,即 $[a,b]=\{x|a\leqslant x\leqslant b\}$,如图 1-4 所示.

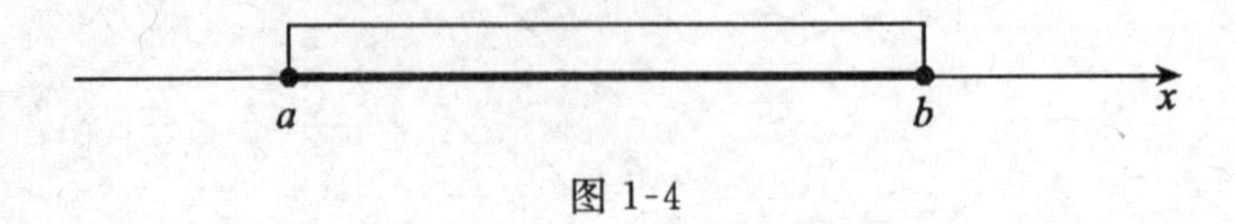

图 1-4

类似地,可以定义如下区间:

3. $[a,b)=\{x|a\leqslant x<b\}$,$(a,b]=\{x|a<x\leqslant b\}$,并称为半开区间.

其中区间的右端点 b 与区间的左端点 a 的差 $b-a$ 称为区间的长度，上述 1～3 种情况具有有限的区间长度，因此我们称为有限区间. 下面给出几类无限区间：

4. $[a,+\infty)=\{x|x\geqslant a\}$，$(a,+\infty)=\{x|x>a\}$；

5. $(-\infty,b]=\{x|x\leqslant b\}$，$(-\infty,b)=\{x|x<b\}$；

6. $(-\infty,+\infty)=\{x|x\in\mathbf{R}\}$，即全体实数的集合.

设 a 与 δ 是两个实数，且 $\delta>0$. 实数集合 $\{x||x-a|<\delta\}$ 在数轴上表示一个以点 a 为中心，以 2δ 为区间长度的开区间 $(a-\delta,a+\delta)$，并称该开区间为以 a 为中心、δ 为半径的邻域，记为 $U(a,\delta)$. 根据绝对值的性质，即有

$$U(a,\delta)=\{x|a-\delta<x<a+\delta\}$$

在数轴上表示，如图 1-5 所示.

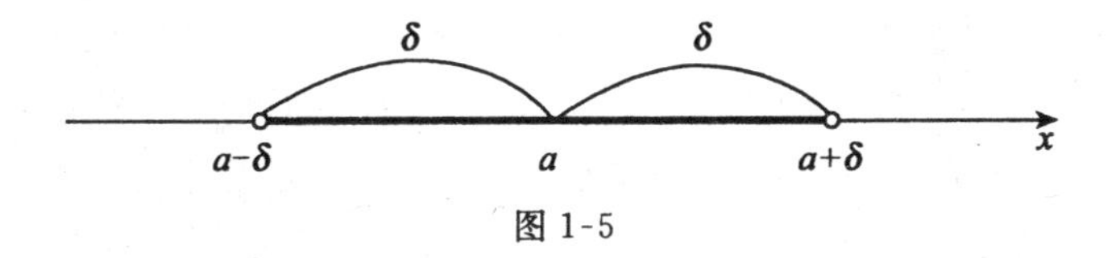

图 1-5

另外，我们常常还会用到如下的实数集合 $\{x|0<|x-a|<\delta\}$，即上述邻域 $U(a,\delta)$ 去掉中心点 a 后形成的邻域，我们称该邻域为以 a 为中心、δ 为半径的去心邻域，并记为 $U_0(a,\delta)$.

§1.2　函　　数

1.2.1　函数的概念

定义 1.2　设 D 是一个给定的非空实数集，如果对于每一个实数 $x\in D$，按照某个对应法则 f，有唯一的实数 y 与之对应，则称 f 是定义在 D 上的函数，记为 $y=f(x)$，$x\in D$. x 称为自变量，y 称为因变量. 自变量 x 的取值集合 D 称为函数的定义域，记为 $D(f)$，因变量的取值集合称为函数的值域，记为 $Z(f)$，即 $Z(f)=\{y|y=f(x),x\in D\}$.

为了以示区别，不同的函数其对应法则可以用不同的字母表示. 在实际问题中，由函数的实际意义可以确定函数的定义域. 当函数无实际背景时，函数的定义域是使函数的对应法则有意义的自变量 x 的取值集合.

函数具有定义域和对应法则两个要素. 对于两个函数 $y=f(x)$ 和 $y=g(x)$，如果其定义域和对应法则分别相同，则我们认为这两个函数是同一函数，否则是两个不同的函数.

例 1　求函数 $y=\sqrt{1-x^2}$ 的定义域.

解　因 $1-x^2\geqslant 0$ 时，函数 $y=\sqrt{1-x^2}$ 才有意义，故定义域为 $\{x|1-x^2\geqslant 0\}$，即 $\{x|-1\leqslant x\leqslant 1\}$.

例 2　设函数 $y=f(x)$ 的定义域为 $(0,1)$，求函数 $y=f\left(x+\frac{1}{3}\right)+f\left(x-\frac{1}{3}\right)$ 的定义域.

解 显然,要使函数 $y=f\left(x+\frac{1}{3}\right)+f\left(x-\frac{1}{3}\right)$有意义,则$\begin{cases}0<x+\frac{1}{3}<1\\0<x-\frac{1}{3}<1\end{cases}$,解得$\frac{1}{3}<x<\frac{2}{3}$,从而所求函数 $y=f\left(x+\frac{1}{3}\right)+f\left(x-\frac{1}{3}\right)$的定义域为$\left\{x\left|\frac{1}{3}<x<\frac{2}{3}\right.\right\}$.

例 3 判断函数 $y=x,x\in\mathbf{R}$ 与函数 $y=\frac{x^2}{x},x\in\mathbf{R}$,且 $x\neq0$ 是否为同一函数.

解 虽然这两个函数在 $x\neq0$ 时,其函数的表达形式均为 $y=x$,即对应法则相同,但是这两个函数的定义域不同,因而不是同一函数.

例 4 判断函数 $y=2\lg|x|$ 与函数 $y=\lg x^2$ 是否为同一函数.

解 显然,所论两函数的定义域均为$\{x|x\neq0\}$,且对应法则也相同,因而为同一函数.

应该指出,根据函数的定义,一个函数 $y=f(x)$的自变量 x 在定义域 D 内任取一个值时,函数 $y=f(x)$仅有一个确定的值与之对应,这种函数我们称为单值函数. 如果对于定义域中的任一 x 的值,函数 $y=f(x)$有几个、甚至无穷多个确定的值与之对应,这时我们称这种函数为多值函数. 如由方程 $x^2+y^2=1$ 确定的函数就是多值函数. 本书中,若无特别说明,我们只对单值函数进行讨论.

1.2.2 函数的表示法

函数的表示通常有三种表达形式:解析法、列表法和图形法. 函数的对应法则用数学解析表达式表示的方法称为解析法. 而列表法给出了函数在一些点上的函数值,并用表格的形式表达出来. 图形法则在坐标系下,给出对应函数 $y=f(x)$在坐标系下的点集

$$C=\{(x,y)\mid y=f(x),x\in D\}$$

此时由点集形成的图形称为函数的图形. 根据需要,我们可以选择上述三种方法中的一种或几种形式来对函数加以表示. 下面我们给出几个函数表示的例子.

例 1 $y=e^{-x}\sin x$,其定义域为 $x\in(-\infty,+\infty)$,函数的图形如图 1-6 所示.

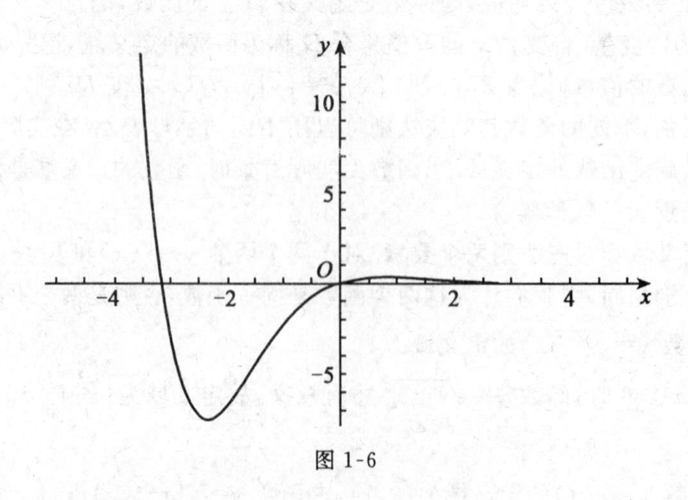

图 1-6

例 2　符号函数 $y=\operatorname{sgn}x=\begin{cases}1, & \text{当 } x>0\\ 0, & \text{当 } x=0\\ -1, & \text{当 } x<0\end{cases}$，其定义域为 $x\in(-\infty,+\infty)$，函数的图形如图 1-7 所示．

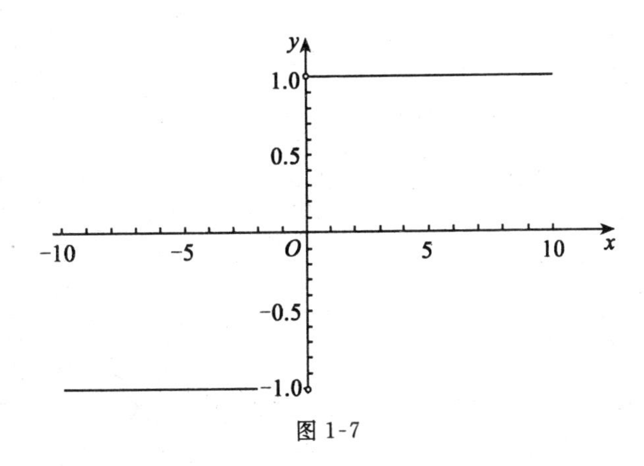

图 1-7

例 3　取整函数 $y=[x]$，$[x]$表示不超过 x 的最大整数. 如$[2.1]=2$，$[3]=3$，$[-1.2]=-2$. 其函数的图形如图 1-8 所示．

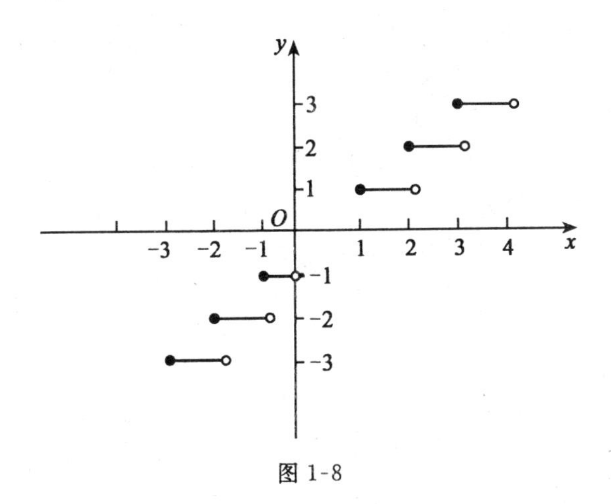

图 1-8

在自变量的不同变化范围中，对应法则用不同的式子来表示的函数，称为分段函数.

例 4　$f(x)=\begin{cases}2x-1, & x>0\\ x^2-1, & x\leqslant 0\end{cases}$，其函数为分段函数，函数的图形如图 1-9 所示.

例 5　对于给定的函数 $y=f(x)$，$y=g(x)$，$x\in D$，对任意给定的 $x\in D$，取函数 $f(x)$和 $g(x)$在 x 处的最大值和最小值，分别构造了两个函数，不妨记为 $y=\max\{f(x),g(x)\}$和 $y=\min\{f(x),g(x)\}$，显然函数的定义域仍为 D.

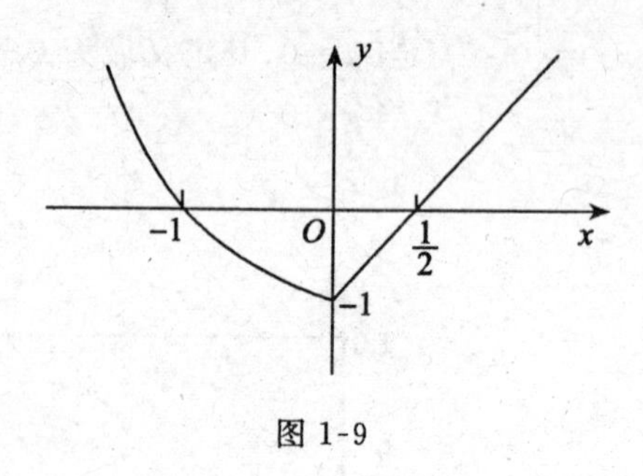

图 1-9

1.2.3 隐函数

形如 $y=f(x)$的函数称为显函数.但在函数的定义中,我们并没有要求因变量一定写成自变量的显式表达式.在许多情形下,自变量 x 与因变量 y 之间的函数关系往往是由一个方程 $F(x,y)=0$ 所确定的.即有两个非空数集 D 和 Z,对任意 $x\in D$,通过方程 $F(x,y)=0$ 确定唯一的一个 $y\in Z$,这种对应关系称为由方程 $F(x,y)=0$ 所确定的隐函数,隐函数也是函数的一种表示方式.例如由方程 $x^2+1=\ln y$ 确定的函数就是隐函数.

1.2.4 反函数

定义 1.3 设 $y=f(x)$是定义在 $D(f)$上的函数,如果对值域 $Z(f)$中的任何 y 值,都有唯一确定的 $x\in D(f)$与之对应,使得 $f(x)=y$,则这样定义的 x 作为 y 的函数,称为 $y=f(x)$的反函数,通常记为 $x=f^{-1}(y)$,$y\in Z(f)$.

函数与反函数,是对应关系的互逆,用什么字母表示并不重要,但通常我们习惯于用 x 表示自变量,用 y 表示因变量.因此 $y=f(x)$,$x\in D(f)$的反函数可以改写为 $y=f^{-1}(x)$,$x\in Z(f)$.因定义域与对应法则均相同,实际上与函数 $x=f^{-1}(y)$,$y\in Z(f)$表示同一函数.

函数与反函数互为反函数,而且函数 $y=f(x)$与反函数 $y=f^{-1}(x)$的图形关于直线 $y=x$对称.

例 1 函数 $y=x^2$,$x\in(0,+\infty)$的反函数为

$$x=\sqrt{y},\quad y\in(0,+\infty)$$

或

$$y=\sqrt{x},\quad x\in(0,+\infty)$$

其函数与反函数的图形如图 1-10 所示.

事实上,如果笼统地求函数 $y=x^2$ 的反函数,其反函数是不存在的.因为给定一点 y,由函数 $y=x^2$ 不能确定唯一的 x 与之对应,因而 $y=x^2$ 没有反函数.

1.2.5 复合函数

定义 1.4 设函数 $y=f(u)$的定义域为 $D(f)$,$u=g(x)$的定义域为 $D(g)$,值域为 $Z(g)$,且 $Z(g)\subset D(f)$.则 $y=f(g(x))$是定义在 $D(g)$上的函数,称为 f 与 g 的复合函数,其对应法则记为 $f\circ g$,u 称为中间变量.

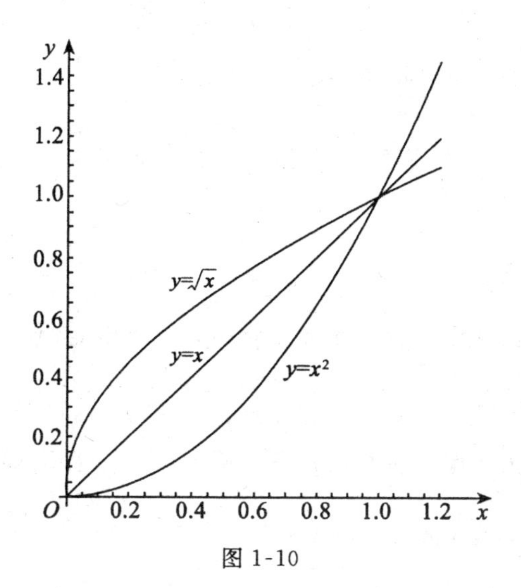

图 1-10

定义 1.4 中的条件 $Z(g)\subset D(f)$ 保证了 $f\circ g$ 能给出一个对应法则. 这时对每一个 $x\in D(g)$，都有 $g(x)\in D(f)$，而 f 是定义在 $D(f)$ 上的函数，因而有唯一的 y 与 $g(x)$ 对应，也就是说有唯一的 y 与 x 对应. 这样就建立了 $D(g)$ 上的对应法则 $f\circ g$.

更一般地，若 $Z(g)\cap D(f)\neq\varnothing$，仍可以得到复合函数 $y=f(g(x))$，但这时复合函数的定义域不是 $D(g)$，而是 $D(g)$ 上的一个子集 $\{x\mid x\in D(g)$ 且 $g(x)\in D(f)\}$. 可见并不是任意两个函数都可以进行复合而成为复合函数.

例 1　设 $y=\sin^2 u, u=x^2$，那么其复合函数为

$$y=\sin^2 x^2$$

其定义域为 $(-\infty,+\infty)$.

例 2　由三个函数

$$y=\cos u,\ u=\sqrt{v},\ v=1+x^2$$

复合而成的函数为 $y=\cos\sqrt{1+x^2}$，其定义域为 $(-\infty,+\infty)$.

例 3　设 $f(x)=\begin{cases}x+1, & x>1,\\ x^2, & x\leqslant 1\end{cases}$，$g(x)=5x+3$，求 $f(g(x))$ 和 $g(f(x))$.

解　$f(x)$ 和 $g(x)$ 的定义域都是 $(-\infty,+\infty)$，所以存在复合函数 $f(g(x))$ 和 $g(f(x))$. 又 $5x+3>1$ 当且仅当 $x>-\dfrac{2}{5}$，故有

$$f(g(x))=\begin{cases}5x+4, x>-\dfrac{2}{5}\\ (5x+3)^2, x\leqslant-\dfrac{2}{5}\end{cases},\quad g(f(x))=\begin{cases}5(x+1)+3, x>1\\ 5x^2+3, x\leqslant 1.\end{cases}$$

从上述例子可以看出，一般来说，复合函数并不满足交换律，即 $f(g(x))\neq g(f(x))$.

有时为了研究的方便，反过来，我们常常把一个比较复杂的函数分解成几个比较简单的函数的复合.

例如，函数 $y=2^{\sin^2\frac{1}{x}}$ 可以写成由四个函数

$$y=2^u,\ u=v^2,\ v=\sin t,\ t=\frac{1}{x}$$

复合而成,其中 u,v 与 t 为中间变量.

§1.3 函数的特性

1.3.1 函数的奇偶性

设函数 $y=f(x),x\in D$,且 D 是关于数轴原点对称的数集,即 $x\in D$ 时,$-x\in D$.

1. 若对任意 $x\in D$,有 $f(-x)=f(x)$,则称 $f(x)$为偶函数.

2. 若对任意 $x\in D$,有 $f(-x)=-f(x)$,则称 $f(x)$为奇函数.

显然,奇函数的图形关于原点对称,偶函数的图形关于 y 轴对称.对于奇函数,若 0 属于定义域,则有 $f(0)=0$.

例 1 确定下列函数的奇偶性.

(1) $f(x)=\dfrac{e^x+e^{-x}}{2},x\in(-\infty,+\infty)$.

(2) $g(x)=\ln(x+\sqrt{1+x^2}),x\in(-\infty,+\infty)$.

解 (1) $f(-x)=\dfrac{e^{-x}+e^x}{2}=f(x),x\in(-\infty,+\infty)$,故 $f(x)$为偶函数.

(2) $g(-x)=\ln(-x+\sqrt{1+x^2})=\ln\dfrac{1}{x+\sqrt{1+x^2}}=-\ln(x+\sqrt{1+x^2})=-g(x)$

故 $g(x)$为奇函数.

1.3.2 函数的单调性

设函数 $f(x)$的定义域为 D,区间 $I\subset D$,对于区间 I 上的任意两点 x_1 及 x_2,当 $x_1<x_2$ 时:

1. 若 $f(x_1)<f(x_2)$,则称函数 $f(x)$在区间 I 上为单调递增函数;

2. 若 $f(x_1)>f(x_2)$,则称函数 $f(x)$在区间 I 上为单调递减函数.

当 $f(x_1)<f(x_2)$和 $f(x_1)>f(x_2)$分别换成 $f(x_1)\leqslant f(x_2)$和 $f(x_1)\geqslant f(x_2)$时,分别称 $f(x)$为单调不减函数和单调不增函数.

例 1 证明函数 $y=x^3$ 在 $x\in(-\infty,+\infty)$上是单调递增函数.

证 设 $x_1<x_2$,且 $x_1,x_2\in(-\infty,+\infty)$.

$$f(x_1)-f(x_2)=x_1^3-x_2^3=(x_1-x_2)(x_1^2+x_1x_2+x_2^2)$$

因 $x_1-x_2<0,x_1^2+x_1x_2+x_2^2>0$. 则 $x_1^3-x_2^3<0$,从而 $f(x_1)<f(x_2)$. 故函数 $y=x^3$ 在 $x\in(-\infty,+\infty)$上是单调递增函数.

1.3.3 函数的周期性

设函数 $y=f(x),x\in D$,如果存在一个非零常数 T,使得对任意的 $x\in D$ 且 $x+T\in D$,关系式 $f(x+T)=f(x)$都能成立,则称函数 $f(x)$是以 T 为周期的周期函数.能使 $f(x+T)=f(x)$成立的最小正数 T 称为周期函数 $f(x)$的最小正周期.通常我们所说的周期 T 指的就是最小正周期.

例1 求函数 $y=\sin x+\cos x$ 的最小正周期.

解 $y=\sin x+\cos x=\sqrt{2}\sin\left(x+\frac{\pi}{4}\right)$

所以其周期为 2π.

例2 讨论函数 $y=c$(其中 c 为常数)的周期性.

解 显而易见,常数函数 $y=c$ 以任意实数为周期,因而是周期函数.但不存在最小正周期.此例也说明,周期函数未必存在最小正周期.

1.3.4 函数的有界性

定义1.5 设函数 $y=f(x)$ 在 D 上有定义,若存在 $M>0$,对任意的 $x\in D$,有

$$|f(x)|\leqslant M$$

则称函数 $f(x)$ 在 D 上有界(或称 $f(x)$ 在 D 上为有界函数),否则称函数 $f(x)$ 在 D 上无界(或称无界函数).

注意,上式又等价于

$$-M\leqslant f(x)\leqslant M, x\in D$$

在几何图形上,上式表示函数 $y=f(x)$ 的图形完全位于直线 $y=-M$ 和 $y=M$ 之间.例如,对于 $y=\sin x$,因为存在 $M=1$,使得对于任意的 $x\in(-\infty,+\infty)$,均有 $|\sin x|\leqslant M$,因此 $y=\sin x$ 在 $(-\infty,+\infty)$ 内有界.

定理1.1 函数 $y=f(x)$ 在 D 上有界的充分必要条件是存在 A、B,使得

$$A\leqslant f(x)\leqslant B, x\in D$$

证 必要性:已知 $y=f(x)$ 有界,即存在 $M>0$,有

$$-M\leqslant f(x)\leqslant M, x\in D$$

取 $A=-M, B=M$,即有 $A\leqslant f(x)\leqslant B, x\in D$,必要性获证.

充分性:已知

$$A\leqslant f(x)\leqslant B, x\in D$$

取 $M=\max(|A|,|B|)$,则

$$f(x)\leqslant B\leqslant |B|\leqslant M, x\in D$$

$$-f(x)\leqslant -A\leqslant |A|\leqslant M, x\in D$$

即

$$|f(x)|\leqslant M, x\in D$$

充分性获证.

通常称定理1.1中的 A 为函数 $f(x)$ 在 D 上的下界,B 为函数 $f(x)$ 在 D 上的上界.定理1.1说的是,函数 $y=f(x)$ 在 D 上有界的充分必要条件是它有上界且有下界.

$f(x)$ 在 D 上无界与 $f(x)$ 在 D 上有界是两个互斥的命题,两者必具其一.因此,$f(x)$ 在 D 上无界,即是说不存在 $M>0$,使得对所有的 $x\in D$,都满足 $|f(x)|\leqslant M$.但这种说法不易验证,为此,我们从正面叙述即为:对任意的 $M>0$,都存在 $x_0\in D$,使得 $|f(x_0)|>M$ 成立.

例1 证明函数 $f(x)=\dfrac{1}{x}$ 在 $(0,1)$ 内无界.

证 对任意 $M>0$,取 $x_0=\dfrac{1}{M+1}\in(0,1)$,则

$$|f(x_0)|=\frac{1}{x_0}=M+1>M$$

故 $f(x)=\dfrac{1}{x}$ 在 $(0,1)$ 内无界.

§1.4 初等函数

1.4.1 基本初等函数

基本初等函数如表 1-1 所示.

表 1-1

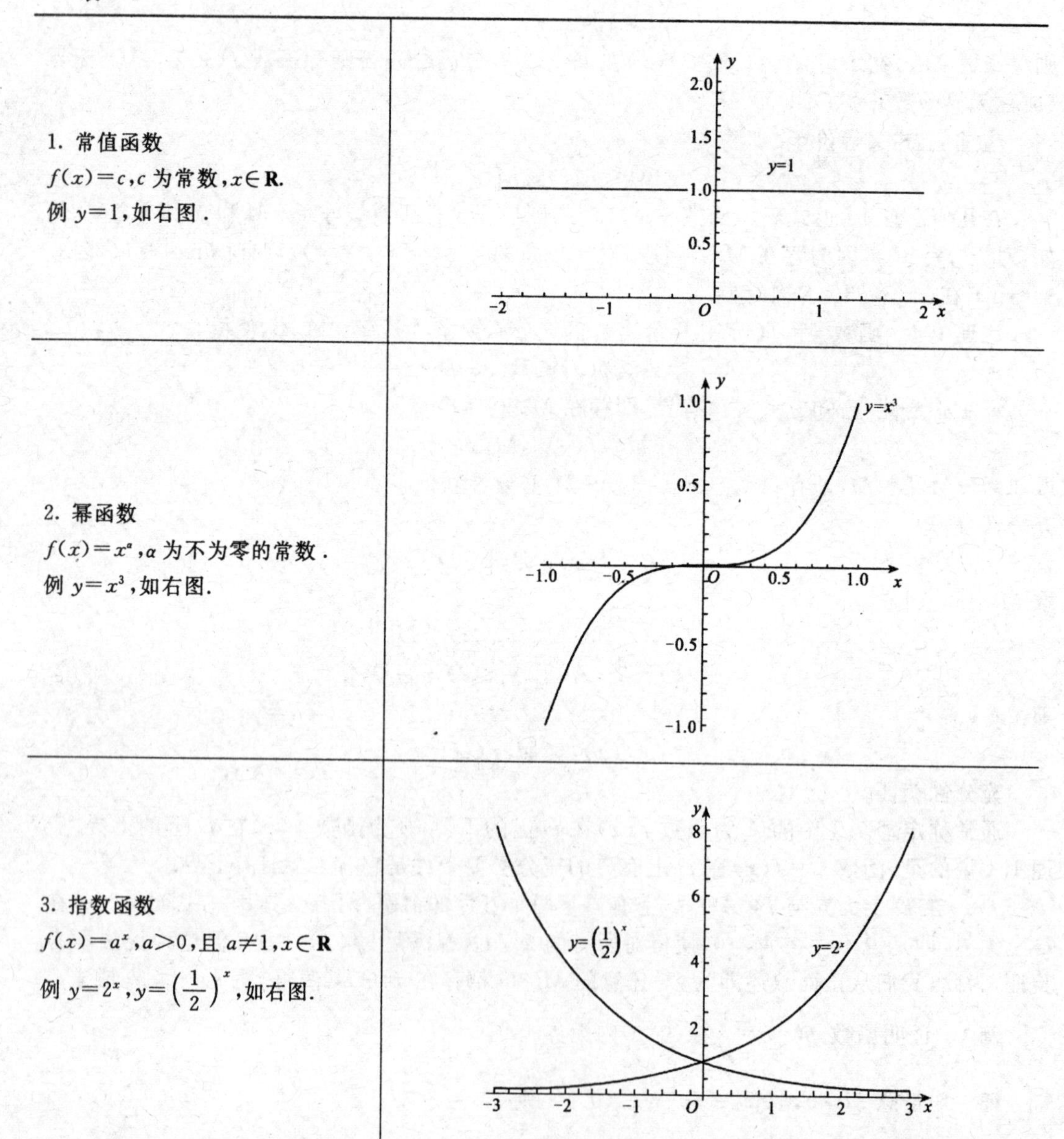

1. 常值函数 $f(x)=c$, c 为常数, $x\in \mathbf{R}$. 例 $y=1$, 如右图.	图 $y=1$
2. 幂函数 $f(x)=x^{\alpha}$, α 为不为零的常数. 例 $y=x^3$, 如右图.	图 $y=x^3$
3. 指数函数 $f(x)=a^x$, $a>0$, 且 $a\neq 1$, $x\in \mathbf{R}$ 例 $y=2^x$, $y=\left(\dfrac{1}{2}\right)^x$, 如右图.	图 $y=2^x$, $y=\left(\dfrac{1}{2}\right)^x$

续表

4. 对数函数 $f(x)=\log_a x, a>0$，且 $a\neq 1, x\in(0,+\infty)$. 例 $y=\log_2 x, y=\log_{\frac{1}{2}} x$，如右图.	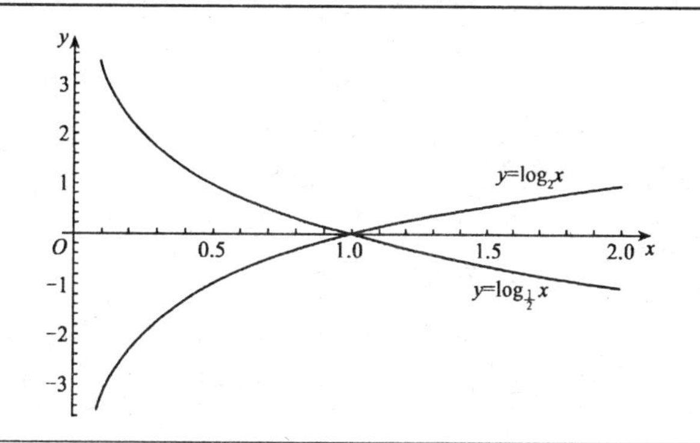
5. 三角函数 常用的三角函数如下： 正弦函数：$f(x)=\sin x, x\in \mathbf{R}$，如右图. 余弦函数：$f(x)=\cos x, x\in R$，如右图.	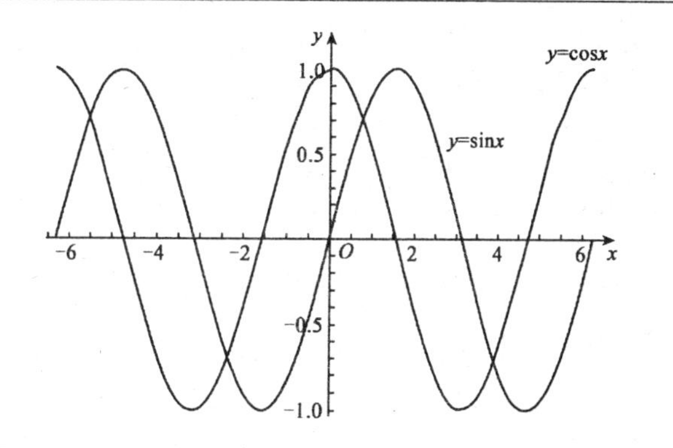
正切函数：$f(x)=\tan x, x\in \mathbf{R}$，且 $x\neq n\pi+\frac{\pi}{2}, n\in \mathbf{Z}$，如右图. 余切函数：$f(x)=\cot x, x\neq n\pi, n\in \mathbf{Z}$，如右图.	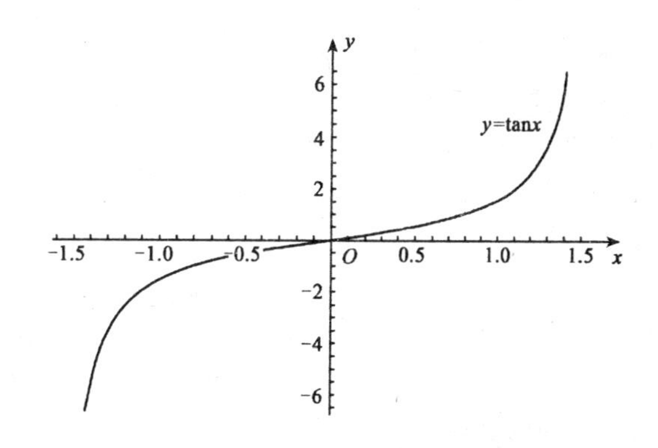
正割函数： $f(x)=\sec x\left(=\frac{1}{\cos x}\right), x\neq n\pi+\frac{\pi}{2}, n\in \mathbf{Z}$，图略. 余割函数： $f(x)=\csc x\left(=\frac{1}{\sin x}\right), x\neq n\pi, n\in \mathbf{Z}$，图略.	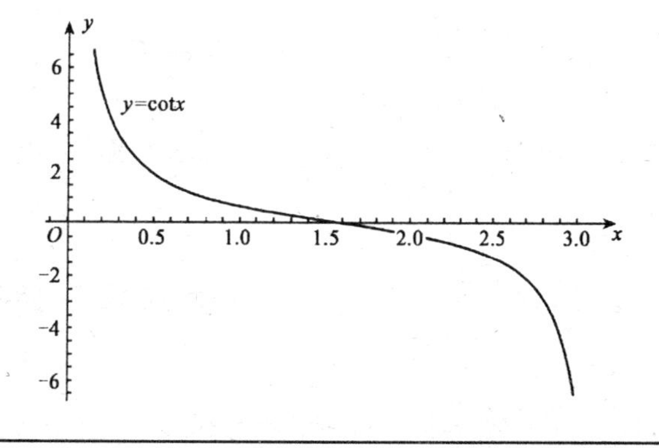

续表

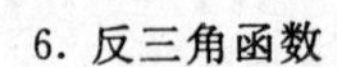6. 反三角函数 常用的反三角函数如下： 反正弦函数：$y=\arcsin x, x\in[-1,1], y\in\left[-\frac{\pi}{2},\frac{\pi}{2}\right]$，如右图.	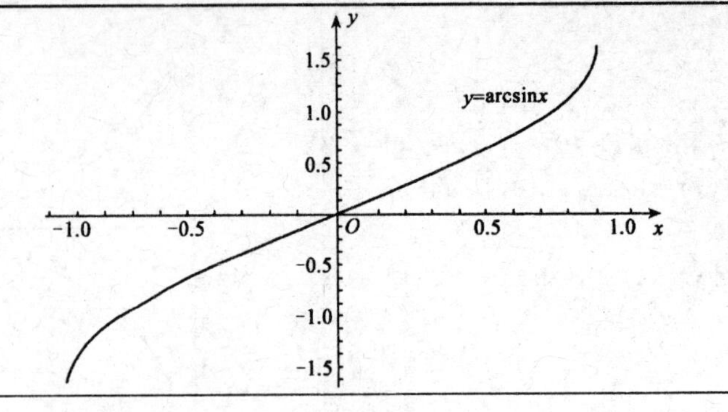
反余弦函数：$y=\arccos x, x\in[-1,1], y\in[0,\pi]$，如右图. 反正切函数： $y = \arctan x,\ x \in \mathbf{R},\ y \in \left(-\frac{\pi}{2},\frac{\pi}{2}\right)$，如右图. 反余切函数：$y=\operatorname{arccot} x, x\in\mathbf{R}, y\in(0,\pi)$，图略.	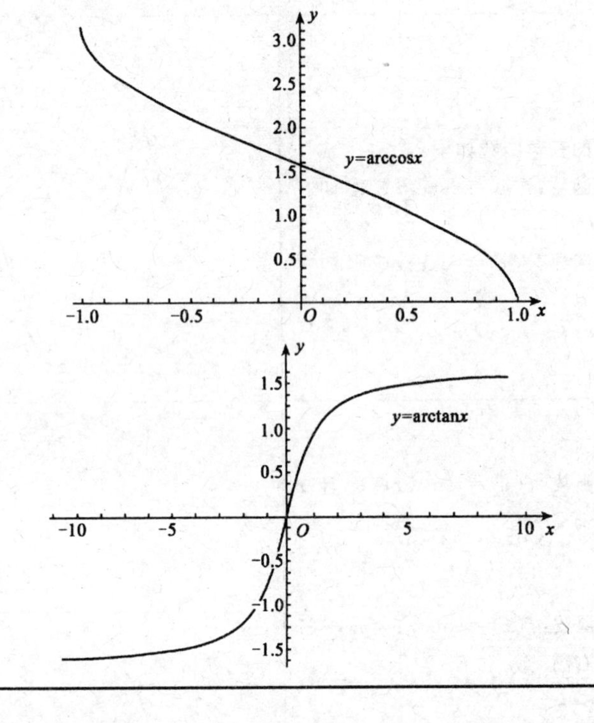

1.4.2 初等函数

定义 1.6 由基本初等函数通过有限次四则运算和复合而得到的用一个式子表示的函数称为初等函数.

例如，函数 $y=x+\sin 2x$，$y=\ln x+x^2 e^{\tan x}$ 都是初等函数. 而符号函数 $y=\operatorname{sgn} x$ 则为非初等函数.

§1.5 极坐标系下的函数表示

1.5.1 平面极坐标系与点的极坐标

前面我们均是在默认的直角坐标系下讨论函数及函数的图形表示. 但是，在后面的讨论中，为了研究的方便，我们有时在极坐标系下讨论函数.

在平面上取一定点O，由点O出发的一条射线Ox，一个长度单位及计算角度的一个正方向(通常取逆时针方向)，合称极坐标平面. 定点O称为极点，射线Ox称为极轴. 平面上任意一点P，$|OP|=r$，r称为点P的极径，$\angle xOP=\theta$，$\theta\in[0,2\pi)$称为点P的极角或幅角，如图1-11所示. 有序数对(θ,r)称为点P的极坐标. 极点的极径为零，极角不定. 除极点外，点和其自身的极坐标成一一对应.

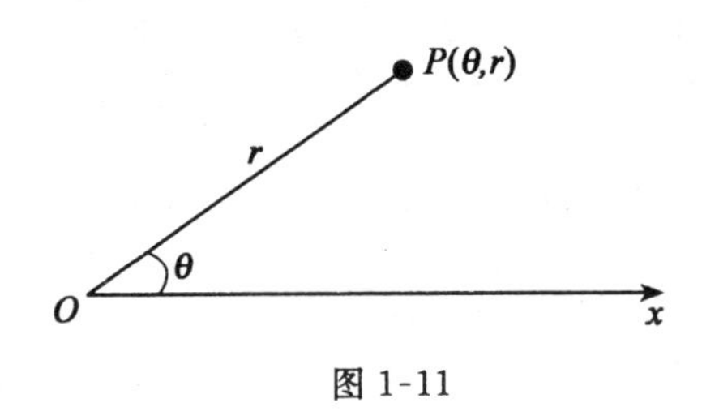

图 1-11

1.5.2 极坐标与直角坐标的关系

如果极坐标的极点与直角坐标系的原点重合，极轴与直角坐标系Ox轴正半轴重合，长度单位相同（以后均如此选取），则同一点的极坐标（θ，r）与直角坐标（x，y）满足下列关系

$$\begin{cases} x=r\cos\theta \\ y=r\sin\theta \end{cases} \tag{1.6}$$

$$\begin{cases} r^2=x^2+y^2 \\ \tan\theta=\dfrac{y}{x}(x\neq 0) \end{cases} \tag{1.7}$$

在运用式(1.7)将一个点的直角坐标(x,y)转化为极坐标(θ,r)时，$r=\sqrt{x^2+y^2}$，再根据点(x,y)所在的象限，利用$\tan\theta=\dfrac{y}{x}(x\neq 0)$来确定$\theta$的值，特别地，当$x=0$，$y>0$时，$\theta=\dfrac{\pi}{2}$；当$x=0$，$y<0$时，$\theta=\dfrac{3\pi}{2}$.

1.5.3 极坐标系下函数的图形表示

在极坐标系下，我们可以同样地定义函数$r=f(\theta)$，$\theta\in D$，在此不再赘述. 在这里我们只给出几个函数及函数绘图的例子，具体绘图可以采用描点法，此处略.

例 1 在直角坐标系下，圆心在坐标原点，半径为R的圆，在极坐标系下圆的图形函数为$r=R$，$\theta\in[0,2\pi)$. 图1-12绘出了半径分别为1,2,3的圆的图形.

例 2 函数$r=3(1+\cos\theta)$，$\theta\in[0,2\pi)$的图形如图1-13所示.

例 3 函数$r=4\sin 4\theta$，$\theta\in[0,2\pi)$，$\theta\in[0,2\pi)$的图形如图1-14所示.

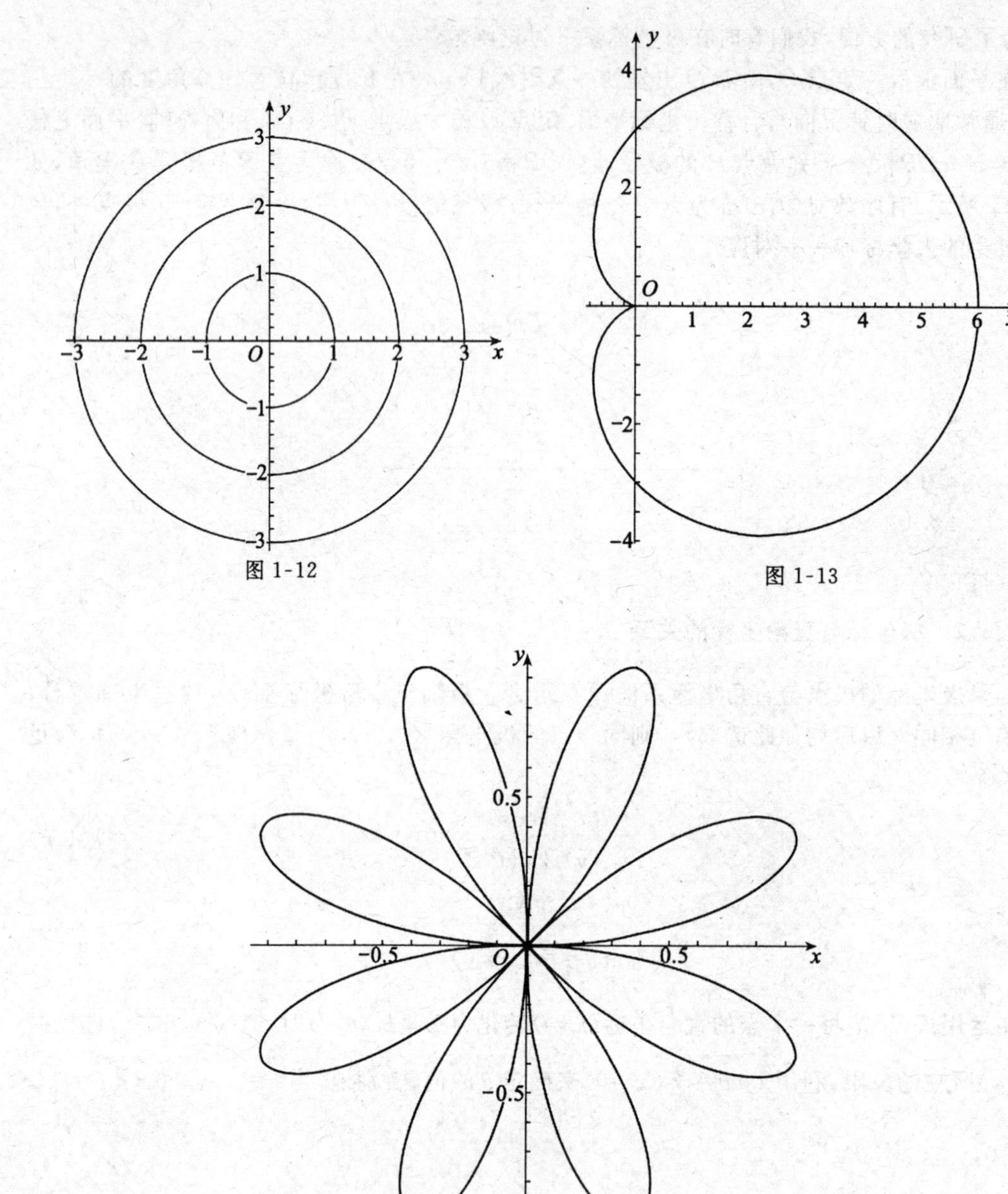

图 1-12

图 1-13

图 1-14

习 题 1

1. 用集合符号写出下列集合

(1) 大于 30 的所有实数的集合；

(2) 圆 $x^2+y^2=25$ 上所有的点组成的集合；

(3) 椭圆$\dfrac{x^2}{4}+\dfrac{y^2}{9}=1$外部一切点的集合.

2. 指出下列集合哪个是空集

$A=\{x|x+5=5\}$，　$B=\{x|x\in\mathbf{R}$ 且 $x^2+5=0\}$，　$C=\{x|x<5$，且 $x>5\}$.

3. 证明：$A\cup(B\cap C)=(A\cup B)\cap(A\cup C)$.

4. 证明：(1) $\bigcup\limits_{n=1}^{\infty}\left(\frac{1}{n},n\right)=(0,+\infty)$；　(2) $\bigcap\limits_{n=1}^{\infty}\left(0,\frac{1}{n}\right)=\varnothing$.

5. 下面的对应关系是否为映射？

$X=\{$平面上全体三角形$\}$，$Y=\{$平面上全体点$\}$

X,Y 之间的对应是：每个三角形与其重心对应.

6. 设 X 是所有同心圆的集合，Y 为实数集合，若把同心圆与其直径建立对应关系，试验证这种对应关系构成从 X 到 Y 的映射.

7. 下列各组函数是否相同：

(1) $f(x)=\lg x^2$，$g(x)=2\lg x$；

(2) $f(x)=\dfrac{\sqrt{x-1}}{\sqrt{x-2}}$，$g(x)=\sqrt{\dfrac{x-1}{x-2}}$；

(3) $f(x)=x$，$g(x)=x(\sin^2 x+\cos^2 x)$；

(4) $f(x)=\sqrt[3]{x^4-x^3}$，$g(x)=x\sqrt[3]{x-1}$.

8. 求下列函数的定义域

(1) $y=\dfrac{\sqrt{4x-x^2}}{1-|x-1|}$；　　(2) $y=\sqrt{16-x^2}+\ln\sin x$.

9. 设函数 $y=f(3x-2)$ 的定义域为$[1,4]$，试求函数 $y=f(3x+1)$ 的定义域.

10. 设 $f(x)=\begin{cases}1, & |x|<1\\ 0, & |x|=1\\ -1, & |x|>1\end{cases}$ $g(x)=\ln x$，试求 $f[g(x)]$.

11. 判断下列函数的奇偶性

(1) $f(x)=\ln(\sqrt{1+x^2}-x)$；

(2) $f(x)=x\dfrac{2^x-1}{2^x+1}$；

(3) $f(x)=\begin{cases}-x^2+1, & (0<x<+\infty)\\ x^2-1, & (-\infty<x<0)\end{cases}$；

(4) $f(x)=\sqrt{(1-x)(1+x)}$.

12. 证明：函数 $f(x)=\dfrac{x}{1+x}$在$(-\infty,-1)$与$(-1,+\infty)$上分别是单调递增，并由此推出不等式

$$\frac{|a+b|}{1+|a+b|}\leqslant\frac{|a|}{1+|a|}+\frac{|b|}{1+|b|}.$$

13. 判断下列函数的周期性，并求其周期

(1) $y=\sin^2 x$；　(2) $y=\sin\dfrac{x}{2}$；　(3) $y=\sin x+\dfrac{1}{2}\sin 2x$.

14. 判断下列函数的单调增减性

(1) $y=2x+1$；　　(2) $y=\left(\frac{1}{2}\right)^x$；

(3) $y=\log_a x$；　　(4) $y=1-3x^2$；

(5) $y=x+\lg x$.

15. 试证两个偶函数的乘积是偶函数；两个奇函数的乘积是偶函数；一个偶函数与一个奇函数的乘积是奇函数.

16. 求下列函数的反函数

(1) $y=1-\sqrt{1-x^2}$，$(-1\leqslant x\leqslant 0)$；

(2) $y=\ln(x+\sqrt{x^2-1})$，$(x\geqslant 1)$；

(3) $y=\frac{1-\sqrt{1+4x}}{1+\sqrt{1+4x}}$.

17. 下列函数可以由哪些简单函数复合而成

(1) $y=\sqrt{3x-1}$；　　(2) $y=a\sqrt[3]{1+x}$；

(3) $y=(1+\ln x)^5$；　　(4) $y=e^{e^{-x^2}}$；

(5) $y=\sqrt{\lg\sqrt{x}}$；　　(6) $y=\lg^2\arccos x^3$.

18. 设 $f(x)$为定义在$[-1,1]$上的任一函数，证明 $f(x)$可以表示为一个奇函数与一个偶函数的和.

19. 作函数 $y=\begin{cases} x^2+1, & x>1 \\ 0, & x=1 \\ x^2-1, & x<1 \end{cases}$ 的图像并讨论其单调性.

20. 某企业每天的总成本 C 是它的日产量 Q 的函数，$C=150+7Q$，该企业每天生产的最大能力是 100 个单位，试求成本函数的定义域与值域.

21. 已知产品价格 P 和需求量 Q 有关系式 $3P+Q=60$，试求：

(1) 需求曲线 $Q(P)$并作图；

(2) 总收益曲线 $R(Q)$并作图；

(3) 求 $Q(0)$，$Q(1)$，$Q(6)$，$R(7)$，$R(1.5)$，$R(5.5)$.

22. 试证：$f(x)=\sin x^2$ 不是周期函数.

23. 证明：函数 $y=\frac{\sqrt{x+1}}{x+2}$ 在其定义域上有界.

24. 某工厂生产某种产品，固定成本为 140 元，每增加一吨，成本增加 8 元，且每天最多生产 100 吨，试将每日产品总成本 C 表示为生产量 Q 的函数.

25. 某商店销售某种商品，当销售量 Q 不超过 30 件时(含 30 件)单价为 q 元，超过 30 件时，超过部分九折销出. 试写出销售收入 R 与销售量 Q 的关系式.

26. 某工厂生产某种产品，年产量为 Q 件，分若干批进行生产，每批生产准备费为 a 元，每件的库存费为 b 元，设产品均匀投放市场(即平均库存量为每批生产量的一半)，试建立总费用 C(库存费与准备费)与批量 q 的函数关系.

综合练习一

一、选择题

1. 下列集合中( )是空集.

A. $\{0,2,1\}\cap\{0,3,4\}$ B. $\{1,2,3\}\cap\{4,5,6\}$

C. $\{(x,y)\mid y=x$ 且 $y=2x\}$ D. $\{x\mid |x|<1$ 且 $x\geqslant 0\}$

2. 函数 $f(x)=\arcsin(1-x)+\dfrac{1}{x-1}$ 的定义域是( ).

A. $0\leqslant x\leqslant 2, x\neq 1$ B. $x>1$ C. $1<x\leqslant 2$ D. $0\leqslant x\leqslant 1$

3. 函数 $f(x)=(\sin 3x)^2$ 在定义域$(-\infty,+\infty)$内为( ).

A. 周期为 3π 的周期函数 B. 周期为$\dfrac{\pi}{3}$的周期函数

C. 周期为$\dfrac{2\pi}{3}$的周期函数 D. 不是周期函数

4. 若 $f(x-1)=x(x-1)$，则 $f(x)=$( ).

A. $x(x+1)$ B. $(x-1)(x-2)$

C. $x(x-1)$ D. 不存在

5. 下列函数中偶函数有( ).

A. $x\cdot e^{-x}$ B. $x\cdot\cos x$

C. $\ln(e^x+e^{-x})$ D. 5^x-5^{-x}

6. 函数 $y=|\sin x+\cos x|$ 的周期是( ).

A. $\dfrac{\pi}{2}$ B. π C. 2π D. 4π.

7. 函数 $y=(e^x+e^{-x})\cdot\sin x$ 在$(-\infty,+\infty)$上是( ).

A. 有界函数 B. 周期函数 C. 偶函数 D. 奇函数

8. 函数 $f(x)$在$(-\infty,+\infty)$内有定义且为奇函数，若当 $0\leqslant x<+\infty$时，$f(x)=x(x-1)$，则当$-\infty<x<0$ 时，$f(x)=$( ).

A. $-x(x-1)$ B. $x(x+1)$

C. $-x(x+1)$ D. $x(x-1)$

二、填空题

1. 函数 $f(x)=\dfrac{1}{x-1}$，则 $f\{f[f(x)]\}=$__________.

2. 函数 $f(x)=(\sin x)^{\frac{1}{2}}+(16-x^2)^{\frac{1}{2}}$ 的定义域为__________.

3. 函数 $f(x)$的定义域为$[-1,3]$，则 $f(x+1)+f(x-1)$的定义域为__________.

4. 函数 $f(x)=|\sin x|+|\cos x|$ 的周期为__________.

5. 函数 $f(x)$是以 3 为周期的偶函数，且 $f(-1)=5$，则 $f(7)=$__________.

6. 函数 $f(x)=\begin{cases} x^2, & x\leqslant 0 \\ 1-2^x, & x>0 \end{cases}$ 的反函数为__________.

7. 函数 $f(\sin x)=3-\cos 2x$,则 $f(\cos x)=$__________.

8. 函数 $f(x)=\arctan(x^3)$的图像关于__________对称.

三、证明题

设 $f(x)$满足 $2f(x)+f\left(\frac{1}{x}\right)=\frac{1}{x}$,试证明:$f(-x)=-f(x)$.

四、计算题

1. 设 $f\left(1+\frac{1}{x}\right)=\frac{1}{x^2}+1$, 试求 $f(x)$.

2. 设 $f(x)$满足 $f^2(\ln x)-2xf(\ln x)+x^2\ln x=0\quad(0<x<\mathrm{e})$,且 $f(0)=0$,试求 $f(x)$.

3. 设 $f(x)=\frac{\mathrm{e}^x-\mathrm{e}^{-x}}{\mathrm{e}^x+\mathrm{e}^{-x}}$,试求 $f^{-1}(x)$.

4. 设函数 $f(x)$的定义域为$(-\infty, +\infty)$,且对任意实数 x_1 和 x_2 满足

$$f(x_1\cdot x_2)=f(x_1)+f(x_2).$$

(1) 试求 $f(1)$, $f(-1)$, $f(0)$;

(2) 讨论 $f(x)$的奇偶性.

第2章 极限理论

极限概念贯穿于整个高等数学,并且在数学的其他领域也起着重要的作用.极限分为两类,一类是数列的极限,另一类是函数的极限.

§2.1 数列的极限

2.1.1 数列

定义 2.1 一个定义在正整数集合上的函数 $y_n=f(n)$,当自变量按正整数1,2,3,…依次增大的顺序取值时,函数值按相应的顺序排成一列数

$$f(1),\ f(2),\ f(3),\ \cdots,\ f(n),\ \cdots$$

称为一个无穷数列,简称数列.数列中的每一个数称为数列的项,$f(n)$称为第 n 项.

数列的例子:

例 1 $y_n=\frac{1}{2^n}$: $\frac{1}{2},\ \frac{1}{4},\ \frac{1}{8},\ \frac{1}{16},\ \cdots,\ \frac{1}{2^n},\ \cdots$.

例 2 $y_n=\frac{n}{n+1}$: $\frac{1}{2},\ \frac{2}{3},\ \frac{3}{4},\ \frac{4}{5},\ \cdots,\ \frac{n}{n+1},\ \cdots$.

例 3 $y_n=\frac{(-1)^n+1}{2}$: $0,1,0,1,\cdots,\ \frac{(-1)^n+1}{2},\cdots$.

例 4 $y_n=2^n$: $2,4,8,16,\cdots,\ 2^n,\ \cdots$.

由于数列有无穷多项,随着 n 的逐渐增大,它们的变化趋势各自不同.对于一个给定的数列 y_n,重要的不是去研究它的每一个项如何,而是要弄清楚当 n 无限增大时(记做 $n\to\infty$),它的项的最终变化趋势.

如果数列$\{y_n\}$满足

$$y_1\leqslant y_2\leqslant y_3\leqslant\cdots\leqslant y_n\leqslant\cdots$$

则称数列$\{y_n\}$为单调递增的数列.反之,则称为单调递减的数列.去掉"=",则称数列$\{y_n\}$为严格单调递增(递减)的数列.如例2,例4两数列为单调递增数列.

如果能找到一个适当大的正数 M,使对一切自然数 n,都满足

$$|y_n|\leqslant M,$$

则称数列$\{y_n\}$为有界数列.

显然,例1、例2、例3三个数列都是有界数列,例4则为无界数列.

2.1.2 数列的极限

上述例1中,数列$\left\{\frac{1}{2^n}\right\}$的各项的值随 n 增大而逐渐变小,且越来越与0接近,称 $n\to\infty$

时，$\frac{1}{2^n}$以0为极限.例2中数列$\left\{\frac{n}{n+1}\right\}$的各项的值随$n$增大而逐渐增大，越来越与数1接近，称$n\to\infty$时，$\frac{n}{n+1}$以1为极限.例3中的数列$\left\{\frac{(-1)^n+1}{2}\right\}$的各项的值交互取得0与1两数，而不是越来越与某一数接近，称$n\to\infty$时，$\frac{(-1)^n+1}{2}$无极限.例4中数列$\{2^n\}$，当n无限增大时，其相应的值也无限增大，称$n\to\infty$时，2^n以∞为极限.

究竟该如何为数列的极限下一个精确的定义？数列取得极限是怎样的一个过程？

我们观察数列:$f(n)=(-1)^n\cdot\frac{1}{n}$，当$n$为奇数时，$f(n)<0$，当$n$为偶数时，$f(n)>0$.当$n\to\infty$时，$f(n)$的绝对值越来越小.从数轴上看，点$f(n)$有时在原点0的左边，有时在原点0的右边.无论何种情形，当$n\to\infty$时，$f(n)$在原点0的两旁越来越密集，亦即$|f(n)-0|$越来越小.我们有理由确认，数0就是这个数列的极限.

毫无疑问，不论n多大，$f(n)$总不会为0.然而$f(n)$又是如何取0为其极限的呢？为了阐述清楚这一问题，我们作如下分析.

说法1:当n充分大时，点$(-1)^n\frac{1}{n}$与0可以任意地接近，接近到要多近就能多近的程度.或者说，$(-1)^n\frac{1}{n}$与0非常地接近，只要n足够大就行.

说法2:当n充分大时，$\left|(-1)^n\frac{1}{n}-0\right|$可以任意地小，小到要多小就能多小的程度.或者说，要$\left|(-1)^n\frac{1}{n}-0\right|$充分地小，只要$n$足够大就能满足.

比方说，要$\left|(-1)^n\frac{1}{n}-0\right|<\frac{1}{10}$，只要$n>10$就可以了.要$\left|(-1)^n\frac{1}{n}-0\right|<\frac{1}{100}$，只要$n>100$就能办到.于是我们提出一个要求，给定一个任意小的数$\varepsilon>0$，要$\left|\frac{(-1)^n}{n}-0\right|<\varepsilon$，能不能办得到呢？或者说要$n$达到什么程度才能满足要求呢？

事实上，对于任意给定的数$\varepsilon>0$，只要$n>\frac{1}{\varepsilon}$就行了.这表明当n充分大时，数$(-1)^n\frac{1}{n}$与0之间的差可以小到任意小的程度.尽管$(-1)^n\frac{1}{n}$永远不会为0，我们仍说数列$(-1)^n\frac{1}{n}$确是以0为极限.如表2-1所示.

表2-1

$\left\|\frac{(-1)^n}{n}-0\right\|<$	$\frac{1}{10}$	$\frac{1}{100}$	$\frac{1}{1\,000}$	$\varepsilon>0$
$n>$	10	100	1 000	$\left[\frac{1}{\varepsilon}\right]$

表2-1中，第一行表示$\left|(-1)^n\frac{1}{n}\right|$"要多小"的要求，是由我们预先提出的；第二行回答

要达到这个要求，n 必须“增大的程度”. 总结上述的两种说法，我们说一个数列 $\{a_n\}$ 以数 A 为极限，是这样一个概念：

对于任意给定的正数 ε（提出“要多小”的要求），总可以找到这样的正整数 N（标志数列项数 n 增大的程度），使得当 $n>N$ 时，成立 $|a_n-A|<\varepsilon$（就能达到“要多小”的要求）.

由以上分析，我们给出数列极限的定义.

定义 2.2 如果对于任意给定的正数 ε，总存在一个正整数 N，使当 $n>N$ 时

$$|a_n-A|<\varepsilon$$

恒成立，则称当 n 趋于无穷大时，数列 $\{a_n\}$ 以常数 A 为极限，记做

$$\lim_{n\to\infty}a_n=A, \text{ 或 } a_n\to A(n\to\infty).$$

特别指出，$\varepsilon>0$ 是任意给定的，N 是随 ε 而确定的.

定义 2.2 揭示了数列极限的本质. 这就是：只要 n 充分大，大到能使 $|a_n-A|$ 足够小，那么 A 就是当 $n\to\infty$ 时 a_n 的极限，至于 a_n 何时能达到极限，或者 a_n 本身能不能取到数 A，则无关紧要.

如果一个数列有极限，我们就称这个数列收敛，否则就称这个数列发散. 若数列 $\{a_n\}$ 以 A 为极限，亦称数列 $\{a_n\}$ 收敛于 A.

例 1 利用定义证明 $\lim\limits_{n\to\infty}\frac{1}{2^n}=0$.

证 对于任意给定的 $\varepsilon>0$，要使

$$\left|\frac{1}{2^n}-0\right|=\frac{1}{2^n}<\varepsilon$$

只要取 $n>\log_2\left(\frac{1}{\varepsilon}\right)$ 就可以了. 因此，对于任意给定的 $\varepsilon>0$（简记为 $\forall\varepsilon>0$），取正整数 $N\geqslant\left[\log_2\left(\frac{1}{\varepsilon}\right)\right]$（简记为 $\exists N=\left[\log_2\left(\frac{1}{\varepsilon}\right)\right]$），则当 $n>N$ 时，$\left|\frac{1}{2^n}-0\right|<\varepsilon$ 恒成立. 所以

$$\lim_{n\to\infty}\frac{1}{2^n}=0.$$

例 2 利用定义证明 $\lim\limits_{n\to\infty}\frac{n}{n+1}=1$.

证 $\forall\varepsilon>0$，要使

$$\left|\frac{n}{n+1}-1\right|=\frac{1}{n+1}<\frac{1}{n}<\varepsilon$$

只要取 $n\geqslant\frac{1}{\varepsilon}$ 就可以了. 由极限的定义：

$\forall\varepsilon>0$，$\exists N=\left[\frac{1}{\varepsilon}\right]$，当 $n>N$ 时 $\left|\frac{1}{n+1}-1\right|<\varepsilon$ 恒成立，所以

$$\lim_{n\to\infty}\frac{n}{n+1}=1.$$

利用极限的定义可以验证某常数是否为某数列的极限，但却不能根据极限的定义去求出数列的极限.

当 $n\to\infty$ 时，$\{a_n\}$ 以 A 为极限的几何意义是：

对任意给定的小正数 ε，在 $a_n=A-\varepsilon$ 与 $a_n=A+\varepsilon$ 之间形成一个带形区域，不论 ε 多么

小,即不论带形区域多么狭窄,总可以找到 N,从第 $N+1$ 项起,以后的一切项 $a_{N+1}, a_{N+2}, \cdots$ 的数值均在$(A-\varepsilon, A+\varepsilon)$内,即当 $n>N$ 时,其对应点(n, a_n)都落在带形区域内,带形区域外只含有限个点,如图 2-1 所示.

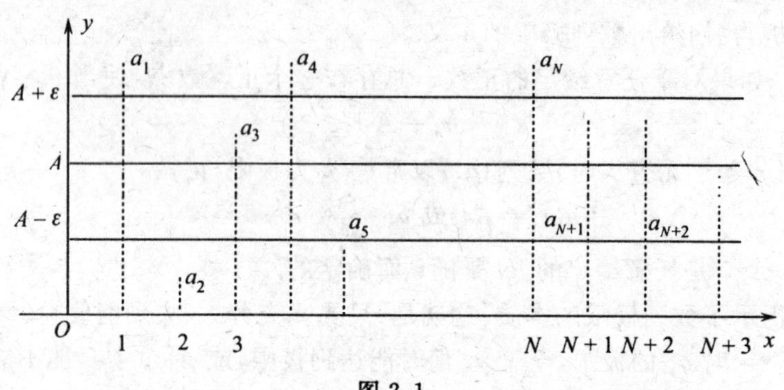

图 2-1

注意以下几点:

1. 由极限定义知一个数列若存在极限,则极限必定是唯一的.

2. 当 n 趋于无穷大时,a_n 亦趋向于无穷大. 这个数列事实上是发散的. 但是为了方便,我们仍称数列以∞为极限,即$\lim\limits_{n\to\infty} a_n=\infty$.

3. "∞"不是一个确定的数,而是一个变量. 它描述的是数列变化过程中的一种趋势.

§2.2 函数的极限

数列是定义于正整数集合上的函数,数列的极限只是一种特殊函数的极限. 现在,我们讨论定义于实数集合上的函数 $y=f(x)$的极限.

2.2.1 当 $x\to\infty$ 时函数 $f(x)$ 的极限

例如函数 $y=1+\frac{1}{x}(x\neq 0)$,当$|x|$无限增大时,y 无限地接近于 1,如图 2-2 所示.

如同数列极限一样,"当$|x|$无限增大时,y 无限地接近于 1",或者说"当$|x|$无限增大时,$|y-1|$可以任意地小". 可见,数 1 就是函数 $y=1+\frac{1}{x}$当 $x\to\infty$时的极限.

确切地说,对于任意给定的 $\varepsilon>0$,要使

$$|y-1|=\left|1+\frac{1}{x}-1\right|=\left|\frac{1}{x}\right|<\varepsilon$$

只要取$|x|>\frac{1}{\varepsilon}$就可以了. 亦即当 x 进入区间

$$\left(-\infty,-\frac{1}{\varepsilon}\right)\cup\left(\frac{1}{\varepsilon},+\infty\right)$$

时,$|y-1|<\varepsilon$ 恒成立. 所以当 x 趋于无穷大时,$y=1+\frac{1}{x}$以 1 为极限.

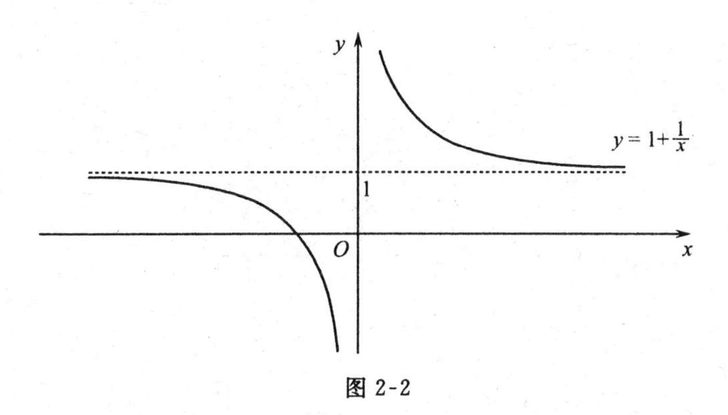

图 2-2

定义 2.3 如果对于任意给定的小正数 ε，总存在一个正数 M，使得当 $|x|>M$ 时，$|f(x)-A|<\varepsilon$ 恒成立，则称当 x 趋于无穷大时，函数 $f(x)$ 以常数 A 为极限. 记做

$$\lim_{x\to\infty}f(x)=A \text{ 或 } f(x)\to A(x\to\infty).$$

定义 2.3 也可以简写为

$\forall\varepsilon>0$，$\exists M>0$，当 $|x|>M$ 时，成立 $|f(x)-A|<\varepsilon$.

要注意的是，定义中 ε 刻画了 $f(x)$ 与 A 的接近程度，M 刻画了 $|x|$ 趋于无穷大的程度；ε 是任意给定的正数，M 是随之而确定的.

例 1 用定义证明 $\lim\limits_{x\to\infty}\frac{1}{x}=0$.

证 记 $f(x)=\frac{1}{x}$，$x\to\infty$，对于任意给定的 $\varepsilon>0$，要使

$$|f(x)-0|=\left|\frac{1}{x}\right|=\frac{1}{|x|}<\varepsilon$$

只要 $|x|>\frac{1}{\varepsilon}$ 就可以了. 因此，对于任意给定的 $\varepsilon>0$，取 $M=\frac{1}{\varepsilon}$，则当 $|x|>M$ 时

$$|f(x)-0|=\left|\frac{1}{x}-0\right|<\varepsilon$$

恒成立. 所以 $\lim\limits_{x\to\infty}\frac{1}{x}=0$.

有时我们还需要区分 x 趋于无穷大时的符号. 当 x 从某一时刻起，往后总是取正值而且无限增大，则称 x 趋于正无穷大，记做 $x\to+\infty$，此时定义中 $|x|>M$ 可以改写为 $x>M$；如果 x 从某一时刻起，往后总取负值且 $|x|$ 无限增大，则称 x 趋于负无穷大，记做 $x\to-\infty$，此时定义中的 $|x|>M$ 可以改写为 $x<-M$.

例 2 如图 2-3 所示，证明：$\lim\limits_{x\to+\infty}\left(\frac{1}{2}\right)^x=0$.

证 设 $f(x)=\left(\frac{1}{2}\right)^x$，对于任意给定的 $\varepsilon>0$，要使

$$|f(x)-0|=\left|\left(\frac{1}{2}\right)^x-0\right|=\left(\frac{1}{2}\right)^x<\varepsilon$$

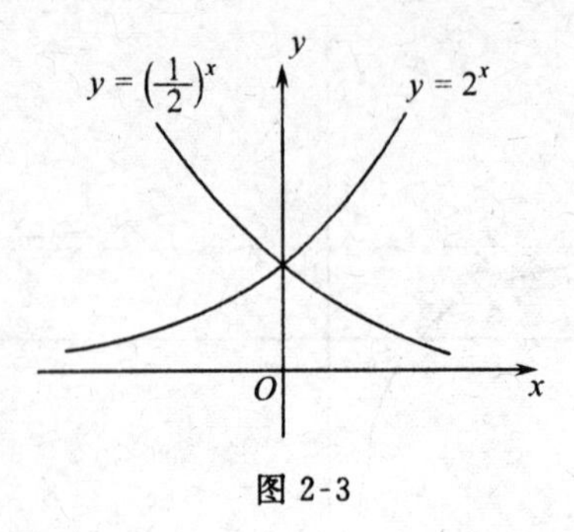

图 2-3

只要 $2^x>\frac{1}{\varepsilon}$,即 $x>\frac{\lg\frac{1}{\varepsilon}}{\lg 2}$就可以了.因此,对于任意给定的 $\varepsilon>0$,取 $M=\frac{\lg\frac{1}{\varepsilon}}{\lg 2}$,则当 $x>M$ 时

$$|f(x)-0|=\left|\left(\frac{1}{2}\right)^x-0\right|<\varepsilon$$

恒成立.所以 $\lim\limits_{x\to+\infty}\left(\frac{1}{2}\right)^x=0$.

当 $x\to\infty$ 时 $f(x)$ 以 A 为极限的几何意义是:对任意给定的小正数 ε,在坐标平面上作二平行直线 $y=A-\varepsilon$ 与 $y=A+\varepsilon$,二直线之间形成的带形区域不论多么小,即不论带形区域多么狭窄,都可以找到 $M>0$,当点 $(x,f(x))$ 的横坐标 x 进入区域 $(-\infty,-M)\cup(M,+\infty)$ 时,纵坐标 $f(x)$ 全部落入区间 $(A-\varepsilon,A+\varepsilon)$ 内.ε 越小,则带形区域越狭窄,如图 2-4 所示.

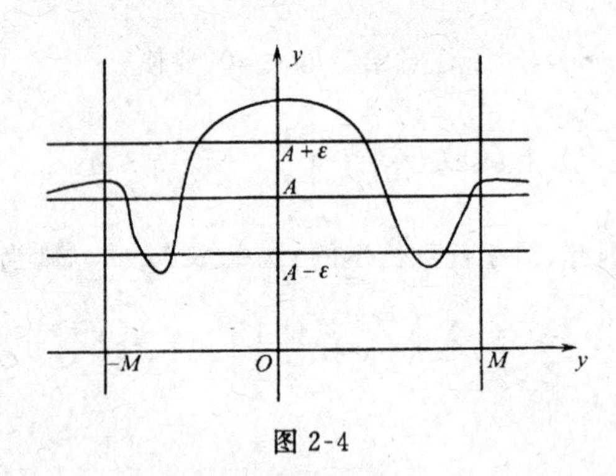

图 2-4

2.2.2 当 $x\to x_0$ 时函数 $f(x)$ 的极限

对于函数 $y=f(x)$,除了研究当 $x\to\infty$ 时,$f(x)$ 的极限以外,还需要研究当 x 趋于某个定点 x_0 时,$f(x)$ 的变化趋势.先举两个例子.

例 1 函数 $f(x)=2x+1$ 的定义域为 $(-\infty,+\infty)$,如图 2-5 所示.

我们考察当 x 趋于 $\frac{1}{2}$ 时这个函数的变化趋势,列表如表 2-2 所示.

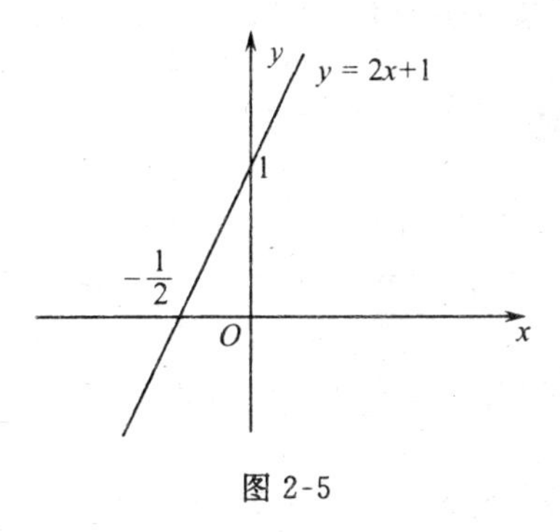

图 2-5

表 2-2

x	0	0.1	0.3	0.4	0.49	…	0.5	…	0.51	0.6	0.9	1
$f(x)$	1	1.2	1.6	1.8	1.98	…	2	…	2.02	2.2	2.8	3

不难看出，当 x 越来越接近于$\frac{1}{2}$时，$f(x)$与 2 的差越来越接近于 0. 当 x 充分接近于$\frac{1}{2}$时，$|f(x)-2|$可以任意地小. 因此对于任意给定的 $\varepsilon>0$，要使

$$|f(x)-2|=|(2x+1)-2|=|2x-1|=2\left(x-\frac{1}{2}\right)<\varepsilon$$

只取$\left|x-\frac{1}{2}\right|<\frac{\varepsilon}{2}$就可以了. 这就是说，当 x 进入 $x=\frac{1}{2}$的$\frac{\varepsilon}{2}$邻域$\left(\frac{1}{2}-\frac{\varepsilon}{2},\frac{1}{2}+\frac{\varepsilon}{2}\right)$时，$\left|x-\frac{1}{2}\right|<\frac{\varepsilon}{2}$恒成立. 这时我们称当 x 趋于$\frac{1}{2}$时 $f(x)=2x+1$ 以 2 为极限.

例 2 $f(x)=\frac{4x^2-1}{2x-1}$，定义域为$\left(-\infty,\frac{1}{2}\right)\cup\left(\frac{1}{2},+\infty\right)$，如图 2-6 所示.

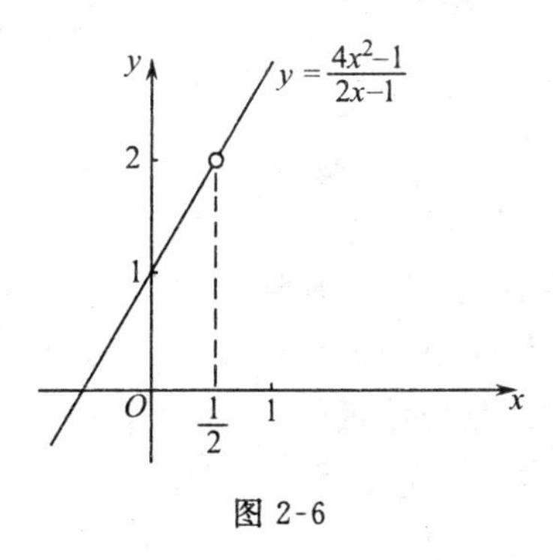

图 2-6

我们也考察当 x 趋于$\frac{1}{2}$时，这个函数的变化趋势. 显然，表 2-2 中的所有数值，除 $x=\frac{1}{2}$，$y=2$ 这一对数值之外，其他数值均适用于这个函数. 可见，当 x 充分接近于$\frac{1}{2}$时，

$f(x)=\frac{4x^2-1}{2x-1}$与 2 的差的绝对值也可以任意小. 因此,对于任意给定的 $\varepsilon>0$,当 x 进入 $\left(\frac{1}{2}-\frac{\varepsilon}{2},\frac{1}{2}\right)\cup\left(\frac{1}{2},\frac{1}{2}+\frac{\varepsilon}{2}\right)$时

$$|f(x)-2|<\varepsilon$$

恒成立. 所以,当 x 趋于$\frac{1}{2}$时,$f(x)=\frac{4x^2-1}{2x-1}$也以 2 为极限.

由以上两例可以看出,我们研究 x 趋于$\frac{1}{2}$时函数 $f(x)$的极限,是指 x 充分接近于$\frac{1}{2}$时 $f(x)$的函数值的最终变化状态. 因此,研究 x 趋于$\frac{1}{2}$时 $f(x)$的极限问题与 $x=\frac{1}{2}$时函数 $f(x)$是否有定义无关.

定义 2.4 如果对于任意给定的正数 ε,总存在一个正数 δ,使当 $0<|x-x_0|<\delta$ 时

$$|f(x)-A|<\varepsilon$$

恒成立,则称当 x 趋于 x_0 时,函数 $f(x)$以常数 A 为极限,记做

$$\lim_{x\to x_0}f(x)=A \quad 或 \quad f(x)\to A \quad (x\to x_0).$$

如同数列的极限定义一样,函数在点 x_0 处有极限 A 可以简述如下:

$$\forall\varepsilon>0,\exists\delta>0,当 0<|x-x_0|<\delta 时,|f(x)-A|<\varepsilon 成立.$$

注意 1. 定义 2.4 中的 ε 表示 $f(x)$与 A 的接近程度,δ 表示 x 与 x_0 的接近程度. 一般地说,ε 越小,δ 亦越小. ε 是任意给定的,δ 是随 ε 而确定的.

注意 2. $0<|x-x_0|<\delta$,说明了 x 趋近于 x_0 而不等于 x_0,亦即说明了函数在这一点的极限是否存在,与在这一点是否有定义无关.

例 3 利用定义证明$\lim\limits_{x\to 2}(3x-2)=4$.

证 设 $f(x)=3x-2$,对于任意给定的 $\varepsilon>0$,要使

$$|f(x)-4|=|(3x-2)-4|=|3x-6|=3|x-2|<\varepsilon,$$

只要取$|x-2|<\frac{\varepsilon}{3}$就可以了. 因此,对于任意给定的 $\varepsilon>0$,取 $\delta=\frac{\varepsilon}{3}$,当 $0<|x-2|<\delta$ 时

$$|f(x)-4|<\varepsilon$$

恒成立. 所以$\lim\limits_{x\to 2}(3x-2)=4$.

例 4 利用定义证明$\lim\limits_{x\to x_0}x=x_0$.

证 设 $f(x)=x$,对于任意给定的 $\varepsilon>0$,要使

$$|f(x)-x_0|=|x-x_0|<\varepsilon$$

只需取 $\delta=\varepsilon$ 就可以了. 因此,对于任意给定的 $\varepsilon>0$,取 $\delta=\varepsilon$,当$0<|x-x_0|<\delta$时

$$|f(x)-x_0|<\varepsilon$$

恒成立. 所以$\lim\limits_{x\to x_0}x=x_0$.

当 $x\to x_0$ 时,$f(x)$以 A 为极限的几何意义是:对于任意给定的正数 ε,不论 ε 多么小,即不论 $y=A-\varepsilon$ 与 $y=A+\varepsilon$ 之间的带形区域多么狭窄,总可以找到 $\delta>0$,当点$(x,f(x))$的横坐标 x 进入$(x_0-\delta,x_0)\cup(x_0,x_0+\delta)$时,纵坐标 $f(x)$的图形处于带形区域之内,ε 越小,带形区域越狭窄,如图 2-7 所示.

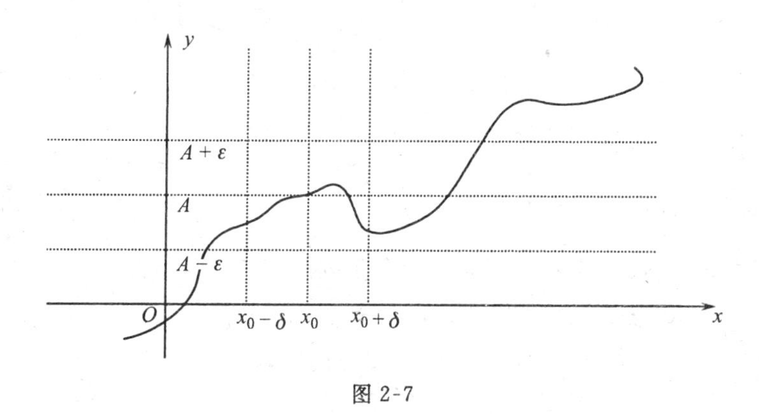

图 2-7

2.2.3 函数的左极限与右极限

前面讲了 $x \to x_0$ 时函数 $f(x)$ 的极限，这里 x 是以任意方式趋于 x_0 的. 但是，有时我们还需要知道 x 仅从 x_0 的左侧（$x<x_0$），或仅从 x_0 的右侧（$x>x_0$）趋于 x_0 时，$f(x)$ 的变化趋势. 于是，就要引进左极限与右极限的概念.

例如函数 $f(x)=\begin{cases}1, & x<0\\ x, & x\geqslant 0,\end{cases}$ 如图 2-8 所示. 容易观察出当 x 从 0 的左侧趋于 0 时，$f(x)$ 趋于 1，而当 x 从 0 的右侧趋于 0 时，$f(x)$ 趋于 0. 我们分别称它们是 x 趋于 0 时的左极限与右极限.

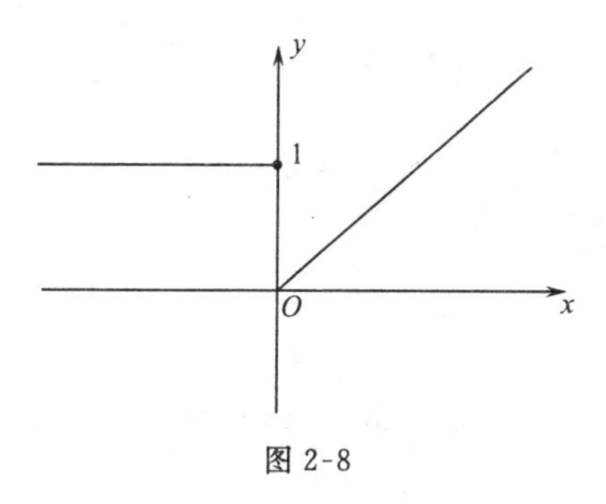

图 2-8

再考察 $y=\sqrt{x}$ 当 x 趋于 0 时的极限. 由于函数的定义域为$[0,+\infty)$，因此当 x 趋于 0 时，只能考察其右极限.

定义 2.5 如果当 x 从 x_0 的左侧（$x<x_0$）趋于 x_0 时，$f(x)$ 以 A 为极限，即对于任意给定的 $\varepsilon>0$，总存在一个正数 δ，当$0<x_0-x<\delta$时

$$|f(x)-A|<\varepsilon$$

恒成立，则称 A 为 $x\to x_0$ 时的左极限. 记做

$$\lim_{x\to x_0^-} f(x)=A \quad 或\ f(x_0-0)=A.$$

如果当 x 从 x_0 的右侧（$x>x_0$）趋于 x_0 时，$f(x)$ 以 A 为极限，即对于任意给定的 $\varepsilon>0$，总存

在一个正数 δ,当 $0<x-x_0<\delta$ 时

$$|f(x)-A|<\varepsilon$$

恒成立,则称 A 为当 $x\to x_0$ 时的右极限.记做

$$\lim_{x\to x_0^+}f(x)=A \quad 或\ f(x_0+0)=A.$$

2.2.4 关于函数极限的定理

根据左极限、右极限的定义,显然可以得到下列定理.

定理 2.1 $\lim\limits_{x\to x_0}f(x)=A$ 成立的充要条件是

$$\lim_{x\to x_0^-}f(x)=\lim_{x\to x_0^+}f(x)=A.$$

例 1 设 $f(x)=\begin{cases}1, & x<0\\ x, & x\geqslant 0,\end{cases}$ 研究当 $x\to 0$ 时,$f(x)$的极限是否存在.

解 当 $x>0$ 时

$$\lim_{x\to 0^+}f(x)=0 \quad (见 2.2.2 节例 4)$$

而当 $x<0$ 时

$$\lim_{x\to 0^-}f(x)=1$$

左极限、右极限都存在,但不相等.所以,由定理 2.1 可知$\lim\limits_{x\to 0}f(x)$不存在,见图 2-8.

例 2 研究当 $x\to 0$ 时,$f(x)=|x|$的极限.

解 因为

$$\lim_{x\to 0^+}|x|=\lim_{x\to 0^+}x=0$$

$$\lim_{x\to 0^-}|x|=\lim_{x\to 0^-}(-x)=0$$

$$\lim_{x\to 0^+}|x|=\lim_{x\to 0^-}|x|=0.$$

所以,由定理 2.1 可得

$$\lim_{x\to 0}|x|=0.$$

定理 2.2 如果$\lim\limits_{x\to x_0}f(x)=A$,而且 $A>0$(或 $A<0$),则总存在一个正数 δ,使当 $0<|x-x_0|<\delta$时,$f(x)>0$(或 $f(x)<0$).

证 对于 $A>0$ 的情形,取 $\varepsilon=\dfrac{A}{2}$,则由$\lim\limits_{x\to x_0}f(x)=A$ 的定义可知,对这样取定的 ε,总存在一个正数 δ,使当 $0<|x-x_0|<\delta$ 时,不等式

$$|f(x)-A|<\varepsilon$$

恒成立,因而

$$A-\varepsilon<f(x)$$

恒成立,将 $\varepsilon=\dfrac{A}{2}$代入,得

$$0<\frac{A}{2}<f(x).$$

类似地可以证明 $A<0$ 的情形.

定理 2.3 如果$\lim\limits_{x\to x_0}f(x)=A$,而且 $f(x)\geqslant 0$(或 $f(x)\leqslant 0$),则$A\geqslant 0$(或 $A\leqslant 0$).

证 如果 $f(x)\geqslant 0$,假设定理不成立,即设 $A<0$,由定理2.2可知存在一个正数 δ,使当 $0<|x-x_0|<\delta$ 时,有 $f(x)<0$,这与 $f(x)\geqslant 0$ 的假设矛盾,所以 $A\geqslant 0$.

同理可证 $f(x)\leqslant 0$ 的情况.

定理 2.4 设由函数 $y=f(u)$ 及 $u=g(x)$ 构成的复合函数 $y=f[g(x)]$. 若

$$\lim_{x\to x_0} g(x)=a,\ \lim_{u\to a} f(u)=A$$

且当 $x\neq x_0$ 时 $u\neq a$,则复合函数 $y=f[g(x)]$ 在 $x\to x_0$ 时的极限为 A,即

$$\lim_{x\to x_0} f[g(x)]=A$$

定理的证明留给读者当做练习.

注意,由假设 $\lim\limits_{u\to a} f(u)=A$ 及定理的结论,对复合函数求极限时,可以作变换 $u=g(x)$ 而得到

$$\lim_{x\to x_0} f[g(x)]=\lim_{u\to a} f(u)=A$$

这时极限过程已从"$x\to x_0$"转换为"$u\to a$".

§2.3 变量的极限

我们将数列 $\{a_n\}$ 及函数 $f(x)$ 概括为"变量 y",将 $n\to\infty$,$x\to\infty$,$x\to x_0$ 概括为"某个变化过程中". 那么,综合数列极限与函数极限的概念,可以概括出一般变量极限的定义.

定义 2.6 对于任意给定的充分小的正数 ε,在变量 y 的变化过程中,总存在那么一个时刻,在那个时刻以后

$$|y-A|<\varepsilon$$

恒成立,则称变量 y 在此变化过程中以 A 为极限. 记做

$$\lim y=A.$$

(1)如果变量 y 是数列 $y_n=f(n)$,则定义中的"变化过程"是指"$n\to\infty$";"总存在那么一个时刻"是指"总存在一个正整数 N";"在那个时刻以后"是指"当 $n>N$ 时",则"$\lim y=A$"应为"$\lim\limits_{n\to\infty} y_n=A$".

(2)如果变量 y 是定义于实数集合的函数 $y=f(x)$,而研究的变化过程是 $x\to\infty$,则定义中"总有那么一个时刻"是指"总存在一个正数 M";"在那个时刻以后"是指"当 $|x|>M$ 时";而"$\lim y=A$"应为"$\lim\limits_{x\to\infty} f(x)=A$".

(3)如果变量 y 是定义于实数集合的函数 $y=f(x)$,而研究的变化过程是 $x\to x_0$,则定义中"总有那么一个时刻"是指"总存在一个正数 δ";"在那个时刻以后"是指"当 $0<|x-x_0|<\delta$ 时";而"$\lim y=A$"应为"$\lim\limits_{x\to x_0} f(x)=A$".

这里的极限定义和记号概括了两种变量 $f(n)$ 和 $f(x)$,在三种变化过程中,即 $f(n)$ 在 $n\to\infty$ 时与 $f(x)$ 在 $x\to\infty$ 或 $x\to x_0$ 时的极限问题.

今后,凡对两种变量,三种过程均适用的定义、推论或规律性结论才可以使用通用记号"$\lim y=A$". 如果变量 y 已给出具体函数,就不能使用通用记号,必须在极限符号下伴随着所研究的变量的变化过程. 例如

$$\lim_{n\to\infty}\left(1+\frac{1}{n}\right)=1,\ \lim_{x\to 1}(3x-2)=1,\ \lim_{x\to\infty}\frac{1}{x}=0$$

不能出现诸如$\lim\frac{1}{x}$而没有具体过程的极限符号.

例 1 证明$\lim c=c$(c为常数).

证 设$y=c$,对于任意给定的$\varepsilon>0$,恒有

$$|y-c|=|c-c|=0<\varepsilon$$

所以$\lim c=c$.

结论:“$\lim c=c$”表示对数列$f(n)=c$有$\lim f(n)=\lim c=c(n\to\infty)$,对函数$f(x)=c$有$\lim f(x)=\lim c=c(x\to\infty)$及$\lim f(x)=\lim c=c(x\to x_0)$.

定义 2.7 变量y在某一变化过程中,如果存在正数M,使变量y在某一时刻之后,恒有$|y|\leqslant M$,则称y在那个时刻之后为有界变量.

定理 2.5 如果在某一变化过程中,变量y有极限,则变量y是有界变量.

证 设$\lim y=A$,则对$\varepsilon=1$,总有那么一个时刻,在那个时刻以后,恒有

$$|y-A|<\varepsilon=1$$

因为$|y|=|A+(y-A)|\leqslant|A|+|y-A|<|A|+1$,取$M=|A|+1$,则在那个时刻以后,恒有$|y|<M$.所以变量是$y$在那个时刻之后的有界变量.

定理2.5说明变量y若在某一变化过程中有极限,则变量y在某一时刻后有界,但变量在某一时刻后有界不一定有极限.例如

$$f(x)=\begin{cases}1, & x<0\\ x, & x\geqslant 0\end{cases}$$

在$x=0$附近有界,但$\lim\limits_{x\to 0}f(x)$不存在.

§2.4 无穷大量与无穷小量

2.4.1 无穷大量

如果当$x\to x_0$(或$x\to\infty$)时,对应的函数绝对值无限地增大,我们就说当$x\to x_0$(或$x\to\infty$)时,$f(x)$是一个无穷大量.更精确的表达为:

定义 2.8 如果对任意给定的正数M,总存在一个正数δ(或X),使得当适合不等式$0<|x-x_0|<\delta$(或$|x|>X$)的一切x

$$|f(x)|>M$$

恒成立,则函数$f(x)$叫做当$x\to x_0$(或$x\to\infty$)时的无穷大量.

当$x\to x_0$(或$x\to\infty$)时为无穷大量的函数$f(x)$,按通常的意义说,其极限是不存在的.但为了便于叙述函数这一状态,我们也说函数的“极限”是无穷大,并记做

$$\lim_{x\to x_0}f(x)=\infty \quad (\text{或}\lim_{x\to\infty}f(x)=\infty).$$

例 1 证明$\lim\limits_{x\to 1}\frac{1}{x-1}=\infty$.

证 设M是任意大的数,要使

$$\left|\frac{1}{x-1}\right|=\frac{1}{|x-1|}>M$$

只要$|x-1|<\frac{1}{M}$就可以了.

取$\delta=\frac{1}{M}$,则对于适合不等式$0<|x-1|<\delta=\frac{1}{M}$的一切$x$有

$$\left|\frac{1}{x-1}\right|>M$$

所以

$$\lim_{x\to 1}\frac{1}{x-1}=\infty.$$

无穷大量是一个无界量.那么无界量是否一定是无穷大量呢?请看例子:

设

$$f(n)=\begin{cases} n, & n\text{为偶数,} \\ \frac{1}{n}, & n\text{为奇数.} \end{cases}$$

显然它是一个无界量,但它不是无穷大量.

2.4.2 无穷小量

我们先给出无穷小量的定义.

定义 2.9 如果对任意给定的充分小的正数ε,总存在一个正数δ(或Z),使得当适合不等式$0<|x-x_0|<\delta$(或$|x|>Z$)的一切x

$$|f(x)|<\varepsilon$$

恒成立时,则函数$f(x)$为上述变化过程中的无穷小量.

根据极限的定义,定义2.9也可以叙述为:

如果对任意给定的正数ε,总存在一个正数δ(或Z),使得当适合不等式$0<|x-x_0|<\delta$(或$|x|>Z$)的一切x

$$|f(x)-0|<\varepsilon$$

恒成立时,所以有$\lim_{x\to x_0}f(x)=0$或$\lim_{x\to\infty}f(x)=0$.

可见,无穷小量是一个以0为极限的变量,这是无穷小量的特征.如同无穷大量一样,无穷小量不是数,不能与很小的数混为一谈.请读者考虑,数0是不是一个无穷小量?又极限定义中的数“ε”是不是无穷小量?

例 1 因为$\lim_{n\to\infty}\frac{1}{2^n}=0$,所以当$n\to\infty$时,变量$y_n=\frac{1}{2^n}$为无穷小量.

例 2 因为$\lim_{x\to\infty}\frac{1}{x}=0$,所以当$x\to\infty$时,变量$y=\frac{1}{x}$为无穷小量.

例 3 因为$\lim_{x\to 0}x^2=0$,所以当$x\to 0$时,变量$y=x^2$为无穷小量.

2.4.3 无穷小量与无穷大量的关系

定理 2.6 在同一变化过程中,

(1)如果$f(x)$为无穷大量,则$\frac{1}{f(x)}$为无穷小量;

(2)如果$f(x)$为无穷小量,且$f(x)\neq 0$,则$\frac{1}{f(x)}$为无穷大量.

证 以 $x \to x_0$ 为例证明定理,其他类似证明.

(1)已知 $\lim\limits_{x \to x_0} f(x) = \infty$.

对于任意给定的 $\varepsilon > 0$,则对于 $M = \frac{1}{\varepsilon}$,必能找到 $\delta > 0$,当 $0 < |x - x_0| < \delta$ 时,不等式

$$|f(x)| > M = \frac{1}{\varepsilon}$$

恒成立,即 $\left|\frac{1}{f(x)}\right| < \varepsilon$,亦即

$$\lim_{x \to x_0} \frac{1}{f(x)} = 0.$$

(2)设 $\lim\limits_{x \to x_0} f(x) = 0$,且 $f(x) \neq 0$.

对于任意给定的数 $M > 0$,则对于 $\varepsilon = \frac{1}{M}$,必能找到 $\delta > 0$,当 $0 < |x - x_0| < \delta$ 时,不等式

$$|f(x)| < \varepsilon = \frac{1}{M}$$

恒成立. 因此有

$$\left|\frac{1}{f(x)}\right| > M$$

亦即

$$\lim_{x \to x_0} \frac{1}{f(x)} = \infty.$$

对 $x \to \infty$ 时的情形,证明是类似的.

2.4.4 函数(数列)极限的另一表达形式

对于任意给定的 $\varepsilon > 0$,数列极限要考虑当 $n > N$ 时,$|y_n - A| < \varepsilon$ 是否成立,函数极限要考虑当 $0 < |x - x_0| < \delta$ 时,$|f(x) - A| < \varepsilon$ 是否成立. 因此,我们可以通过无穷小量将数列极限与函数极限的定义统一起来.

定义 2.10 如果在自变量 $x \to x_0 (n \to \infty)$ 的过程中,$f(x)$ 与常数 A(y_n 与常量 A)之差是一个无穷小量,则称 A 为函数 $f(x)$(或数列 y_n)在 $x \to x_0 (n \to \infty)$ 时的极限.

显然,这个定义与前面新给出的极限定义是等价的.

定理 2.7 具有极限的函数等于其极限值与一个无穷小的和;反之,如果函数可以表示为某一常数与无穷小的和,则该常数就是函数的极限.

证 设 $\lim\limits_{x \to x_0} f(x) = A$,则对于任给的小正数 ε,能找到正数 δ,使当 $0 < |x - x_0| < \delta$ 时,不等式

$$|f(x) - A| < \varepsilon$$

恒成立.

根据定义 2.9 知,$f(x) - A$ 是 $x \to x_0$ 时的无穷小.

令 $f(x) - A = \alpha$(α 是 $x \to x_0$ 时的无穷小)就得到

$$f(x) = A + \alpha$$

反之,若设 $f(x) = A + \alpha$,其中 A 是常数,α 是 $x \to x_0$ 时的无穷小,于是

$$|f(x) - A| = |\alpha|$$

因为 α 是 $x \to x_0$ 时的无穷小，则对于任意给定的正数 ε，总能找到正数 δ，使当 $0<|x-x_0|<\delta$ 时，有

$$|\alpha|<\varepsilon$$

即
$$|f(x)-A|<\varepsilon$$

亦即
$$\lim_{x \to x_0} f(x)=A.$$

同样可证 $x \to \infty$ 时的情形及数列 $n \to \infty$ 的情形.

2.4.5 关于无穷小的定理

为简便计，下面对于函数的极限只以"lim"表示，而不标明变量的具体变化过程.

定理 2.8 有限个无穷小量的代数和仍是无穷小量.

证 考虑两个无穷小量的代数和.

设 α,β 是两个无穷小量，记 $\alpha \pm \beta=\gamma$.

对任意小的正数 ε，因 α,β 均是无穷小量，一定能找到正数 δ，当 $0<|x-x_0|<\delta$ 时，有

$$|\alpha|<\frac{\varepsilon}{2},\ |\beta|<\frac{\varepsilon}{2}$$

恒成立.

所以

$$|\gamma|=|\alpha \pm \beta| \leqslant |\alpha|+|\beta|<\frac{\varepsilon}{2}+\frac{\varepsilon}{2}=\varepsilon$$

即 $\gamma=\alpha \pm \beta$ 也是无穷小量.

类似地可以证，有限个无穷小量的代数和是无穷小量.

无穷多个无穷小量的和不一定是无穷小量，这个和可能会产生一个由量变到质变的过程. 例如当 $n \to \infty$ 时，$\frac{1}{n^2},\frac{2}{n^2},\cdots,\frac{n}{n^2}$ 均为无穷小量，但是

$$\lim_{n \to \infty}\left(\frac{1}{n^2}+\frac{2}{n^2}+\cdots+\frac{n}{n^2}\right)=\frac{1}{2},$$

而数 $\frac{1}{2}$ 就不是无穷小量，可见有限的情形不能随意推广到无穷的情形.

定理 2.9 有界变量与无穷小量的乘积仍是无穷小量.

证 设函数 $f(x)$ 在 $x=x_0$ 的某一邻域内是有界的，即 $|f(x)|<M$，(M 为正数)；并设 α 是 $x \to x_0$ 时的无穷小量，则对于任意给定的小正数 ε，总能找到正数 δ，当 $0<|x-x_0|<\delta$ 时，有

$$|\alpha|<\frac{\varepsilon}{M}$$

于是

$$|\alpha \cdot f(x)|=|\alpha| \cdot |f(x)|<M \cdot \frac{\varepsilon}{M}=\varepsilon$$

所以 $\alpha \cdot f(x)$ 为无穷小量.

推论 2.1 常量与无穷小量的乘积是无穷小量.

例 1 求 $\lim\limits_{x \to 0} x\sin\frac{1}{x}$.

解 因为$\left|\sin\frac{1}{x}\right|\leqslant 1$,所以$\sin\frac{1}{x}$是有界变量;又$\lim\limits_{x\to 0}x=0$,所以当$x\to 0$时$x\sin\frac{1}{x}$是有界变量与无穷小量的乘积.由定理2.9可知$x\sin\frac{1}{x}$是无穷小量,所以

$$\lim_{x\to 0}x\sin\frac{1}{x}=0.$$

推论 2.2 有限个无穷小量的乘积是无穷小量.

定理 2.10 设$\lim\alpha=0$且$\lim f(x)=A\neq 0$,则$\lim\frac{\alpha}{f(x)}=0$.

证 以$x\to x_0$为例给出证明,其他极限过程证明类似.先证$\frac{1}{f(x)}$在x_0的某一邻域内有界.

取$\varepsilon=\frac{|A|}{2}$,则对于这样的$\varepsilon$,能找到正数$\delta$,使得当$0<|x-x_0|<\delta$时,有

$$|f(x)-A|<\frac{|A|}{2}$$

因为

$$|f(x)-A|=|A-f(x)|\geqslant|A|-|f(x)|$$

于是

$$|A|-|f(x)|<\frac{|A|}{2}$$

或

$$|f(x)|>\frac{|A|}{2}$$

即

$$\left|\frac{1}{f(x)}\right|<\frac{2}{|A|}$$

故函数$\frac{1}{f(x)}$是有界的.

所以$\frac{\alpha}{f(x)}$是有界函数与无穷小量的乘积,根据定理2.9,$\frac{\alpha}{f(x)}$是无穷小量.

2.4.6 无穷小量的阶

无穷小量虽然都是趋于0的变量,但不同的无穷小量趋于0的速度却不一定相同,有时可能差别很大.

例如 当$x\to 0$时,$x,2x,x^2$都是无穷小量,但它们趋于0的速度却不一样.列表比较如表2-3所示.

表 2-3

x	1	0.5	0.1	0.01	0.001	… → 0
$2x$	2	1	0.2	0.02	0.002	… → 0
x^2	1	0.25	0.01	0.0001	0.000001	… → 0

显然x^2比x与$2x$趋于0的速度都快得多.快慢是相对的,是相互比较而言的.下面通过比

较两个无穷小量趋于 0 的速度，引入无穷小量阶的概念.

定义 2.11　设 α,β 是同一过程中的两个无穷小量.

如果 $\lim\dfrac{\beta}{\alpha}=0$，则称 β 是比 α 较高阶的无穷小量，记做 $\beta=o(\alpha)$.

如果 $\lim\dfrac{\beta}{\alpha}=c\neq0$（$c$ 为常量），则称 β 是与 α 同阶的无穷小量. 特别地，当 $c=1$ 时称 β 与 α 是等价的无穷小量，记做 $\alpha\sim\beta$.

因为 $\lim\limits_{x\to0}\dfrac{x^2}{x}=\lim\limits_{x\to0}x=0$，所以当 $x\to0$ 时，x^2 是比 x 较高阶的无穷小量，可以记做 $x^2=o(x)$. 反之，当 $x\to0$ 时，x 是比 x^2 较低阶的无穷小量.

因为 $\lim\limits_{x\to0}\dfrac{x}{2x}=\dfrac{1}{2}$，所以当 $x\to0$ 时，x 与 $2x$ 是同阶无穷小量.

§2.5　极限的四则运算

在下面的讨论中，u,v,w 及 α,β,γ 等都是 x 的函数，a,b,c 是常数；函数的极限用 lim 表示，而没有标明 $x\to x_0$ 或 $x\to\infty$，因为实际上下面的定理对这两种情形都成立. 当然，在同一问题中应当属于同一极限过程，即都是 $x\to x_0$，或者都是 $x\to\infty$.

定理 2.11　有限个具有极限的函数之和（代数和）的极限必存在，并且这个极限等于它们的极限的和.

证　设三个函数 u,v,w 的极限分别为 a,b,c，则根据定理 2.7，有

$$u=a+\alpha,\quad v=b+\beta,\quad w=c+\gamma$$

其中 α,β,γ 是无穷小量. 于是和

$$\begin{aligned}u+v+w&=(a+\alpha)+(b+\beta)+(c+\gamma)\\&=(a+b+c)+(\alpha+\beta+\gamma)\end{aligned}$$

记 $\omega=\alpha+\beta+\gamma$，再由定理 2.7

$$\lim(u+v+w)=a+b+c=\lim u+\lim v+\lim w \tag{2.1}$$

同样可以证明有限个极限的情形.

定理 2.12　有限个具有极限的函数乘积的极限必存在，且其极限等于它们的极限的乘积.

证　设两个函数 u,v 的极限分别为 a 和 b，则

$$u=a+\alpha,\quad v=b+\beta$$

其中 α,β 为无穷小量. 于是乘积

$$uv=(a+\alpha)(b+\beta)=ab+(a\beta+\alpha b+\alpha\beta)$$

由定理 2.7、定理 2.8 及定理 2.9 的推论 2.1 知

$$\lim uv=ab=\lim u\cdot\lim v \tag{2.2}$$

不难证明推广到三个以上有限个函数乘积的极限的情形. 例如

$$\lim(uvw)=\lim[(uv)w]=\lim uv\cdot\lim w=\lim u\cdot\lim v\cdot\lim w \tag{2.3}$$

推论 2.3　常数因子可以提到极限符号的外面，即

$$\lim cu=c\lim u \tag{2.4}$$

这是因为 $\lim c=c$ 的缘故.

推论 2.4 具有极限的函数的正整数幂的极限必存在,并且这个极限等于函数的极限的乘幂,即

$$\lim u^n=\lim(u\cdot u\cdot\cdots\cdot u)=\lim u\cdot\lim u\cdot\cdots\cdot\lim u=(\lim u)^n \tag{2.5}$$

定理 2.13 两个具有极限的函数之商的极限,当分母极限不为零时,这个极限必存在,并且等于它们极限的商.

证 设商为 $\frac{u}{v}$,并设 u,v 的极限分别为 a,b,且 $b\neq 0$,则

$$u=a+\alpha,\quad v=b+\beta,$$

其中 α,β 为无穷小. 考虑差

$$\frac{u}{v}-\frac{a}{b}=\frac{a+\alpha}{b+\beta}-\frac{a}{b}=\frac{b\alpha-a\beta}{b(b+\beta)}$$

右边分式的分子 $b\alpha-a\beta$ 是无穷小,分母 $b(b+\beta)$ 的极限是 $b^2\neq 0$,根据定理 2.10,这个分式为无穷小量,设为 γ,于是

$$\frac{u}{v}=\frac{a}{b}+\gamma$$

由定理 2.7 有

$$\lim\frac{u}{v}=\frac{a}{b}=\frac{\lim u}{\lim v},\text{(这里 }\lim v\neq 0) \tag{2.6}$$

以上几个定理与推论对于数列同样成立.

由定理 2.2,我们给出下述定理.

定理 2.14 如果 $\varphi(x)\geqslant\psi(x)$,而 $\lim\varphi(x)=a$,$\lim\psi(x)=b$,则 $a\geqslant b$.

证 令 $f(x)=\varphi(x)-\psi(x)$,则 $f(x)\geqslant 0$,由定理 2.11 有

$$\lim f(x)=\lim[\varphi(x)-\psi(x)]=\lim\varphi(x)-\lim\psi(x)=a-b$$

再由定理 2.3 知 $\lim f(x)\geqslant 0$,故 $a-b\geqslant 0$,即 $a\geqslant b$.

例 1 $x_n=\frac{2^n-1}{2^n}$,求 $\lim\limits_{n\to\infty}x_n$.

解 $$\lim_{n\to\infty}x_n=\lim_{n\to\infty}\frac{2^n-1}{2^n}=\lim_{n\to\infty}\left(1-\frac{1}{2^n}\right)=\lim_{n\to\infty}1-\lim_{n\to\infty}\frac{1}{2^n}=1.$$

例 2 求 $\lim\limits_{x\to 1}(3x^2-2x+1)$.

解 $$\lim_{x\to 1}(3x^2-2x+1)=\lim_{x\to 1}3x^2-\lim_{x\to 1}2x+\lim_{x\to 1}1=3(\lim_{x\to 1}x)^2-2+1=2.$$

例 3 求 $\lim\limits_{x\to 2}\frac{2x^2+x-5}{3x+1}$.

解 因为 $$\lim_{x\to 2}(2x^2+x-5)=2(\lim_{x\to 2}x)^2+\lim_{x\to 2}x-\lim_{x\to 2}5=5$$

$$\lim_{x\to 2}(3x+1)=7\neq 0$$

所以 $$\lim_{x\to 2}\frac{2x^2+x-5}{3x+1}=\frac{\lim\limits_{x\to 2}(2x^2+x-5)}{\lim\limits_{x\to 2}(3x+1)}=\frac{5}{7}.$$

由例 2、例 3 可以看出,函数的极限值就是把自变量 x 的极限值代入函数的结果. 事实上,对于有理整函数及有理分式函数,当以自变量的极限值代入后,分母不为 0 时,这种代入的方法都是可行的. 设多项式

$$p(x)=a_0x^n+a_1x^{n-1}+\cdots+a_{n-1}x+a_n$$

则

$$\begin{aligned}\lim_{x\to x_0}p(x)&=\lim_{x\to x_0}(a_0x^n+a_1x^{n-1}+\cdots+a_{n-1}x+a_n)\\&=a_0(\lim_{x\to x_0}x)^n+a_1(\lim_{x\to x_0}x)^{n-1}+\cdots+\lim_{x\to x_0}a_n\\&=a_0x_0^n+a_1x_0^{n-1}+\cdots+a_{n-1}x_0+a_n\\&=p(x_0)\end{aligned}$$

又设有理分式函数

$$f(x)=\frac{p(x)}{q(x)}$$

其中 $p(x),q(x)$ 都是多项式，于是

$$\lim_{x\to x_0}p(x)=p(x_0)\qquad \lim_{x\to x_0}q(x)=q(x_0)$$

设

$$\lim_{x\to x_0}q(x)=q(x_0)\neq 0\ ,(x\to x_0)$$

则有

$$\lim_{x\to x_0}f(x)=\frac{\lim\limits_{x\to x_0}p(x)}{\lim\limits_{x\to x_0}q(x)}=\frac{p(x_0)}{q(x_0)}=f(x_0).$$

要注意的是，若 $q(x_0)=0$，则关于商的定理不能应用，那就需要特别考虑.

例 4 求$\lim\limits_{x\to 3}\dfrac{x-3}{x^2-9}$.

解 因为当 $x\to 3$ 时，$x\neq 3$，故可以约去分子与分母中的因子 $x-3$，所以

$$\lim_{x\to 3}\frac{x-3}{x^2-9}=\lim_{x\to 3}\frac{1}{x+3}=\frac{1}{6}.$$

例 5 求 $\lim\limits_{x\to 4}\dfrac{x^{\frac{1}{2}}-2}{x-4}$.

解

$$\lim_{x\to 4}\frac{x^{\frac{1}{2}}-2}{x-4}=\lim_{x\to 4}\frac{(x^{\frac{1}{2}}-2)(x^{\frac{1}{2}}+2)}{(x-4)(x^{\frac{1}{2}}+2)}=\lim_{x\to 4}\frac{1}{x^{\frac{1}{2}}+2}=\frac{1}{4}.$$

例 6 求$\lim\limits_{x\to 1}\dfrac{2x-3}{x^2-5x+4}$.

解 不难看出，分母的极限为 0，而分子的极限不为 0，故商的极限定理不能直接应用. 但由定理 2.13 知

$$\lim_{x\to 1}\frac{x^2-5x+4}{2x-3}=0$$

再由定理 2.5 知

$$\lim_{x\to 1}\frac{2x-3}{x^2-5x+4}=\infty.$$

例 7 求$\lim\limits_{x\to\infty}\dfrac{3x^3-4x^2+2}{7x^3+5x^2-3}$.

解

$$\lim_{x\to\infty}\frac{3x^3-4x^2+2}{7x^3+5x^2-3}=\lim_{x\to\infty}\frac{3-\dfrac{4}{x}+\dfrac{2}{x^3}}{7+\dfrac{5}{x}-\dfrac{3}{x^3}}=\frac{3}{7}.$$

例 8 求$\lim\limits_{x\to\infty}\dfrac{3x^2-2x-1}{2x^3-2x^2+5}$.

解
$$\lim_{x\to\infty}\frac{3x^2-2x-1}{2x^3-2x^2+5}=\lim_{x\to\infty}\frac{\dfrac{3}{x}-\dfrac{2}{x^2}-\dfrac{1}{x^3}}{2-\dfrac{1}{x}+\dfrac{5}{x^3}}=0.$$

例 9 求$\lim\limits_{x\to\infty}\dfrac{2x^3-2x^2+5}{3x^2-2x-1}$.

解 利用例 7 的结论,即得
$$\lim_{x\to\infty}\frac{2x^3-2x^2+5}{3x^2-2x-1}=\infty.$$

总结例 7、例 8、例 9,我们不难证明:
$$\lim_{x\to\infty}\frac{a_0x^m+a_1x^{m-1}+\cdots+a_{m-1}x+a_m}{b_0x^n+b_1x^{n-1}+\cdots+b_{n-1}x+b_n}=\begin{cases}\dfrac{a_0}{b_0}, & n=m\\ 0, & n>m.\\ \infty, & n<m\end{cases}\tag{2.7}$$

例 10 已知 $\lim\limits_{x\to\infty}\left(\dfrac{x^2+1}{x+1}-ax-b\right)=0$,求 a,b.

解
$$原式=\lim_{x\to\infty}x\left(\frac{x^2+1}{x^2+x}-a-\frac{b}{x}\right)=0$$

由此,有
$$\lim_{x\to\infty}\left(\frac{x^2+1}{x^2+x}-a-\frac{b}{x}\right)=0$$

故
$$a=\lim_{x\to\infty}\frac{x^2+1}{x^2+x}=1$$
$$b=\lim_{x\to\infty}\left(\frac{x^2+1}{x+1}-x\right)=-1.$$

§2.6 极限存在准则,两个重要极限

2.6.1 两边夹法则

准则Ⅰ 如果数列$\{x_n\}$,$\{y_n\}$,$\{z_n\}$之间满足:

(1) $x_n\leqslant z_n\leqslant y_n$(从某个 n 开始);

(2)$\lim\limits_{n\to\infty}x_n=\lim\limits_{n\to\infty}y_n=a$.

则数列$\{z_n\}$的极限存在,且$\lim\limits_{n\to\infty}z_n=a$.

这个法则也称为“夹逼法则”.

证 因 $x_n\to a(n\to\infty)$,根据数列极限的定义,对于任意给定的正数 ε,有这样一个正整数 N_1 存在,当 $n>N_1$ 时,不等式
$$|x_n-a|<\varepsilon$$
恒成立.

同理,对于这个 $\varepsilon>0$,存在正整数 N_2,当 $n>N_2$ 时,不等式

$$|y_n-a|<\varepsilon$$

恒成立.又因 $x_n\leqslant z_n\leqslant y_n$,所以当 $n>N=\max\{N_1,N_2\}$时,不等式

$$a-\varepsilon<x_n\leqslant z_n\leqslant y_n<a+\varepsilon$$

恒成立.因此有

$$a-\varepsilon<z_n<a+\varepsilon$$

亦即

$$|z_n-a|<\varepsilon$$

所以

$$\lim_{n\to\infty}z_n=a.$$

上述数列极限存在的准则可以推广到函数极限时的情形.

(1)如果对于点 x_0 的某一邻域内的点 x(点 x_0 本身可以除外),或绝对值大于某一正数的点 x,有 $f(x)\leqslant h(x)\leqslant g(x)$成立.

(2)如果 $f(x)\to a(x\to x_0$ 或 $x\to\infty)$; $g(x)\to a(x\to x_0$ 或 $x\to\infty)$.

则 $h(x)$极限存在且等于 $a(x\to x_0$ 或 $x\to\infty)$.

作为上述准则的应用,我们证明一个很重要的极限

$$\lim_{x\to 0}\frac{\sin x}{x}=1 \tag{2.8}$$

函数$\frac{\sin x}{x}$的特点:

(1)在 $x=0$ 处函数无定义;

(2)当自变量 x 变号时,函数的符号不变.

基于(2),我们只需讨论当 x 由正值趋于 0 时的情形.

设圆 O 半径为 1,圆心角 $x=\angle DOA\left(0<x<\frac{\pi}{2}\right)$,在点 A 处的切线为直线 AD,如图2-9所示.则

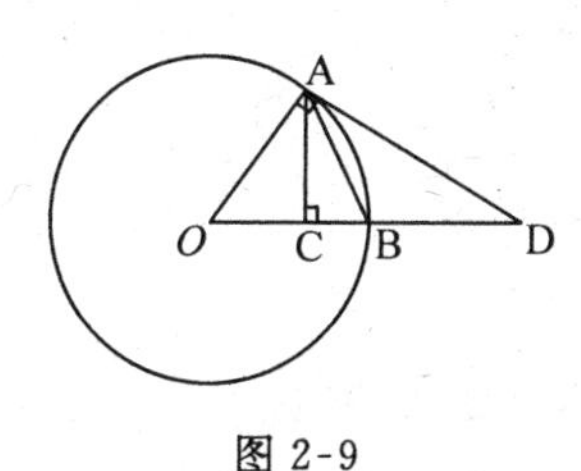

图 2-9

$$\sin x=|AC|,x=\widehat{AB},\ \tan x=|AD|$$

因为

$$S_{\triangle AOB}<S_{\text{扇形}AOB}<S_{\triangle AOD}$$

所以

$$\sin x<x<\tan x$$

那么有

$$1<\frac{x}{\sin x}<\frac{1}{\cos x}$$

或

$$1>\frac{x}{\sin x}>\frac{1}{\cos x}$$

因 $\cos x=|OC|$是随 $x\to 0$ 而趋近于 1 的,所以

$$\lim_{x\to 0^+}\cos x=1$$

根据准则Ⅰ可知

$$\lim_{x\to 0^+}\frac{\sin x}{x}=1$$

因$\frac{\sin x}{x}$为偶函数,同样有

$$\lim_{x\to 0^-}\frac{\sin x}{x}=1$$

于是有

$$\lim_{x\to 0}\frac{\sin x}{x}=1.$$

例 1 求 $\lim\limits_{x\to 0}\frac{\tan x}{x}$.

解

$$\lim_{x\to 0}\frac{\tan x}{x}=\lim_{x\to 0}\frac{\sin x}{x\cdot\cos x}=\frac{\lim\limits_{x\to 0}\frac{\sin x}{x}}{\lim\limits_{x\to 0}\cos x}=1.$$

例 2 求$\lim\limits_{x\to 0}\frac{\sin kx}{x}$ (k 为非 0 实数).

解 令 $t=kx$,则 $x\to 0$ 时,$t\to 0$,于是有

$$\lim_{x\to 0}\frac{\sin kx}{x}=k\cdot\lim_{t\to 0}\frac{\sin t}{t}=k.$$

例 3 求 $\lim\limits_{x\to 0}\frac{1-\cos x}{x^2}$.

解

$$\lim_{x\to 0}\frac{1-\cos x}{x^2}=\lim_{x\to 0}\frac{2\sin^2\left(\frac{x}{2}\right)}{x^2}=\frac{1}{2}\cdot\lim_{x\to 0}\left[\frac{\sin\left(\frac{x}{2}\right)}{\frac{x}{2}}\right]^2=\frac{1}{2}.$$

2.6.2 单调有界原理

准则Ⅱ 如果数列 $y_n=f(n)$是单调有界的,则$\lim\limits_{n\to\infty}y_n$ 一定存在.

这个准则实际上包含下述两种情形:

1. 数列 y_n 单调上升有上界,则$\lim\limits_{n\to\infty}y_n$ 存在;

2. 数列 y_n 单调下降有下界,则$\lim\limits_{n\to\infty}y_n$ 存在.

准则的证明用到了数列的确界存在定理,已超出本书的范围,故证明从略.

例如 $y_n=1-\frac{1}{n}$: 0, $\frac{1}{2}$, $\frac{2}{3}$, $\frac{3}{4}$,…,显然 y_n 是单调增加的,且 $y_n<1$,所以由准则Ⅱ可知$\lim\limits_{n\to\infty}y_n$ 存在.极限是明确的

$$\lim_{n\to\infty}\left(1-\frac{1}{n}\right)=1$$

作为准则Ⅱ的应用,我们来讨论另一个重要极限.

$$\lim_{x\to\infty}\left(1+\frac{1}{x}\right)^x=\mathrm{e} \tag{2.9}$$

首先我们就 x 取正整数 n 而趋向于$+\infty$的情形来证明这个极限的存在.按牛顿二项公式,有

$$x_n=\left(1+\frac{1}{n}\right)^n=1+C_n^1\cdot\frac{1}{n}+C_n^2\frac{1}{n^2}+\cdots+C_n^k\cdot\frac{1}{n^k}+\cdots+C_n^n\frac{1}{n^n}$$

$$=1+1+\frac{1}{2!}\left(1-\frac{1}{n}\right)+\frac{1}{3!}\left(1-\frac{1}{n}\right)\left(1-\frac{2}{n}\right)+\cdots+\frac{1}{k!}\left(1-\frac{1}{n}\right)+\cdots+$$

$$\left(1-\frac{k-1}{n}\right)+\cdots+\frac{1}{n!}\left(1-\frac{1}{n}\right)\left(1-\frac{2}{n}\right)\cdots\left(1-\frac{n-1}{n}\right)$$

$$x_{n+1}=\left(1+\frac{1}{n+1}\right)^{n+1}=1+C_{n+1}^1\frac{1}{n+1}+C_{n+1}^2\frac{1}{(n+1)^2}+\cdots+$$

$$C_{n+1}^k\frac{1}{(n+1)k}+\cdots+C_{n+1}^n\frac{1}{(n+1)^n}+C_{n+1}^{n+1}\frac{1}{(n+1)^{n+1}}$$

$$=1+1+\frac{1}{2!}\left(1-\frac{1}{n+1}\right)+\frac{1}{3!}\left(1-\frac{1}{n+1}\right)\left(1-\frac{2}{n+1}\right)+\cdots+$$

$$\frac{1}{k!}\left(1-\frac{1}{n+1}\right)\left(1-\frac{2}{n+1}\right)\cdots\left(1-\frac{k-1}{n+1}\right)+\cdots+\frac{1}{(n+1)!}$$

$$\left(1-\frac{1}{n+1}\right)\left(1-\frac{2}{n+1}\right)\cdots\left(1-\frac{n}{n+1}\right).$$

比较 x_n 与 x_{n+1} 右边的各项，可以看到：除了前两项相等外，x_n 的每一项都小于 x_{n+1} 的对应项，并且 x_{n+1} 比 x_n 还多出了最后一项，于是有

$$x_n<x_{n+1}.$$

即数列 x_n 是单调增加的. 另外，用比较大的数 1 代替 x_n 的右边各项括号内的数，得

$$x_n<1+1+\frac{1}{2!}+\frac{1}{3!}+\cdots+\frac{1}{n!}$$

$$<1+1+\frac{1}{2}+\frac{1}{2^2}+\cdots+\frac{1}{2^{n-1}}=3-\frac{1}{2^{n-1}}<3$$

即不论 n 如何，数列 $\{x_n\}$ 总是小于定数 3. 根据极限存在准则Ⅱ，就能断定 x_n 的极限存在. 用字母 e 来表示这个极限的值

$$\lim_{n\to\infty}\left(1+\frac{1}{n}\right)^n=\mathrm{e} \tag{2.10}$$

e 这个数是一个无理数，取 e 的小数到 15 位，其值是

$$\mathrm{e}=2.718281828459045\cdots$$

可以证明，当 x 取实数而趋向于 $+\infty$ 或 $-\infty$ 时，函数 $\left(1+\frac{1}{x}\right)^x$ 的极限都存在且都等于 e，因此

$$\lim_{x\to\infty}\left(1+\frac{1}{x}\right)^x=\mathrm{e}.$$

推论 2.5 令 $t=\frac{1}{x}$，则有

$$\lim_{x\to\infty}\left(1+\frac{1}{x}\right)^x=\lim_{t\to0}(1+t)^{\frac{1}{t}}=\mathrm{e}. \tag{2.11}$$

用 e 作底的对数叫做自然对数. x 的自然对数记做 $\ln x$. 在理论研究中，采用数 e 作为指数函数的底，有特殊的便利.

我们结合实际问题来分析以这个重要极限表述的数学模型的实际意义. 例如计算复利

息问题.

设本金为 A_0,利率为 r,期数为 t,如果每期结算一次,则本利和 A 为

$$A=A_0(1+r)^t.$$

如果每期结算 m 次,则 t 期本利和 A_m 为

$$A_m=A_0\left(1+\frac{r}{m}\right)^{mt}.$$

在现实世界中有许多问题是属于这种模型的,而且是立即产生立即结算,即 $m\to\infty$. 如物体的冷却,镭的衰变,细胞的繁殖,树木的生长等,都需要应用下面的极限

$$\lim_{m\to\infty}A_0\left(1+\frac{r}{m}\right)^{mt}$$

这个式子反映了现实世界中一些事物生长或消失的数量规律. 因此,上式是一个很有用的极限. 下面我们来计算这个极限.

在上式中,令 $n=\frac{m}{r}$,则当 $m\to\infty$ 时 $n\to\infty$,可得

$$\lim_{m\to\infty}A_0\left(1+\frac{r}{m}\right)^{mt}=A_0\lim_{n\to\infty}\left(1+\frac{1}{n}\right)^{nrt}=A_0\left[\lim_{n\to\infty}\left(1+\frac{1}{n}\right)^{n}\right]^{rt}=A_0\mathrm{e}^{rt} \tag{2.12}$$

若 r 表示人口的年增长率,A_0 表示当前的实际人数,则 $A_0\mathrm{e}^{rt}$ 表示 t 年后的人口总数.

例 1 求 $\lim\limits_{x\to\infty}\left(1+\frac{2}{x}\right)^x$.

解 令 $t=\frac{2}{x}$,当 $x\to\infty$ 时 $t\to 0$,所以

$$\lim_{x\to\infty}\left(1+\frac{2}{x}\right)^x=\lim_{t\to 0}(1+t)^{\frac{2}{t}}=\lim_{t\to 0}\left[(1+t)^{\frac{1}{t}}\right]^2=\mathrm{e}^2.$$

例 2 求 $\lim\limits_{x\to\infty}\left(\frac{x^2}{x^2-1}\right)^x$.

解
$$\lim_{x\to\infty}\left(\frac{x^2}{x^2-1}\right)^x=\lim_{x\to\infty}\left(\frac{x}{x+1}\cdot\frac{x}{x-1}\right)^x=\lim_{x\to\infty}\left(\frac{x}{x+1}\right)^x\cdot\lim_{x\to\infty}\left(\frac{x}{x-1}\right)^x$$
$$=\lim_{x\to\infty}\left(1-\frac{1}{x+1}\right)^x\cdot\lim_{x\to\infty}\left(1+\frac{1}{x-1}\right)^x$$

令 $\frac{-1}{x+1}=\frac{1}{t_1}$,则有

$$\lim_{x\to\infty}\left(1-\frac{1}{x+1}\right)^x=\lim_{t_1\to\infty}\left(1+\frac{1}{t_1}\right)^{-t_1-1}$$
$$=\left[\lim_{t_1\to\infty}\left(1+\frac{1}{t_1}\right)^{t_1}\right]^{-1}\cdot\lim_{t_1\to\infty}\left(1+\frac{1}{t_1}\right)^{-1}=\mathrm{e}^{-1}\cdot 1=\mathrm{e}^{-1}$$

再令 $\frac{x}{x-1}=\frac{1}{t_2}$,则有

$$\lim_{x\to\infty}\left(1+\frac{1}{x-1}\right)^x=\lim_{t_2\to\infty}\left(1+\frac{1}{t_2}\right)^{t_2+1}$$
$$=\lim_{t_2\to\infty}\left(1+\frac{1}{t_2}\right)^{t_2}\cdot\lim_{t_2\to\infty}\left(1+\frac{1}{t_2}\right)=\mathrm{e}$$

所以
$$\lim_{x\to 0}\left(\frac{x^2}{x^2-1}\right)^x=\mathrm{e}^{-1}\cdot\mathrm{e}=1.$$

小结：至此可以实际用于求极限的方法逐渐多了起来. 概括地说，这些方法是：

(1)利用极限的存在准则.

(2)利用两个重要的极限.

(3)利用无穷小量的性质.

(4)利用等价无穷小量的代换.

设在某一变化过程中，变量 $\alpha\to 0$，$\beta\to 0$ 且 $\alpha\sim\alpha'$，$\beta\sim\beta'$. 又 $\lim\frac{\beta'}{\alpha'}$ 存在，则

$$\lim\frac{\beta}{\alpha}=\lim\frac{\beta'}{\alpha'}$$

因为 $\lim\frac{\beta}{\alpha}=\lim\frac{\beta}{\beta'}\cdot\frac{\beta'}{\alpha'}\cdot\frac{\alpha'}{\alpha}=\lim\frac{\beta}{\beta'}\cdot\lim\frac{\beta'}{\alpha'}\cdot\lim\frac{\alpha'}{\alpha}=\lim\frac{\beta'}{\alpha'}$

不难知道，当 $x\to 0$ 时

$$x\sim\sin x\sim\tan x\sim\arcsin x\sim\ln(1+x)\sim\arctan x.$$

例 3　求 $\lim\limits_{x\to 0}\frac{\sin 3x}{\sin 2x}$.

解　因为当 $x\to 0$ 时，$\sin 3x\sim 3x$，$\sin 2x\sim 2x$，所以

$$\lim_{x\to 0}\frac{\sin 3x}{\sin 2x}=\lim_{x\to 0}\frac{3x}{2x}=\frac{3}{2}.$$

例 4　求 $\lim\limits_{x\to 0}\frac{\ln(1+x)}{\arctan x}$.

解　因为当 $x\to 0$ 时，$\ln(1+x)\sim x$，$\arctan x\sim x$，所以

$$\lim_{x\to 0}\frac{\ln(1+x)}{\arctan x}=\lim_{x\to 0}\frac{x}{x}=1.$$

上述代换均为代换因子. 为了保证代换的正确，我们强调：在求极限过程中，等价无穷小量只代换乘除，不代换加减.

例 5　求 $\lim\limits_{x\to 0}\frac{\tan x-\sin x}{x^3}$.

解　若用等价无穷小量代换

$$\lim_{x\to 0}\frac{\tan x-\sin x}{x^3}=\lim_{x\to 0}\frac{x-x}{x^3}=0$$

这就错了. 正确的解法是

$$\lim_{x\to 0}\frac{\tan x-\sin x}{x^3}=\lim_{x\to 0}\frac{\sin x(1-\cos x)}{x\cdot x^2}\cdot\frac{1}{\cos x}=\lim_{x\to 0}\frac{1-\cos x}{x^2}$$

$$=\lim_{x\to 0}\frac{2\sin^2\frac{x}{2}}{x^2}=\lim_{x\to 0}\frac{2\cdot\left(\frac{x}{2}\right)^2}{x^2}=\frac{1}{2}.$$

习　题　2

1. 观察下列数列当 $n\to\infty$ 时的变化趋势，指出哪些有极限，极限是多少，并指出哪些没有极限.

(1) $\{x_n\}=\left\{\frac{1}{3^n}\right\}$；　　(2) $\{x_n\}=\left\{(-1)^n\frac{1}{n}\right\}$；

(3) $\{x_n\}=\left\{2+\frac{1}{n^2}\right\}$；　　(4) $\{x_n\}=\left\{\frac{n-1}{n+1}\right\}$；

(5) $\{x_n\}=\{(-1)^n n\}$.

2. 设 $u_1=0.9$, $u_2=0.99$, $u_3=0.999$, …, $u_n=\underbrace{0.99\cdots9}_{n个}$, $\lim\limits_{n\to\infty}u_n=1$,试问 n 应为何值时,才能使 u_n 与其极限值之差的绝对值小于0.000 1?

3. 利用"ε-N"方法验证下列极限

(1) $\lim\limits_{n\to\infty}\frac{1}{n^a}=0\quad(a>0)$；　　(2) $\lim\limits_{n\to\infty}\sqrt[n]{a}=1\quad(a>0)$；

(3) $\lim\limits_{n\to\infty}(\sqrt{n+1}-\sqrt{n})=0$；　　(4) $\lim\limits_{n\to\infty}\frac{n}{a^n}=0\quad(a>1)$；

(5) $\lim\limits_{n\to\infty}\left(1-\frac{1}{2^2}\right)\left(1-\frac{1}{3^2}\right)\cdots\left(1-\frac{1}{n^2}\right)=\frac{1}{2}$.

4. 试用"ε-N"方法验证数列$\frac{2n}{n+1}$不以 1 为极限.

5. 对于数列 $x_n=\frac{n}{n+1}(n=1,2,3,\cdots)$给定(1) $\varepsilon=0.1$；(2) $\varepsilon=0.01$；(3) $\varepsilon=0.001$ 时,分别取怎样的 N,才能使当 $n>N$ 时,不等式$|x_n-1|<\varepsilon$ 成立? 并利用极限定义证明该数列的极限为 1.

6. 求下列极限

(1) $\lim\limits_{n\to\infty}\frac{n^3+3n^2+1}{4n^3+2n+3}$；　　(2) $\lim\limits_{n\to\infty}(\sqrt{n^2+n}-n)$；

(3) $\lim\limits_{n\to\infty}\frac{1^2+2^2+\cdots+n^2}{n^3}$；　　(4) $\lim\limits_{n\to\infty}\frac{\sqrt[3]{n^2}\sin n^2}{n-1}$；

(5) $\lim\limits_{n\to\infty}\frac{1+a+a^2+\cdots+a^n}{1+b+b^2+\cdots+b^n}(b>a>1)$；　　(6) $\lim\limits_{n\to\infty}\frac{2n-1}{2^n}$.

7. 用极限定义证明下列极限

(1) $\lim\limits_{x\to x_0}c=c$($c$ 为常数)；　　(2) $\lim\limits_{x\to3}(3x-4)=5$；

(3) $\lim\limits_{x\to-1}(4x+5)=1$；　　(4) $\lim\limits_{x\to-2}\frac{x^2-4}{x+2}=-4$；

(5) $\lim\limits_{x\to5}\frac{x^2-6x+5}{x-5}=4$；　　(6) $\lim\limits_{x\to\infty}\frac{1}{x}=0$.

8. 设 $f(x)=\begin{cases}x+4, & x<1\\ 2x-1, & x\geqslant1\end{cases}$, 求$\lim\limits_{x\to1^-}f(x)$及$\lim\limits_{x\to1^+}f(x)$,试问$\lim\limits_{x\to1}f(x)$是否存在?

9. 如果当 $x\to x_0$ 时,函数 $f(x)$的极限存在,证明函数 $f(x)$在 x_0 的某邻域(x_0 除外)内有界.

10. 讨论当 $x\to0$ 时,函数 $f(x)=\frac{x}{|x|}$是否有极限.

11. 求下列极限

(1) $\lim\limits_{x\to 1}(3x^2-2x+1)$；　　(2) $\lim\limits_{x\to 2}\dfrac{2x^2+x-5}{3x+1}$；

(3) $\lim\limits_{x\to 2}\dfrac{5x}{x^2-4}$；　　(4) $\lim\limits_{n\to\infty}\dfrac{2n^2-2n+3}{3n^2+1}$.

12. 已知 $f(x)=\begin{cases}x-1, & x<0\\ \dfrac{x^2+3x-1}{x^3+1}, & x\geqslant 0\end{cases}$，试求极限 $\lim\limits_{x\to 0}f(x)$，$\lim\limits_{x\to+\infty}f(x)$，$\lim\limits_{x\to-\infty}f(x)$.

13. 证明 $\lim\limits_{x\to 0}\sin x=0$，$\lim\limits_{x\to 0}\cos x=1$.

14. 求下列极限

(1) $\lim\limits_{x\to 0}\dfrac{\tan x}{x}$；　　(2) $\lim\limits_{x\to 0}\dfrac{\sin kx}{x}$；

(3) $\lim\limits_{x\to 0}\dfrac{1-\cos x}{x^2}$；　　(4) $\lim\limits_{x\to\infty}\left(\dfrac{x^2}{x^2-1}\right)^x$；

(5) $\lim\limits_{x\to 0}\dfrac{e^{x^2}\cos x}{\arcsin(1+x)}$；　　(6) $\lim\limits_{x\to 0}\dfrac{\ln(1+x)}{x}$；

(7) $\lim\limits_{x\to 4}\dfrac{\sqrt{2x+1}-3}{\sqrt{x-2}-\sqrt{2}}$；　　(8) $\lim\limits_{x\to 1}\left(\dfrac{3}{1-x^3}-\dfrac{1}{1-x}\right)$；

(9) $\lim\limits_{x\to+\infty}(\sqrt{x^2+x+1}-\sqrt{x^2-x+1})$；

(10) 设 $f(x)=\sqrt{x}$，求 $\lim\limits_{h\to 0}\dfrac{f(x+h)-f(x)}{h}$.

15. 求证：当 $x\to 0$ 时，$\sin\sin x\sim\ln(1+x)$.

16. 已知 $\lim\limits_{x\to c}f(x)=4$，$\lim\limits_{x\to c}g(x)=1$，$\lim\limits_{x\to c}h(x)=0$，求：

(1) $\lim\limits_{x\to c}\dfrac{g(x)}{f(x)}$；　　(2) $\lim\limits_{x\to c}\dfrac{h(x)}{f(x)-g(x)}$；

(3) $\lim\limits_{x\to c}[f(x)\cdot g(x)]$；　　(4) $\lim\limits_{x\to c}[f(x)\cdot h(x)]$.

17. 求下列极限

(1) $\lim\limits_{x\to 2}\dfrac{x^2+5}{x-3}$；　　(2) $\lim\limits_{x\to -1}\dfrac{x^2+2x+5}{x^2+1}$；

(3) $\lim\limits_{x\to\sqrt{3}}\dfrac{x^2-3}{x^2+1}$；　　(4) $\lim\limits_{x\to -1}\dfrac{x^2+2x+5}{x^2-1}$；

(5) $\lim\limits_{x\to 0}\dfrac{4x^3+2x^2+x}{3x^2+2x}$；　　(6) $\lim\limits_{h\to 0}\dfrac{(x+h)^2-x^2}{h}$；

(7) $\lim\limits_{x\to\infty}\left(2-\dfrac{1}{x}+\dfrac{1}{x^2}\right)$；　　(8) $\lim\limits_{x\to\infty}\dfrac{x^2-1}{2x^2-x-1}$；

(9) $\lim\limits_{x\to\infty}\left(1+\dfrac{1}{x}\right)\left(2-\dfrac{1}{x^2}\right)$；　　(10) $\lim\limits_{x\to+\infty}\dfrac{\sqrt{x+\sqrt{x+\sqrt{x}}}}{\sqrt{1+x}}$.

18. 计算下列极限

(1) $\lim\limits_{x\to 0}\dfrac{\sin 3x}{x}$；　　(2) $\lim\limits_{n\to\infty}\left(n\sin\dfrac{\pi}{n}\right)$；

(3) $\lim\limits_{x\to 0}\dfrac{\sqrt{1-\cos x^2}}{\sqrt{1-\cos x}}$；　　(4) $\lim\limits_{x\to\infty}\left(1+\dfrac{1}{x+1}\right)^x$；

(5) $\lim\limits_{x\to\infty}\left(1+\frac{2}{x}\right)^{x+3}$；　　(6) $\lim\limits_{x\to 0}(1-3x)^{\frac{1}{x}}$.

19. 求下列极限

(1) $\lim\limits_{x\to+\infty}x[\ln(x+1)-\ln x]$；　　(2) $\lim\limits_{x\to 0^+}\frac{a^x-1}{x}$；

(3) $\lim\limits_{x\to a^+}\frac{\ln x-\ln a}{x-a}$；　　(4) $\lim\limits_{x\to a}\frac{e^x-e^a}{x-a}$.

20. 下列函数在什么情况下是无穷小量？什么情况下是无穷大量？

(1) $y=\frac{1}{x^3}$；　(2) $y=\frac{1}{x+1}$；　(3) $y=\cot x$；　(4) $y=\ln x$.

21. 当 $x\to 0$ 时，下列函数哪些是 x 的高阶无穷小量？哪些是与 x 同阶的无穷小量？哪些是 x 的低阶无穷小量？

(1) $x+\tan 2x$；　(2) $1-\cos x$；　(3) $\frac{2}{\pi}\cos\frac{\pi}{2}(1-x)$；

(4) $\sin\sqrt{x}$.

22. 计算下列极限

(1) $\lim\limits_{x\to 1}(x^2-1)\cos\frac{1}{x-1}$；

(2) $\lim\limits_{x\to\infty}(2x^3-x-1)$；

(3) $\lim\limits_{x\to\infty}\frac{\sqrt[5]{x}\sin x}{x+1}$.

23. 若 $\lim\limits_{x\to 3}\frac{x^2-2x+k}{x-3}=4$，试求 k 的值.

24. 若 $\lim\limits_{x\to 1}\frac{x^2+ax+b}{1-x}=5$，试求 a,b 的值.

25. 若 $\lim\limits_{x\to\infty}\left(\frac{x^2+1}{x+1}-ax-b\right)=0$，试求 a,b 的值.

综合练习二

一、选择题

1. 数列 $\{x_n\}$ 与 $\{y_n\}$ 的极限分别为 A 与 B，且 $A\neq B$，则数列 $x_1,y_1,x_2,y_2,x_3,y_3,\cdots$ 的极限为(　).

A. A　　B. B　　C. $A+B$　　D. 不存在

2. $\lim\limits_{x\to 0}\left(x\sin\frac{1}{x}-\frac{1}{x}\sin x\right)=$(　).

A. 0　　B. 1　　C. 不存在　　D. -1

3. 若 $\lim\limits_{x\to a}f(x)=\infty$，$\lim\limits_{x\to a}g(x)=\infty$，则有(　).

A. $\lim\limits_{x\to a}[f(x)+g(x)]=\infty$

B. $\lim\limits_{x\to a}[f(x)-g(x)]=\infty$

C. $\lim\limits_{x\to a}\dfrac{1}{f(x)+g(x)}=\infty$

D. $\lim\limits_{x\to a}kf(x)=\infty(k\neq 0)$.

4. $\lim\limits_{x\to 1}\dfrac{\sin(x^2-1)}{x-1}=(\quad)$.

A. 1　　B. 0　　C. 2　　D. $\dfrac{1}{2}$

5. $f(x)$在点 $x=x_0$ 处有定义,是当 $x\to x_0$ 时,$f(x)$有极限的(　).

A. 必要条件　　B. 充分条件

C. 充要条件　　D. 无关条件

6. 当 $x\to\infty$时,若$\dfrac{1}{ax^2+bx+c}\sim\dfrac{1}{x+1}$,则 a,b,c 之值一定为(　).

A. $a=0$, $b=1$, $c=1$　　B. $a=0$, $b=1$, c 为任意常数

C. $a=0$, b, c 为任意常数　　D. a, b, c 均为任意常数

7. 当 $x\to 0$ 时,$\sin(2x+x^2)$与 x 比较是(　).

A. 较高阶的无穷小量　　B. 较低阶的无穷小量

C. 同阶的无穷小量　　D. 等价的无穷小量

8. 设 $f(x)=\begin{cases}\dfrac{1}{x}, & x>0\\ x\cdot\sin\dfrac{1}{x}, & x<0\end{cases}$,那么$\lim\limits_{x\to 0}f(x)$不存在的原因是(　).

A. $f(0)$没定义　　B. $\lim\limits_{x\to 0^-}f(x)$不存在

C. $\lim\limits_{x\to 0^+}f(x)$不存在　　D. $f(0+0)$与 $f(0-0)$都存在但不相等

二、填空题

1. $\lim\limits_{x\to 0}\left(\dfrac{1}{x^2}\right)\cdot\sin x^2=$__________.

2. 已知$\lim\limits_{x\to 0}\dfrac{(1+x)(2-5x)(1+3x)+a}{x}=3$, 则 $a=$__________.

3. 当 $x\to\infty$时,$\dfrac{1}{x^k}$与$\dfrac{1}{x^3}+\dfrac{1}{x^2}$为等价无穷小量,则 $k=$__________.

4. 若$\lim\limits_{x\to\pi}f(x)$存在,且 $f(x)=\dfrac{\sin x}{x-\pi}+2\lim\limits_{x\to\pi}f(x)$,则$\lim\limits_{x\to\pi}f(x)=$__________.

5. $\lim\limits_{x\to 0}\dfrac{\sin 6x}{\sqrt{x+1}-1}=$__________.

6. 设 $f(x)=\dfrac{ax^2+bx+5}{x-5}$.

(1)$\lim\limits_{x\to\infty}f(x)=1$, 则 $a=$__________,$b=$__________;

(2)$\lim\limits_{x\to\infty}f(x)=0$, 则 $a=$__________,$b=$__________;

(3)$\lim\limits_{x\to 5}f(x)=1$, 则 $a=$__________,$b=$__________.

7. $\lim\limits_{x\to\infty}\left[\dfrac{3x+2}{3x-2}\right]^{3x}=$__________.

8. 设$\lim\limits_{x\to\infty}\left(1+\dfrac{2}{ax}\right)^{x}=e^{3}$,则 $a=$__________.

三、计算题

1. 设 $f(x)=\begin{cases}x+4, & x\leqslant 0\\ e^{x}+x+3, & 0<x\leqslant 2\\ (x-2)\cdot\sin\dfrac{1}{x-2}, & 2<x,\end{cases}$

求:(1) $\lim\limits_{x\to 0}f(x)$;　　(2) $\lim\limits_{x\to 2}f(x)$.

2. 求下列极限

(1) $\lim\limits_{x\to 0}\dfrac{1}{4+e^{\frac{1}{x}}}$;　　(2) $\lim\limits_{x\to 0}\left(\dfrac{1}{\sin x}-\dfrac{1}{\tan x}\right)$;

(3) $\lim\limits_{x\to 0}\left[\dfrac{e^{x}+e^{-x}-2}{2x}\right]$;　　(4) $\lim\limits_{x\to 3}\left(\dfrac{1}{x-2}\right)^{\frac{1}{x-3}}$.

3. 设$\lim\limits_{x\to 0}\dfrac{k\sin 2x-x^{2}\sin\dfrac{1}{x}}{x}=1$,试求 k 的值.

四、证明题

设 $f(x)=\dfrac{\sin|x|}{x}$,证明$\lim\limits_{x\to 0}f(x)$不存在.

五、利用极限存在准则求极限

1. 求$\lim\limits_{n\to\infty}(1+2^{n}+3^{n})^{\frac{1}{n}}$

2. 已知 $x_1=\sqrt{a}$,$x_2=\sqrt{a+\sqrt{a}}$,…,$x_n=\sqrt{a+\sqrt{a+\cdots+\sqrt{a}}}$,$a>0$,试求$\lim\limits_{n\to\infty}x_n$.

第 3 章　函数的连续性

高等数学中,与函数的极限概念密切联系的另一基本概念是函数的连续性.连续性是函数的重要概念之一,该概念反映了我们所观察到的许多自然现象的共同特性.例如,生物的连续生长,流体的连续流动,经济的连续快速发展以及气温的连续变化,等等.

本章将根据极限概念来给出函数连续性的定义,并讨论连续函数的性质和初等函数的连续性.

§3.1　函数连续性的定义

3.1.1　增量

定义 3.1　设变量 x 从它的一个初值 x_1,变到终值 x_2 时,终值与初值的差为 x_2-x_1,这个差叫做变量 x 的改变量,并记为 Δx,即

$$\Delta x=x_2-x_1$$

改变量 Δx 可以是正的,也可以是负的.在 Δx 为正值情形下,变量 x 从 x_1 变到 $x_2=x_1+\Delta x$时是增大的;当 Δx 为负值时,则是减小的.

设有函数 $y=f(x)$.当自变量 x 从 x_0 改变到 $x_0+\Delta x$ 时,函数 y 相应的改变量为 Δy,如图 3-1 所示,则 $\Delta y=f(x_0+\Delta x)-f(x_0)$.

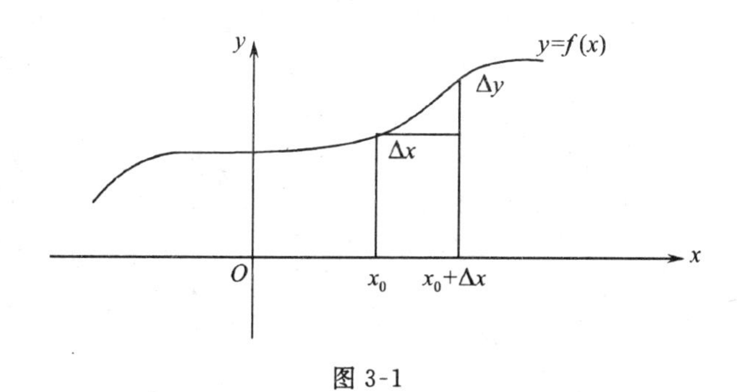

图 3-1

改变量 Δx 和 Δy,不论是正值还是负值,统称为增量.

例　正方形的边长 x 产生一个 Δx 的改变量,如图 3-2 所示,试问面积 y 改变了多少?

解　边长为 x 时,正方形的面积为

$$y=x^2$$

如果边长为 $x+\Delta x$,则面积为

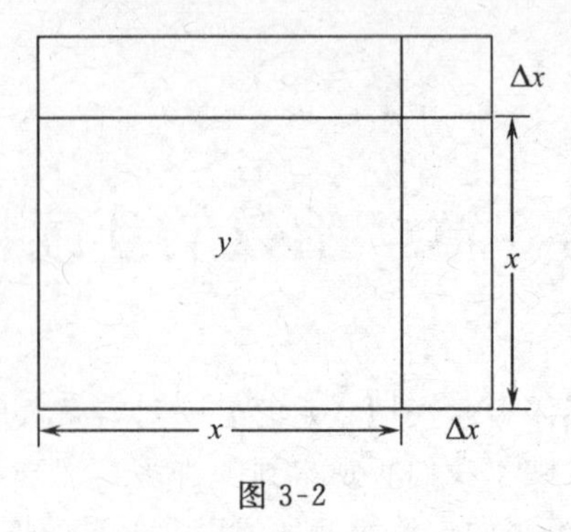

图 3-2

$$y+\Delta y=(x+\Delta x)^2$$

因此,面积的改变量为

$$\Delta y=(x+\Delta x)^2-x^2=2x\cdot\Delta x+(\Delta x)^2$$

如果边长由 2m 改变为 2.05m,则面积改变多少?

此时,$x=2\text{m}$,$\Delta x=0.05\text{m}$,所以

$$\Delta y=2\times2\times0.05+(0.05)^2=0.2025(\text{m}^2)$$

因为 $\Delta y>0$,所以面积增加了 0.2025m^2.

如果边长由 2m 改变为 1.95m,则面积改变多少?

此时,$x=2\text{m}$,$\Delta x=-0.05\text{m}$,所以

$$\Delta y=2\times2\times(-0.05)+(-0.05)^2=-0.1975(\text{m}^2)$$

因为 $\Delta y<0$,所以面积减少了 0.1975m^2.

3.1.2 连续函数的概念

气温是时间的函数,当时间变化不大时,气温的变化也不大;物体运动的路程是时间的函数,当时间变化不大时,路程的变化也不大;金属丝的长度是温度的函数,当温度变化不大时,金属丝长度的变化也不会大,等等.这些现象说明了一个道理,那就是,当自变量变化极其微小时,函数的相应变化也极其微小.

对于函数 $y=f(x)$ 定义域内的一点 x_0,如果自变量 x 在 x_0 处取得极其微小的增量 Δx 时,函数 y 的相应改变量 Δy 也极其微小,也就是当 Δx 趋于 0 时,Δy 也趋于 0,这时我们说函数 $y=f(x)$ 在点 x_0 处是连续的,如图 3-1 所示.图 3-1 反映了函数连续的一个特征,而对图 3-3 所示的函数来说,在点 x_0 处不满足这个条件,即不论 Δx 取得多小,相应的 Δy 却不能任意小,所以函数 $y=f(x)$ 在点 x_0 处不连续.

下面给出函数在一点处连续的严格定义.

定义 3.2 设函数 $y=f(x)$ 在点 x_0 的某个邻域内有定义,如果当自变量 x 在点 x_0 处取得的改变量 Δx 趋于零时,函数相应的改变量 Δy 也趋于零,即

$$\lim_{\Delta x\to0}\Delta y=0$$

或

$$\lim_{\Delta x\to0}[f(x_0+\Delta x)-f(x_0)]=0$$

则称函数 $f(x)$ 在点 x_0 处连续.

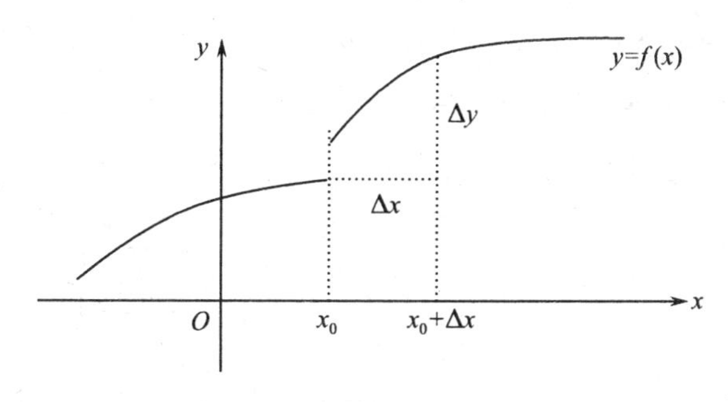

图 3-3

在定义 3.2 中，令 $x=x_0+\Delta x$，即 $\Delta x=x-x_0$，则当 $\Delta x\to 0$ 时 $x\to x_0$，且

$$\Delta y=f(x_0+\Delta x)-f(x_0)=f(x)-f(x_0)$$

因而 $\lim\limits_{\Delta x\to 0}\Delta y=0$ 可以改写为

$$\lim_{x\to x_0}[f(x)-f(x_0)]=0$$

即

$$\lim_{x\to x_0}f(x)=f(x_0)$$

因此，函数在一点连续的定义又可以叙述如下：

定义 3.3　设函数 $y=f(x)$ 在点 x_0 的某个邻域内有定义，如果当 $x\to x_0$ 时，函数 $y=f(x)$ 的极限存在，而且等于 $f(x)$ 在点 x_0 处的函数值 $f(x_0)$，即有

$$\lim_{x\to x_0}f(x)=f(x_0)$$

则称函数 $f(x)$ 在点 x_0 处连续.

例 1　证明函数 $y=x^2$ 在给定点 x_0 处连续.

证　当 x 从 x_0 处产生一个改变量 Δx 时，函数 $y=x^2$ 的相应改变量为

$$\Delta y=(x_0+\Delta x)^2-{x_0}^2=2x_0\Delta x+(\Delta x)^2$$

因为

$$\lim_{\Delta x\to 0}\Delta y=\lim_{\Delta x\to 0}[2x_0\Delta x+(\Delta x)^2]=0$$

所以 $y=x^2$ 在给定点 x_0 处连续.

例 2　求 $\lim\limits_{x\to x_0}x^2$.

解　因为 $y=x^2$ 在给定点 x_0 处连续，由定义 3.3 知

$$\lim_{x\to x_0}x^2=x_0^2.$$

定义 3.4　如果函数 $f(x)$ 在区间 $[a,b]$ 上每一点都连续，则称 $f(x)$ 在 $[a,b]$ 上连续，并称 $[a,b]$ 是 $f(x)$ 的连续区间.

在区间上每一点都连续的函数，叫做在该区间上的连续函数.

注意：$f(x)$ 在区间左端点 a 处连续，是指

$$\lim_{x\to a^+}f(x)=f(a)$$

$f(x)$ 在区间右端点 b 处连续，是指

$$\lim_{x\to b^-}f(x)=f(b).$$

我们证明了函数 $y=x^2$ 在给定点 x_0 处连续，显然 x_0 可以是 $(-\infty,+\infty)$ 内的任意点，

因此,$y=x^2$ 在$(-\infty,+\infty)$内连续.

例 3 证明 $y=\sin x$ 在$(-\infty,+\infty)$内连续.

证 设 x_0 是$(-\infty,+\infty)$内任意一点.当 x 从 x_0 处取得改变量 Δx 时,函数 y 取得相应的改变量

$$\Delta y=\sin(x_0+\Delta x)-\sin x_0=2\sin\frac{\Delta x}{2}\cdot\cos\left(x_0+\frac{\Delta x}{2}\right)$$

因为
$$\left|\cos\left(x_0+\frac{\Delta x}{2}\right)\right|\leqslant 1,\ \left|\sin\frac{\Delta x}{2}\right|\leqslant\left|\frac{\Delta x}{2}\right|$$

所以
$$|\Delta y|\leqslant 2\cdot\left|\frac{\Delta x}{2}\right|\cdot 1=|\Delta x|$$

即
$$-|\Delta x|\leqslant\Delta y\leqslant|\Delta x|$$

因而
$$\lim_{\Delta x\to 0}\Delta y=0.$$

所以 $y=\sin x$ 在点 x_0 处连续,又因 x_0 是$(-\infty,+\infty)$内任意一点,所以 $y=\sin x$ 在$(-\infty,+\infty)$内连续.

同理可证 $y=\cos x$ 在$(-\infty,+\infty)$内连续.

由函数在一点 x_0 处连续的定义及 $\lim\limits_{x\to x_0}x=x_0$,有

$$\lim_{x\to x_0}f(x)=f(x_0)=f(\lim_{x\to x_0}x).$$

这就是说,对于连续函数,极限符号与函数符号可以交换,亦即允许两种运算顺序交换,例如,求 $\lim\limits_{x\to\frac{\pi}{2}}\ln\sin x$,因为已知 $y=\sin x$ 在任意一点都连续,所以有 $\lim\limits_{x\to\frac{\pi}{2}}\sin x=\sin\frac{\pi}{2}=1$,于是

$$\lim_{x\to\frac{\pi}{2}}\ln\sin x=\ln[\lim_{x\to\frac{\pi}{2}}\sin x]=\ln 1=0.$$

如同函数在某点 x_0 处的左极限、右极限一样,我们也可以给出函数在点 x_0 处的单侧连续的定义.

定义 3.5 函数 $f(x)$在点 x_0 处左连续,是指

$$\lim_{x\to x_0^-}f(x)=f(x_0)$$

同样,如果

$$\lim_{x\to x_0^+}f(x)=f(x_0)$$

称 $f(x)$在点 x_0 处右连续.

不难得到如下结论:

定理 3.1 函数 $f(x)$在点 x_0 处连续的充分必要条件为 $f(x)$在点 x_0 处左连续并且右连续.

3.1.3 函数的间断点

定义 3.6 如果函数 $f(x)$在点 x_0 处不满足连续条件,则称函数 $f(x)$在点 x_0 处不连续,或者称函数 $f(x)$在点 x_0 处间断,点 x_0 称为 $f(x)$的间断点.

显然,如果 $f(x)$在点 x_0 处有下列三种情形之一,则点 x_0 为$f(x)$的间断点.

(1)在点 x_0 处 $f(x)$没有定义;

(2)极限$\lim\limits_{x \to x_0} f(x)$不存在;

(3)虽然 $f(x_0)$有定义,且极限$\lim\limits_{x \to x_0} f(x)$存在,但$\lim\limits_{x \to x_0} f(x) \neq f(x_0)$.

下面举例来说明函数间断点的几种常见类型:

例 1　函数 $y=\frac{1}{x^2}$在点 $x=0$ 处没有定义,且$\lim\limits_{x \to 0}\frac{1}{x^2}=+\infty$,所以点 $x=0$ 叫做函数的无穷间断点,如图 3-4 所示.

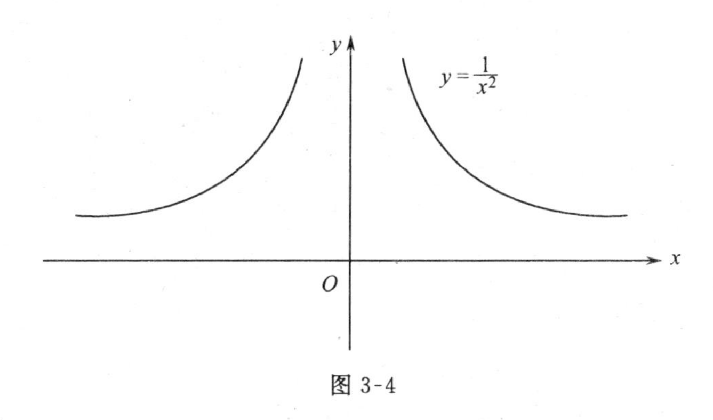

图 3-4

例 2　函数 $y=\sin\frac{1}{x}$在点 $x=0$ 处没有定义;当 $x \to 0$ 时,函数值在-1 与$+1$ 之间变动无限多次,所以点 $x=0$ 叫做函数的振荡间断点,如图 3-5 所示.

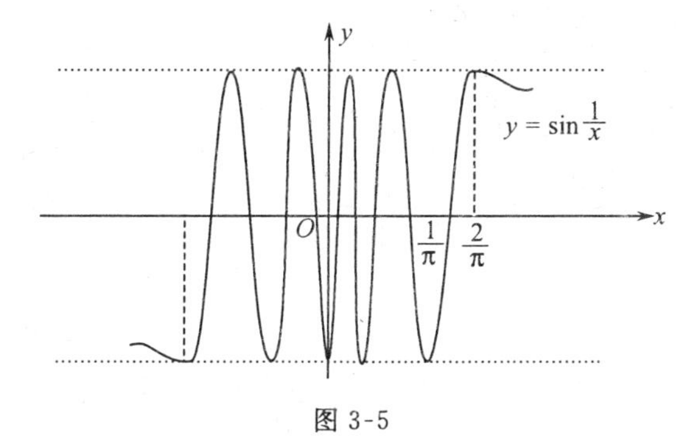

图 3-5

例 3　设

$$f(x)=\begin{cases} x-1, & x<0 \\ 0, & x=0 \\ x+1, & x>0 \end{cases}$$

考察函数 $f(x)$在点 $x=0$ 处的连续性.

解　$f(x)$在点 $x=0$ 处有定义,且 $f(0)=0$,但是

$$\lim_{x \to 0^+} f(x)=1$$

$$\lim_{x \to 0^-} f(x)=-1$$

$f(x)$在点 $x=0$ 处左极限、右极限不相等，所以$\lim\limits_{x\to 0} f(x)$不存在，$f(x)$在点 $x=0$ 处间断，如图 3-6 所示. 这种间断点亦称为跳跃间断点，跃度为 $f(0+0)-f(0-0)=2$.

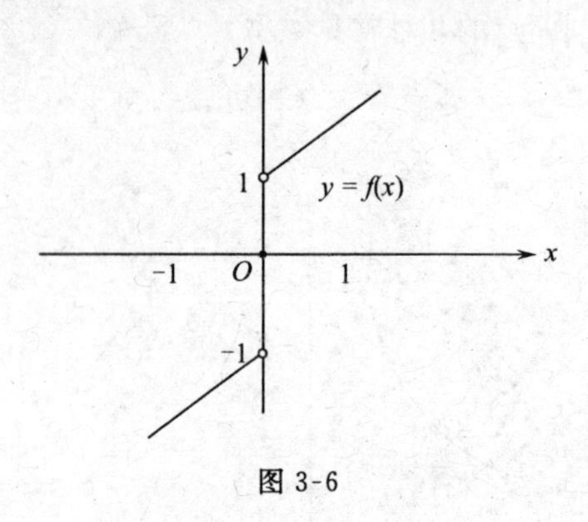

图 3-6

例 4 设

$$f(x)=\begin{cases}x+1, x\neq 1\\ 1, \quad x=1\end{cases}$$

考察 $f(x)$在点 $x=1$ 处的连续性.

解 $f(x)$在点 $x=1$ 处有定义，且 $f(1)=1$. 但是

$$\lim_{x\to 1} f(x)=\lim_{x\to 1}(x+1)=2$$

因此，$\lim\limits_{x\to 1} f(x)=2\neq f(1)$(如图 3-7 所示).

说明函数 $f(x)$在点 $x=1$ 处间断.

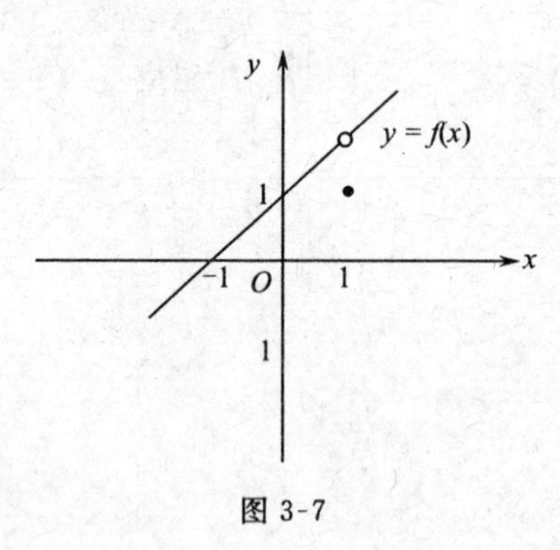

图 3-7

例 5 设 $f(x)=\dfrac{x^2-4}{x-2}$，说明函数 $f(x)$在点 $x=2$ 处间断.

解 $f(x)$在点 $x=2$ 处没有定义，所以 $f(x)$在点 $x=2$ 处不连续，但

$$\lim_{x\to 2}\frac{x^2-4}{x-2}=\lim_{x\to 2}\frac{(x-2)(x+2)}{x-2}=\lim_{x\to 2}(x+2)=4$$

存在 .

我们称例 4 与例 5 中所述的间断点为可去间断点."可去"的前提条件为函数在该点极

限存在,这样可以通过补充或修改函数在该点的定义,将该点变为连续点,这样也就“去掉”了间断点.例如,在例 4 中修改函数在 $x=1$ 处的定义为当 $x=1$ 时 $f(x)=2$,在例 5 中对函数补充定义为当 $x=2$ 时 $f(x)=4$,这样不连续点就成为连续点了.

例 6　求 $\lim\limits_{x\to 0}\ln(1+x)^{\frac{1}{x}}$.

解　因为函数 $f(x)=(1+x)^{\frac{1}{x}}$ 在点 $x=0$ 处没有定义,但

$$\lim_{x\to 0}(1+x)^{\frac{1}{x}}=\mathrm{e}$$

存在,所以点 $x=0$ 为 $f(x)$ 的可去间断点,我们这样来补充定义,令

$$f(x)=\begin{cases}(1+x)^{\frac{1}{x}}, & x\neq 0\\ \mathrm{e}, & x=0\end{cases}$$

$f(x)$ 就在点 $x=0$ 处连续了.由定理 2.4 并根据连续函数的极限符号与函数符号可以互换的性质,有

$$\lim_{x\to 0}\ln(1+x)^{\frac{1}{x}}=\ln\lim_{x\to 0}(1+x)^{\frac{1}{x}}=\ln\mathrm{e}=1$$

综合以上,我们这样来对函数的间断点加以分类:

第一类间断点:$f(x_0+0)$ 与 $f(x_0-0)$ 均存在且有限,但

$$f(x_0+0)\neq f(x_0-0)$$

或者 $f(x_0+0)=f(x_0-0)\neq f(x_0)$(包括 $f(x_0)$ 无定义).

第二类间断点:$f(x_0+0)$ 与 $f(x_0-0)$ 中至少有一个不存在,包括无穷间断点与振荡间断点.

3.1.4　连续函数的运算法则

1. 连续函数的局部性质

(1)局部有界性

命题 3.1　若 $f(x)$ 在点 x_0 处连续,则 $f(x)$ 在点 x_0 的某邻域内有界.

请读者自己证明.

(2)局部保号性

命题 3.2　若 $f(x)$ 在点 x_0 处连续,且 $f(x_0)\neq 0$,则函数 $f(x)$ 在点 x_0 的某邻域内与 $f(x_0)$ 保持同一符号.

证　不妨设 $f(x_0)>0$,因为 $f(x)$ 在点 x_0 处连续,由连续性定义,对于任意给定的 $\varepsilon>0$,可以设 $\varepsilon<f(x_0)$,总存在一个数 $\delta>0$,使得当 $|x-x_0|<\delta$ 时,成立

$$|f(x)-f(x_0)|<\varepsilon$$

亦即

$$f(x_0)-\varepsilon<f(x)<f(x_0)+\varepsilon$$

因为 $\varepsilon<f(x_0)$,所以 $f(x)>0$.

连续函数的局部保号性,在以后常会用到,读者应谨记.

2. 连续函数的运算法则

定理 3.2　如果函数 $f(x)$ 与 $g(x)$ 在点 x_0 处连续,则这两个函数的和 $f(x)+g(x)$,差 $f(x)-g(x)$,积 $f(x)\cdot g(x)$,商 $\dfrac{f(x)}{g(x)}$(当 $g(x)\neq 0$ 时),在点 x_0 处也连续.

证　只证明 $f(x)+g(x)$ 在点 x_0 处连续,其他情形可以类似地证明.

因为 $f(x)$ 与 $g(x)$ 在点 x_0 处连续,所以有

$$\lim_{x \to x_0} f(x) = f(x_0), \lim_{x \to x_0} g(x) = g(x_0)$$

因此,根据极限运算法则有

$$\lim_{x \to x_0}[f(x) + g(x)] = \lim_{x \to x_0} f(x) + \lim_{x \to x_0} g(x) = f(x_0) + g(x_0)$$

所以,$f(x)+g(x)$ 在点 x_0 处连续.

利用定理 3.2 可以证明

(1)多项式函数 $y=a_0x^n+a_1x^{n-1}+\cdots+a_{n-1}x+a_n$ 在 $(-\infty,+\infty)$ 内连续;

(2)分式函数

$$y=\frac{a_0x^n+a_1x^{n-1}+\cdots+a_{n-1}x+a_n}{b_0x^m+b_1x^{m-1}+\cdots+b_{m-1}x+b_m}$$

除分母为零的点外,在其他点处都连续.

在第 1 章中,我们介绍了初等函数的概念,可以证明,初等函数在其有定义的区间内都是连续的.换句话说,初等函数的定义域就是它的连续区间.

3.复合函数的连续性

定理 3.3 设函数 $y=f(u)$ 与 $u=\varphi(x)$ 构成复合函数 $y=f[\varphi(x)]$,若 $u=\varphi(x)$ 在点 x_0 处连续,$f(u)$ 在点 $u_0=\varphi(x_0)$ 处连续,则复合函数 $y=f[\varphi(x)]$ 在点 x_0 处连续.

利用复合函数求极限的法则,不难证明这一定理.根据函数连续性的定义,上述定理的结果可以简捷地写成

$$\lim_{x \to x_0} f[\varphi(x)] = f[\lim_{x \to x_0}\varphi(x)] = f[\varphi(\lim_{x \to x_0} x)] = f[\varphi(x_0)]$$

这一结果在求极限时是非常有用的.

§3.2 闭区间上连续函数的性质

下面介绍定义在闭区间上的连续函数的一些基本性质.由于证明要用到实数理论,我们只从几何上直观地加以说明,将严格的证明略去.

定理 3.4 (最大值和最小值定理)在闭区间上的连续函数在该区间上至少取得它的最大值与最小值各一次.

设函数 $y=f(x)$ 在闭区间 $[a,b]$ 上连续(如图 3-8 所示),定理 3.4 是说,在 $[a,b]$ 上至少有一点 ξ_1:$a \leqslant \xi_1 \leqslant b$,使得函数值 $f(\xi_1)$ 为最大,即

$$f(\xi_1) \geqslant f(x), a \leqslant x \leqslant b;$$

又至少有一点 ξ_2:$a \leqslant \xi_2 \leqslant b$,使得函数值 $f(\xi_2)$ 为最小,即

$$f(\xi_2) \leqslant f(x), a \leqslant x \leqslant b.$$

这样的函数值 $f(\xi_1)$ 和 $f(\xi_2)$ 分别叫做 $f(x)$ 在区间 $[a,b]$ 上的最大值和最小值.

推论 3.1 如果函数 $y=f(x)$ 在闭区间 $[a,b]$ 上连续,则 $f(x)$ 在该区间上有界.

因为函数 $f(x)$ 在闭区间 $[a,b]$ 上连续,所以 $f(x)$ 在区间 $[a,b]$ 上达到最大值 M_1 与最小值 m_1,令

$$M = \max(|M_1|, |m_1|)$$

则对 $[a,b]$ 上的任意 x,不等式

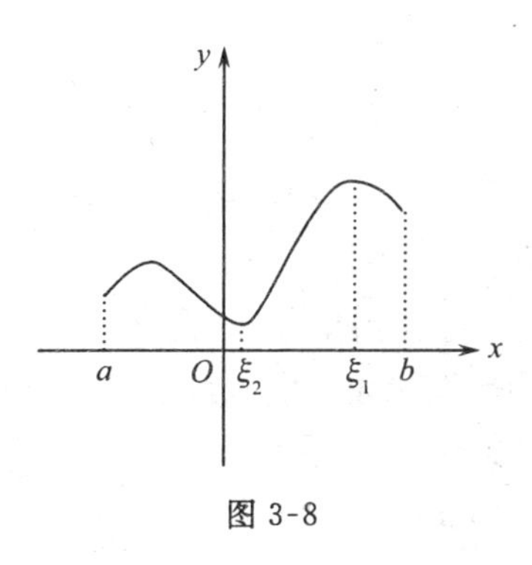

图 3-8

$$|f(x)|\leqslant M$$

恒成立. 所以 $f(x)$ 在区间 $[a,b]$ 上有界.

关于定理 3.4 要注意以下两点：

(1)如果不是闭区间而是开区间,定理的结论就不一定成立了. 例如函数 $y=x$,在区间 $(0,1)$ 内,既不取得最大值,也不取得最小值. $y=x$ 恰好在区间的端点取得这些值,而端点是不属于既定区间的.

(2)若函数在闭区间上具有间断点,定理的结论也不一定成立. 例如函数

$$f(x)=\begin{cases}-x+1, & 0\leqslant x<1\\ 1, & x=1\\ -x+3, & 1<x\leqslant 2\end{cases}$$

在闭区间 $[0,2]$ 上有间断点 $x=1$. $f(x)$ 既不取得最大值,也不取得最小值(如图 3-9 所示).

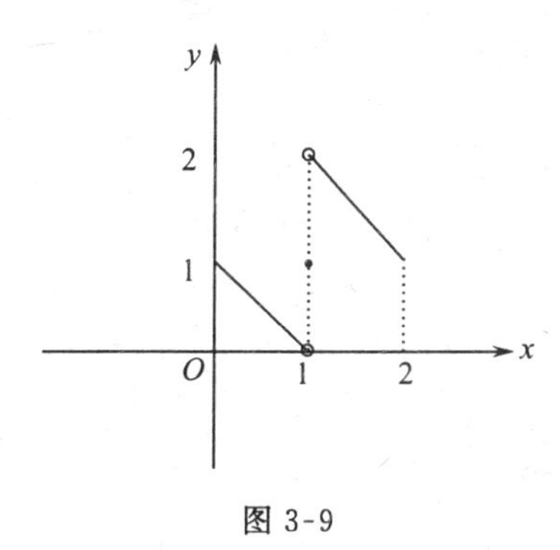

图 3-9

定理 3.5 (介值定理)设函数 $f(x)$ 在闭区间 $[a,b]$ 上连续,且在该区间的端点取不同的函数值 $f(a)=A$, $f(b)=B$,则不论 C 是 A 与 B 之间的怎样一个数,在开区间 (a,b) 内至少有一点 $x=\xi$,使得

$$f(\xi)=C\quad(a<\xi<b).$$

推论 3.2 如果函数 $f(x)$ 在闭区间 $[a,b]$ 上连续,且 $f(a)$ 与 $f(b)$ 异号,则至少存在一点 $\xi\in(a,b)$,使得 $f(\xi)=0$. 这个推论也叫做取零值定理(零点定理).

推论 3.3 在闭区间上连续的函数必取得介于最大值 M 与最小值 m 之间的任何值.

例 1 利用介值定理,证明方程 $x^3-3x^2-x+3=0$ 在区间 $(-2,0)$,$(0,2)$,$(2,4)$ 内各有一个实根.

证 设
$$f(x)=x^3-3x^2-x+3$$
可以计算出 $f(-2)<0$, $f(0)>0$, $f(2)<0$, $f(4)>0$.

根据介值定理的推论 3.2 可知,存在 $\xi_1\in(-2,0)$,$\xi_2\in(0,2)$,$\xi_3\in(2,4)$,得 $f(\xi_1)=0$,$f(\xi_2)=0$,$f(\xi_3)=0$. 这表明 ξ_1,ξ_2,ξ_3 为给定方程的三个实根.

由于三次方程只有三个根,所以各区间内只存在一个实根.

例 2 设函数 $f(x)$ 在区间 $(a,b]$ 上连续,且
$$\lim_{x\to a^+}f(x)=A>f(b)$$
证明 $f(x)$ 在 $(a,b]$ 上必取得最小值.

证 因为 $\lim\limits_{x\to a^+}f(x)=A$,所以我们可以对 $f(x)$ 在点 $x=a$ 处补充定义
$$f(a)=A,$$
则 $f(x)$ 在闭区间 $[a,b]$ 上连续.

根据闭区间上连续函数的性质(定理 3.4),函数 $f(x)$ 在区间 $[a,b]$ 上必取得最小值,又因为 $A>f(b)$,说明使 $f(x)$ 达到最小值的点不在区间 $[a,b]$ 的左端点,这就证明了函数 $f(x)$ 在 $(a,b]$ 上必取得最小值.

最后指出,利用函数的连续性质为我们求连续函数的极限提供了理论根据及简便方法. 即,假定 $f(x)$ 在点 x_0 处连续,则 $f(x)$ 在点 x_0 处的极限值等于 $f(x)$ 在点 x_0 处的函数值 $f(x_0)$. 下面举几个求函数极限的例子以结束本章.

例 3 求 $\lim\limits_{x\to 0}\dfrac{e^{x^2}\cdot\cos x}{\arcsin(1+x)}$.

解
$$\lim_{x\to 0}\frac{e^{x^2}\cdot\cos x}{\arcsin(1+x)}=\frac{e^0\cdot\cos 0}{\arcsin 1}=\frac{2}{\pi}.$$

例 4 证明:当 $x\to 0$ 时,$\sin\sin x\sim\ln(1+x)$.

证 因为当 $x\to 0$ 时,$\sin x\sim x$,$\sin\sin x\sim\sin x$,$\ln(1+x)\sim x$,

所以利用等价无穷小量可以互相代换的性质,有
$$\lim_{x\to 0}\frac{\sin\sin x}{\ln(1+x)}=\lim_{x\to 0}\frac{\sin x}{x}=1$$
故当 $x\to 0$ 时,$\sin\sin x\sim\ln(1+x)$.

例 5 求 $\lim\limits_{x\to 0}\dfrac{a^x-1}{x}(a>0)$.

解 令 $t=a^x-1$,则 $x=\log_a(1+t)$,又当 $x\to 0$ 时有 $t\to 0$,
$$\frac{a^x-1}{x}=\frac{t}{\log_a(1+t)}=\frac{1}{\dfrac{\log_a(1+t)}{t}}=\frac{\ln a}{\ln(1+t)^{\frac{1}{t}}}$$
所以
$$\lim_{x\to 0}\frac{a^x-1}{x}=\lim_{t\to 0}\frac{\ln a}{\ln(1+t)^{\frac{1}{t}}}=\ln a\cdot\frac{1}{\ln\lim\limits_{t\to 0}(1+t)^{\frac{1}{t}}}=\ln a\cdot\frac{1}{1}=\ln a$$
特别地,有
$$\lim_{x\to 0}\frac{e^x-1}{x}=1.$$

例 6　设在某一变化过程中有 $\lim\alpha=0$，又 $\lim\frac{\alpha}{\beta}=k$（$k$ 是不为 0 的常数）．证明必有 $\lim\beta=0$，反之也成立．

证　因为
$$\lim\beta=\lim\frac{\alpha}{\frac{\alpha}{\beta}}=\frac{\lim\alpha}{\lim\frac{\alpha}{\beta}}=\frac{0}{k}=0.$$

利用这一结果求解下列各题：

(1)已知 $\lim\limits_{x\to2}\frac{x^2-x-a}{x-2}=3$，求 a．

解　因为当 $x\to2$ 时，$(x-2)\to0$，利用例 6 的结果有
$$\lim_{x\to2}(x^2-x-a)=4-2-a=0$$
故　$a=2$．

(2)已知 $\lim\limits_{x\to-2}\frac{x^2+ax+b}{x+2}=-5$，求 a,b．

解　因为当 $x\to-2$ 时，$(x+2)\to0$，所以有
$$\lim_{x\to-2}(x^2+ax+b)=4-2a+b=0$$
$$b=2a-4 \tag{1}$$
将式(1)代入原极限式，得
$$\lim_{x\to-2}\frac{x^2+ax+b}{x+2}=\lim_{x\to-2}\frac{(x+2)(x-2)+a(x+2)}{x+2}$$
$$=a-4=-5,a=-1$$
由式(1)知 $b=-6$．

习　题　3

1. 求函数的增量

(1)$y=-x^2+\frac{x}{2}$，当 $x=1,\Delta x=0.5$；

(2)$y=\sqrt{1+x}$，当 $x=3,\Delta x=-0.2$．

2. 求下列函数的连续区间，并求极限

(1)$f(x)=\frac{1}{\sqrt[3]{x^2-3x+2}}$，求 $\lim\limits_{x\to0}f(x)$；

(2)$f(x)=\ln(2-x)$，求 $\lim\limits_{x\to-3}f(x)$；

(3)$f(x)=\sqrt{x-4}+\sqrt{6-x}$，求 $\lim\limits_{x\to5}f(x)$；

(4)$f(x)=\ln\arcsin x$，求 $\lim\limits_{x\to\frac{1}{2}}f(x)$．

3. 求下列函数 $y=f(x)$ 的间断点，并说明这些间断点是属于哪一类的，如果是可去间断点，则补充函数的定义使它连续．

(1)$y=\frac{1}{(x+1)^2}$；　(2)$y=\frac{x^2-1}{x^2-3x+2}$；　(3)$y=\frac{\sin2x}{x}$；

(4) $y=\dfrac{x}{\sin x}$；　(5) $y=x\cos\dfrac{1}{x}$；　(6) $y=\dfrac{1-\cos x}{x^2}$；

(7) $y=\dfrac{x^2-1}{x^3-1}$；　(8) $y=\dfrac{3x^2-5x}{2x}$；　(9) $y=\sin x\cdot\sin\dfrac{1}{x}$；

(10) $y=(x+1)^{\frac{1}{x}}$；(11) $y=\dfrac{\tan 2x}{x}$.

4. 设 $f(x)=\begin{cases}x-1, 0<x\leqslant 1\\ 2-x, 1<x\leqslant 3\end{cases}$.

(1) $f(x)$ 当 $x\to 1$ 时的左极限、右极限为何，当 $x\to 1$ 时 $f(x)$ 的极限存在吗？

(2) $f(x)$ 在 $x=1$ 处连续吗？

(3) 试求 $\lim\limits_{x\to 2}f(x)$ 及 $\lim\limits_{x\to\frac{1}{2}}f(x)$.

5. 设 $f(x)=\begin{cases}x, & x<1\\ \dfrac{1}{2}, & x=1\\ 1, & 1<x<2\end{cases}$.

(1) 试求 $f(x)$ 当 $x\to 1$ 时的左极限、右极限. 该函数当 $x\to 1$ 时的极限存在吗？

(2) $f(x)$ 在 $x=1$ 处是否连续？

(3) 试求 $f(x)$ 的连续区间.

6. 设 $f(x)=\begin{cases}e^x, & x<0\\ a+x, & x\geqslant 0\end{cases}$.

如何选择数 a，使 $f(x)$ 在 $x=0$ 处连续？

7. 研究下列函数的连续性，并说明不连续点的类型

(1) $f(x)=\begin{cases}x^2, & 0\leqslant x\leqslant 1\\ 2-x, & 1<x\leqslant 2\end{cases}$；

(2) $f(x)=\begin{cases}x, & |x|\leqslant 1\\ 1, & |x|>1\end{cases}$；

(3) $f(x)=\begin{cases}\cos\dfrac{\pi x}{2}, & |x|\leqslant 1\\ |x-1|, & |x|>1\end{cases}$；

(4) $f(x)=\dfrac{2^{\frac{1}{x}}-1}{2^{\frac{1}{x}}+1}$.

8. 设 (1) 函数 $f(x)$ 在点 x_0 处连续，函数 $g(x)$ 在点 x_0 处不连续；

(2) 函数 $f(x)$ 与 $g(x)$ 在点 x_0 处均不连续.

试问：(1) 函数 $f(x)+g(x)$ 在点 x_0 处是否连续？

(2) 函数 $f(x)\cdot g(x)$ 在点 x_0 处是否连续？

9. 一个在已知点 x_0 处不连续的函数平方后是否仍为不连续函数？

10. 设 $f(x)$ 是定义在 (a,b) 内的单调函数，且 $\lim\limits_{x\to x_0}f(x)$ 存在，$x_0\in(a,b)$. 证明 $f(x)$ 在点 x_0 处连续.

11. 设 $f(x)$ 在 $(-\infty,+\infty)$ 内连续且 $\lim\limits_{x\to\infty}f(x)=A$（有限），试证明 $f(x)$ 在 $(-\infty,+\infty)$ 内

有界.

12. 根据连续函数的性质,证明方程 $x^5-3x=1$ 至少有一个介于 1 与 2 之间的实根.

13. 试证方程 $x\cdot 2^x=1$ 至少有一个小于 1 的正根.

14. 试证方程 $x=a\sin x+b$(其中 $a>0,b>0$)至少有一个不超过 $a+b$ 的正根.

15. 讨论函数 $f(x)=\begin{cases}2-x, & x\geqslant 1\\ \dfrac{\sin(2x-2)}{x-1}, & x<1\end{cases}$ 在点 $x=1$ 处的连续性.

16. 设 $f(x)=\begin{cases}\dfrac{a(1-\cos x)}{x^2}, & x>0\\ 2, & x=0\\ (1+bx)^{\frac{1}{x}}, & x<0\end{cases}$ 在点 $x=0$ 处连续,试求常数 a 与 b.

17. 设 $f(x)=\begin{cases}x, & x<1\\ a, & x\geqslant 1\end{cases}$,$g(x)=\begin{cases}b, & x<0\\ x+2, & x\geqslant 0\end{cases}$,

试问 a,b 为何值时,函数 $F(x)=f(x)+g(x)$ 在区间$(-\infty,+\infty)$内连续?

综合练习三

一、选择题

1. $\lim\limits_{x\to a^+}f(x)=\lim\limits_{x\to a^-}f(x)$ 是函数 $f(x)$ 在点 $x=a$ 处连续的____.

A. 必要条件　　B. 充分条件　　C. 充要条件　　D. 无关条件

2. $x=a$ 是 $f(x)=(x-a)\sin\dfrac{1}{x-a}$ 的____.

A. 无穷间断点　　B. 振荡间断点

C. 可去间断点　　D. 跳跃间断点

3. 设 $f(x)=\begin{cases}\dfrac{\sin x}{x}, & x\neq 0\\ k, & x=0\end{cases}$ 在点 $x=0$ 处连续,则 $k=$____.

A. 1　　B. 0　　C. 5　　D. $\dfrac{1}{5}$

4. 设 $f(x)=\begin{cases}e^{-x}, & x<0\\ ax+b, & 0\leqslant x\leqslant 1\\ \sin\pi x, & x>1\end{cases}$ 在$(-\infty,+\infty)$内连续,则____.

A. $a=1,b=1$　　B. $a=-1,b=1$

C. $a=-1,b=-1$　　D. $a=1,b=-1$

5. $\lim\limits_{x\to -1}e^{\arctan x^2}=$____.

A. e^{π}　　B. $e^{\frac{\pi}{2}}$　　C. $e^{\frac{\pi}{4}}$　　D. $e^{\frac{\pi}{8}}$

6. 下列命题中正确的个数为____.

(1)在$[a,b]$上连续的函数$f(x)$,在$[a,b]$上只能有一个最大值点;

(2)在$[a,b]$上不连续的函数$f(x)$,在$[a,b]$上一定没有最大值点;

(3)在(a,b)内的函数$f(x)$一定有界;

(4)在$[a,b]$上不连续的函数$f(x)$一定无界.

A. 0个　B. 1个　C. 2个　D. 3个

7. 设$f(x)=\begin{cases}\dfrac{x-\sqrt{x}}{\sqrt{x}}, & x>0\\ 1-3e^{-x}, & x\leqslant 0\end{cases}$，则$x=0$是$f(x)$的____.

A. 连续点　　B. 无穷间断点

C. 跳跃间断点　　D. 振荡间断点

8. 设$f(x)=\begin{cases}x-1, & x\geqslant 0\\ -1, & x<0\end{cases}$,$g(x)=\begin{cases}x+1, & x<1\\ -x, & x\geqslant 1\end{cases}$,则$f(x)+g(x)$的连续区间为____.

A. $(-\infty,0)\cup(0,+\infty)$　　B. $(-\infty,1)\cup(1,+\infty)$

C. $(-\infty,+\infty)$　　D. $(-\infty,-1)\cup(-1,+\infty)$

二、填空题

1. 设$f(x)=\begin{cases}(1+3x)^{\frac{2}{\sin x}}, & x>0\\ a, & x=0\\ \dfrac{\sin 2x}{x}+b, & x<0\end{cases}$ 在点$x=0$处连续,则$a=$________,$b=$________.

2. 设$\lim\limits_{x\to 2}\dfrac{2x^2-\alpha x^2+3x-6}{x-2}=\beta$,($\alpha,\beta$为常数),则$\alpha=$____,$\beta=$____.

3. 设$f(x)=\begin{cases}1+e^{\frac{1}{x}}, & x<0\\ 1, & x=0\\ 1+x\sin\dfrac{1}{x}, & x>0\end{cases}$，则$f(x)$的连续区间为________.

4. 函数$f(x)=|2x-1|+|3x-1|$的连续区间为________.

5. 设$f(x)=\begin{cases}x+k, & x\geqslant 1\\ \cos\pi x, & x<1\end{cases}$处处连续,则$k=$________.

6. 设$f(x)=\begin{cases}\dfrac{\ln(1+ax)}{x}, & x\neq 0\\ 2, & x=0\end{cases}$在点$x=0$处连续,则$a=$________.

7. $\lim\limits_{x\to x_0}f(x)$存在是函数在点$x_0$处连续的________条件;$f(x)$在点$x_0$处连续是$\lim\limits_{x\to x_0}f(x)$存在的________条件.

8. 设函数$f(x)=\begin{cases}a+bx^2, & x\leqslant 0\\ \dfrac{\sin bx}{2x}, & x>0\end{cases}$在点$x=0$处连续,则常数$a$与$b$应满足条件________.

三、分析计算题

1. 讨论函数 $f(x)=\begin{cases}2x, & x\geqslant 1\\ \dfrac{\sin(2x-2)}{x-1}-1, & x<1\end{cases}$ 在点 $x=1$ 处的连续性.

2. 确定函数 $f(x)=\begin{cases}|x|, & |x|\leqslant 1\\ \dfrac{x}{|x|}, & 1<|x|\leqslant 3\end{cases}$ 的间断点，并求 $f(x)$ 在定义域内的最大值与最小值.

3. 作出函数 $f(x)=x\lim\limits_{n\to\infty}\dfrac{x^{2n}-1}{x^{2n}+1}$ 的图形，并指出函数间断点的类型.

4. 指出函数 $f(x)=\dfrac{x^2-x}{|x|(x^2-1)}$ 的间断点. 试问函数于间断点处能否补充定义使其连续?

四、证明题

1. 设 $f(x)$ 在 $[a,b]$ 上连续，$a<x_1<x_2<\cdots<x_n<b$. 证明必有点 $\zeta\in(a,b)$ 使

$$f(\zeta)=\frac{1}{n}\sum_{i=1}^{n}f(x_i).$$

2. 设函数 $f(x)$ 是以 2π 为周期的连续函数. 证明存在点 ζ 使

$$f(\zeta)=f(\pi+\zeta).$$

3. 设 $f(x)$ 在 $\mathbf{R}$ 内满足 $f(x_1+x_2)=f(x_1)\cdot f(x_2)$，$\forall x_1,x_2\in\mathbf{R}$，如果 $f(x)$ 在点 $x=0$ 处连续，且 $f(0)\neq 0$，证明 $f(x)$ 在 $\mathbf{R}$ 内连续.

4. 设 $f(x)$ 在 $[a,b]$ 上连续，且 $f(a)<a$，$f(b)>b$，证明在 (a,b) 内至少存在一个点 ζ，使 $f(\zeta)=\zeta$.

五、杂题

设 $\lim\limits_{x\to 1}f(x)$ 存在，$f(x)=3x^2+2x\lim\limits_{x\to 1}f(x)$，试求 $f(x)$.

六、综合题

设 $f(x)$ 是三次多项式，且有

$$\lim_{x\to 2a}\frac{f(x)}{x-2a}=\lim_{x\to 4a}\frac{f(x)}{x-4a}=1\quad(a\neq 0)$$

试求 $\lim\limits_{x\to 3a}\dfrac{f(x)}{x-3a}$.

第4章 导数与微分

微积分学是在17世纪末叶由英国物理学家、数学家牛顿(Newton,1642—1727)和德国数学家莱布尼兹(Leibniz,1646—1716)所建立起来的.微积分学的建立是以16世纪以来逐渐形成的变量数学为基础,在其发展过程中产生了具有重要意义的经典理论,即专门研究变量的数学分支——数学分析.与其他任何学科一样,微积分学也是由于社会经济的发展,科学技术的进步所引起进而促使其产生的.事实上,牛顿与莱布尼兹在总结前人研究精髓的基础上,提出了微积分学的基本理论.

历史上,微分学是由于要解决下面两个问题而产生的,这就是非等速运动的瞬时速度问题和在曲线上作切线的问题.这些问题都是用极限的观点加以解决的.极限概念直到19世纪初才为法国数学家柯西(Cauchy,1789—1857)所奠定,牛顿与莱布尼兹当时对这些问题的解决还未能建立在一个严密的逻辑基础上.现在,我们研究一下这两个问题,从而引出微分学的一个基本概念——导数.

§4.1 引出导数概念的实际问题

4.1.1 变速直线运动的速度

设 s 表示一物体从某个时刻开始到时刻 t 作直线运动所经过的路程,则 s 是时刻 t 的函数,$s=s(t)$.

当时间 t 由 t_0 改变到 $t_0+\Delta t$ 时,物体在 Δt 这一时间间隔内所经过的距离为

$$\Delta s=s(t_0+\Delta t)-s(t_0)$$

当物体作匀速运动时,其速度不随时间而改变

$$\frac{\Delta s}{\Delta t}=\frac{s(t_0+\Delta t)-s(t_0)}{\Delta t}$$

是一个常量,这个常量是物体在时刻 t_0 的速度,也是物体在 $[t_0,t_0+\Delta t]$ 这一时间间隔内的平均速度 $\bar{v}$.

但是,当物体作变速运动时,物体的运动速度随时间而确定,此时 $\frac{\Delta s}{\Delta t}$ 就不能确切地表示物体在 $t=t_0$ 这一瞬间的速度.当 Δt 很小时,我们可以用 $\bar{v}$ 近似地表示物体在时刻 t_0 的速度.Δt 愈小,近似的程度就愈好.当 $\Delta t\to 0$ 时,如果极限 $\lim\limits_{\Delta t\to 0}\frac{\Delta s}{\Delta t}$ 存在,就称该极限为物体在时刻 t_0 的瞬时速度,即

$$v\big|_{t=t_0}=\lim_{\Delta t\to 0}\frac{\Delta s}{\Delta t}=\lim_{\Delta t\to 0}\frac{s(t_0+\Delta t)-s(t_0)}{\Delta t}$$

例　已知自由落体的运动方程为

$$s=\frac{1}{2}gt^2$$

求：(1)物体在 t_0 到 $t_0+\Delta t$ 这段时间内的平均速度 $\bar{v}$；

(2)物体在 $t=t_0$ 时的瞬时速度；

(3)物体从 $t=10\text{s}$ 到 $t=10.1\text{s}$ 这段时间内的平均速度；

(4)物体在 $t=10\text{s}$ 时的瞬时速度.

解　(1)当 t 由 t_0 取得一个改变量 Δt 时，s 取得的相应改变量为

$$\Delta s=\frac{1}{2}g(t_0+\Delta t)^2-\frac{1}{2}gt_0^2=gt_0\Delta t+\frac{1}{2}g(\Delta t)^2$$

因此，在 t_0 到 $t_0+\Delta t$ 这段时间内，物体的平均速度为

$$\bar{v}=\frac{\Delta s}{\Delta t}=\frac{gt_0\Delta t-\frac{1}{2}g\Delta t^2}{\Delta t}=g\left(t_0+\frac{1}{2}\Delta t\right)\tag{4.1}$$

(2)由式(4.1)可知，$t=t_0$ 时的瞬时速度为

$$v\big|_{t=t_0}=\lim_{\Delta t\to 0}g\left(t_0+\frac{1}{2}\Delta t\right)=gt_0\tag{4.2}$$

(3)当 $t=10\text{s}$，$\Delta t=0.1\text{s}$ 时，由式(4.1)得平均速度为

$$\bar{v}=g\left(10+\frac{1}{2}\times 0.1\right)=10.05g(\text{m/s})$$

(4)当 $t=10\text{s}$ 时，由式(4.2)得瞬时速度为

$$v\big|_{t=10}=10g(\text{m/s}).$$

4.1.2　切线问题

设曲线 $y=f(x)$的图形如图 4-1 所示. 点 $M(x_0,y_0)$为曲线上一定点，在曲线上另取一点 $M_1(x_0+\Delta x,y_0+\Delta y)$，点 M_1 的位置取决于 x，是曲线上一动点；作割线 MM_1，设其倾角(即与 x 轴正向的夹角)为 θ，由图 4-1 易知割线 MM_1 的斜率为

$$\tan\theta=\frac{\Delta y}{\Delta x}=\frac{f(x_0+\Delta x)-f(x_0)}{\Delta x}$$

当 $\Delta x\to 0$ 时，动点 M_1 沿曲线趋向于定点 M，从而割线 MM_1 也随之变动而趋向于极限位置——直线 MT. 我们称割线 MM_1 的极限位置为曲线在定点 M 处的切线. 显然，此时倾角 θ 趋向于切线 MT 的倾角 α，即切线 MT 的斜率为

$$\tan\alpha=\lim_{\theta\to\alpha}\tan\theta=\lim_{\Delta x\to 0}\frac{\Delta y}{\Delta x}=\lim_{\Delta x\to 0}\frac{f(x_0+\Delta x)-f(x_0)}{\Delta x}$$

上面两个实际例题的具体含义是不相同的. 但从抽象的数量关系来看，它们的实质是一样的，都归纳为计算函数改变量与自变量改变量的比，当自变量的改变量趋于 0 时的极限. 这种特殊的极限叫做函数的导数.

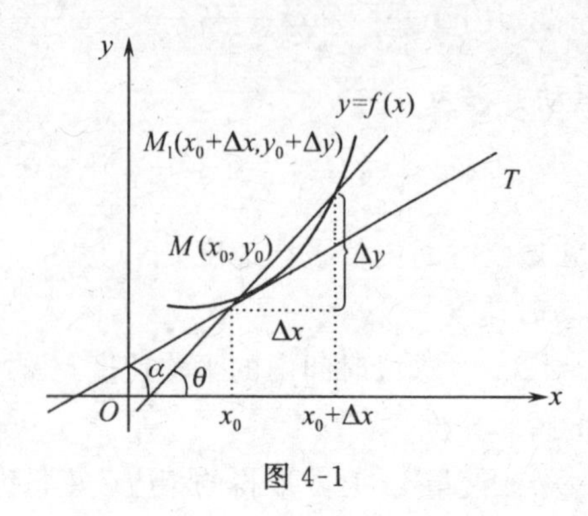

图 4-1

§4.2 导数的概念

4.2.1 导数的定义

定义 4.1 设函数 $y=f(x)$ 在点 x_0 的某个邻域内有定义，当自变量在点 x_0 处取得改变量 $\Delta x(\neq 0)$ 时，函数 $f(x)$ 取得相应的改变量

$$\Delta y=f(x_0+\Delta x)-f(x_0)$$

如果当 $\Delta x\to 0$ 时，$\frac{\Delta y}{\Delta x}$ 的极限存在，即

$$\lim_{\Delta x\to 0}\frac{\Delta y}{\Delta x}=\lim_{\Delta x\to 0}\frac{f(x_0+\Delta x)-f(x_0)}{\Delta x}$$

存在，则称该极限值为函数 $f(x)$ 在点 x_0 处的导数(或微商)，可以记做

$$f'(x_0),\ \ y'\Big|_{x=x_0},\ \ \frac{\mathrm{d}y}{\mathrm{d}x}\Big|_{x=x_0},\ \text{或}\frac{\mathrm{d}f(x)}{\mathrm{d}x}\Big|_{x=x_0}.$$

$\frac{\Delta y}{\Delta x}=\frac{f(x_0+\Delta x)-f(x_0)}{\Delta x}$ 反映的是自变量 x 从 x_0 改变到 $x_0+\Delta x$ 时，函数 $f(x)$ 的平均变化速度，称为函数的平均变化率；导数 $f'(x_0)=\lim\limits_{\Delta x\to 0}\frac{\Delta y}{\Delta x}$ 反映的是函数在点 x_0 处的变化速率，称为函数在点 x_0 处的变化率.

例 1 求函数 $y=x^2$ 在点 $x=2$ 处的导数.

解 当 $x=2$ 时，$y=4$；当 $x=2+\Delta x$ 时，$y=(2+\Delta x)^2$

所以
$$\Delta y=(2+\Delta x)^2-4=4\Delta x+(\Delta x)^2$$

因此
$$\frac{\Delta y}{\Delta x}=4+\Delta x$$

于是
$$f'(2)=\lim_{\Delta x\to 0}\frac{\Delta y}{\Delta x}=\lim_{\Delta x\to 0}(4+\Delta x)=4.$$

如果函数 $f(x)$ 在点 x_0 处有导数，则称函数 $f(x)$ 在点 x_0 处可导，否则称函数 $f(x)$ 在点 x_0 处不可导. 如果函数 $f(x)$ 在某区间 (a,b) 内每一点处都可导，则称函数 $f(x)$ 在区间 (a,b) 内可导.

设 $f(x)$ 在区间 (a,b) 内可导，此时，对于区间 (a,b) 内每一点 x，都有一个导数值与它对应，这就定义了一个新的函数，称为函数 $y=f(x)$ 在区间 (a,b) 内对 x 的导函数，简称为导数，记做

$$f'(x),\ y'(x),\ \frac{\mathrm{d}y}{\mathrm{d}x} \quad 或 \quad \frac{\mathrm{d}f(x)}{\mathrm{d}x}.$$

必须注意，导数记号 $\frac{\mathrm{d}f}{\mathrm{d}x}$ 或 $\frac{\mathrm{d}y}{\mathrm{d}x}$ 应看做是整个记号；在讲到微分概念以后，才有理由把它看做 $\mathrm{d}f$ 或 $\mathrm{d}y$ 与 $\mathrm{d}x$ 之商.

根据导数的定义，§ 4.1 中的两个例子可以叙述为：

(1)瞬时速度是路径 s 对时间 t 的导数，即

$$v(t)=s'(t)=\frac{\mathrm{d}s}{\mathrm{d}t}$$

(2)曲线 $y=f(x)$ 在点 x 处的切线的斜率是曲线的纵坐标 y 对横坐标 x 的导数，即

$$\tan\theta=f'(x)=\frac{\mathrm{d}y}{\mathrm{d}x}.$$

类似这样的例子我们不难再多举一些. 事实上，在自然科学、技术科学及经济学领域内，讨论有关函数变化率问题时，就需要应用导数的概念. 因此，导数的求法及其性质的研究不仅是数学的问题，也是与其他科学中的基本概念密切相关的.

由导数定义可以将求导数的方法概括为以下几个步骤：

1. 求出对应于自变量 Δx 的函数改变量

$$\Delta y=f(x+\Delta x)-f(x)$$

2. 作出比值

$$\frac{\Delta y}{\Delta x}=\frac{f(x+\Delta x)-f(x)}{\Delta x}$$

3. 求 $\Delta x\to 0$ 时 $\frac{\Delta y}{\Delta x}$ 的极限，即

$$y'=f'(x)=\lim_{\Delta x\to 0}\frac{f(x+\Delta x)-f(x)}{\Delta x}.$$

例 2　求线性函数 $y=ax+b$ 的导数.

解　(1) $\Delta y=[a(x+\Delta x)+b]-(ax+b)=a\Delta x$.

(2) $\frac{\Delta y}{\Delta x}=a$.

(3) $y'=\lim\limits_{\Delta x\to 0}\frac{\Delta y}{\Delta x}=\lim\limits_{\Delta x\to 0}a=a$.

例 3　求函数 $y=\frac{1}{x}$ 的导数.

解　(1) $\Delta y=\frac{1}{x+\Delta x}-\frac{1}{x}=\frac{-\Delta x}{x(x+\Delta x)}$.

(2) $\frac{\Delta y}{\Delta x}=-\frac{1}{x(x+\Delta x)}$.

(3) $y'=\lim\limits_{\Delta x\to 0}\frac{\Delta y}{\Delta x}=\lim\limits_{\Delta x\to 0}\left[-\frac{1}{x(x+\Delta x)}\right]=-\frac{1}{x^2}$.

例 4 求函数 $y=\sqrt{x}$ 的导数.

解 (1) $\Delta y=\sqrt{x+\Delta x}-\sqrt{x}$.

(2) $\dfrac{\Delta y}{\Delta x}=\dfrac{\sqrt{x+\Delta x}-\sqrt{x}}{\Delta x}=\dfrac{\Delta x}{\Delta x(\sqrt{x+\Delta x}+\sqrt{x})}=\dfrac{1}{\sqrt{x+\Delta x}+\sqrt{x}}$.

(3) $y'=\lim\limits_{\Delta x\to 0}\dfrac{\Delta y}{\Delta x}=\lim\limits_{\Delta x\to 0}\dfrac{1}{\sqrt{x+\Delta x}+\sqrt{x}}=\dfrac{1}{2\sqrt{x}}$.

例 5 给定函数 $f(x)=x^3$,求:$f'(x)$, $f'(0)$, $f'(1)$, $f'(x_0)$.

解 (1) $\Delta y=(x+\Delta x)^3-x^3=3x^2\Delta x+3x(\Delta x)^2+(\Delta x)^3$.

(2) $\dfrac{\Delta y}{\Delta x}=3x^2+3x\Delta x+(\Delta x)^2$.

(3) $f'(x)=\lim\limits_{\Delta x\to 0}\dfrac{\Delta y}{\Delta x}=\lim\limits_{\Delta x\to 0}[3x^2+3x\Delta x+(\Delta x)^2]=3x^2$.

由此可得

$$f'(x)=3x^2,\quad f'(0)=0$$

$$f'(1)=3,\quad f'(x_0)=3x_0^2.$$

前面我们得出的导数都用如下形式

$$f'(x_0)=\lim_{\Delta x\to 0}\frac{f(x_0+\Delta x)-f(x_0)}{\Delta x}$$

求得,但有时为了方便也可以写成其他形式,例如将 Δx 记做 h,则有

$$f'(x_0)=\lim_{h\to 0}\frac{f(x_0+h)-f(x_0)}{h}$$

如果令 $\Delta x=x-x_0$,则有

$$f'(x_0)=\lim_{x\to x_0}\frac{f(x)-f(x_0)}{x-x_0}$$

等等.

例 6 用定义讨论函数

$$f(x)=\begin{cases}x\sin\dfrac{1}{x}, & x\neq 0\\ 0, & x=0\end{cases}$$

在点 $x=0$ 处的连续性与可导性.

解 因为 $\lim\limits_{x\to 0}f(x)=\lim\limits_{x\to 0}x\sin\dfrac{1}{x}=0=f(0)$,所以 $f(x)$ 在点 $x=0$ 处连续. 又

$$\lim_{x\to 0}\frac{f(x)-f(0)}{x-0}=\lim_{x\to 0}\frac{x\sin\dfrac{1}{x}}{x}=\lim_{x\to 0}\sin\frac{1}{x}$$

不存在,所以 $f(x)$ 在点 $x=0$ 处不可导.

4.2.2 导数的几何意义

由 4.1.2 节中图 4-1 可知,函数 $y=f(x)$ 在点 x_0 处的导数 $f'(x_0)$,就是曲线 $y=f(x)$ 在点 $M(x_0,y_0)$ 处的切线 MT 的斜率

$$f'(x_0)=\lim_{\Delta x\to 0}\frac{\Delta y}{\Delta x}=\lim_{\theta\to\alpha}\tan\theta=\tan\alpha\quad\left(\alpha\neq\frac{\pi}{2}\right)$$

由导数的几何意义及直线的点斜式方程，可知曲线 $y=f(x)$ 上点 (x_0,y_0) 处的切线方程为

$$y-y_0=f'(x_0)(x-x_0)$$

法线方程为

$$y-y_0=-\frac{1}{f'(x_0)}(x-x_0),\quad (f'(x_0)\neq 0)$$

当 $f'(x_0)=0$ 时，$f(x)$ 在点 (x_0,y_0) 处的切线为一水平直线 $y=y_0$，而法线为一与 Ox 轴相垂直的直线 $x=x_0$. 若 $f'(x_0)=\infty$，这时切线垂直于 Ox 轴，而法线平行于 Ox 轴，法线方程为 $y=y_0$.

例 1　求 $y=\frac{1}{x}$ 在点 $(1,1)$ 处的切线方程与法线方程.

解　由 4.2.1 节中的例 3 知

$$f'(x)=-\frac{1}{x^2}$$

所以 $f'(1)=-1$，故所求的切线方程为

$$y-1=-(x-1)\ \text{即}\ x+y-2=0$$

法线方程为

$$y-1=x-1\ \text{即}\ x-y=0.$$

4.2.3　函数的可导与连续的关系

考察例子，讨论导数

$$f(x)=\begin{cases} x\sin\frac{1}{x}, & x\neq 0 \\ 0, & x=0 \end{cases}$$

在点 $x=0$ 处的连续性与可导性.

(1) 因为 $\lim\limits_{x\to 0}f(x)=\lim\limits_{x\to 0}x\sin\frac{1}{x}=0=f(0)$，所以 $f(x)$ 在点 $x=0$ 处连续.

(2) $f'(0)=\lim\limits_{\Delta x\to 0}\frac{\Delta y}{\Delta x}=\lim\limits_{\Delta x\to 0}\frac{\Delta x\sin\frac{1}{\Delta x}}{\Delta x}=\lim\limits_{\Delta x\to 0}\sin\frac{1}{\Delta x}$ 不存在，故 $f(x)$ 在点 $x=0$ 处不可导.

上例说明了一个道理，即，函数在点 x_0 处连续并不能肯定在点 x_0 处可导. 那么，函数 $f(x)$ 在点 x_0 处可导能否保证在点 x_0 处连续呢？现介绍如下定理.

定理 4.1　如果函数 $y=f(x)$ 在点 x_0 处可导，则 $y=f(x)$ 在点 x_0 处一定连续.

证　因为 $f(x)$ 在点 x_0 处可导，所以有

$$\lim_{\Delta x\to 0}\frac{\Delta y}{\Delta x}=f'(x_0)$$

由

$$\Delta y=\frac{\Delta y}{\Delta x}\Delta x$$

得

$$\lim_{\Delta x\to 0}\Delta y=\lim_{\Delta x\to 0}\frac{\Delta y}{\Delta x}\Delta x=\lim_{\Delta x\to 0}\frac{\Delta y}{\Delta x}\cdot\lim_{\Delta x\to 0}\Delta x=f'(x_0)\cdot 0=0$$

这就是说，函数 $f(x)$ 在点 x_0 处连续.

结论:函数连续是可导的必要条件,而函数可导则是函数连续的充分条件.

4.2.4 左导数、右导数

定义 4.2 如果 $\lim\limits_{\Delta x\to 0^-}\dfrac{f(x_0+\Delta x)-f(x_0)}{\Delta x}$ 存在,则称之为 $f(x)$ 在点 x_0 处的左导数,记做 $f'_-(x_0)$;如果 $\lim\limits_{\Delta x\to 0^+}\dfrac{f(x_0+\Delta x)-f(x_0)}{\Delta x}$ 存在,则称之为 $f(x)$ 在点 x_0 处的右导数,记做 $f'_+(x_0)$.

显然,当且仅当函数在一点的左导数、右导数都存在且相等时,函数在该点才是可导的.

函数 $f(x)$ 在 $[a,b]$ 上可导,指 $f(x)$ 在 (a,b) 内处处可导,且存在 $f'_+(a)$ 及 $f'_-(b)$. 例如如图 4-2 所示,函数

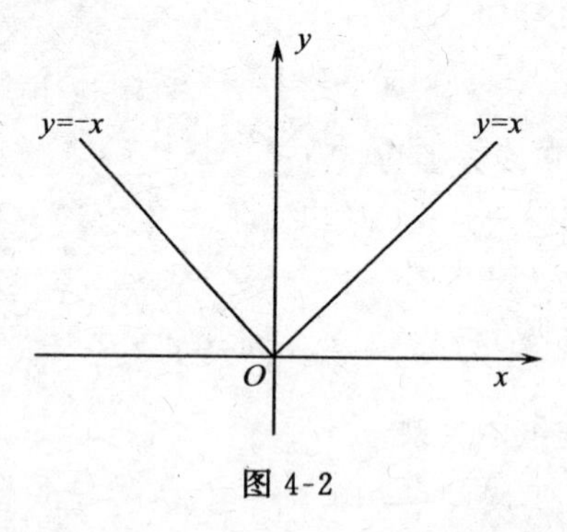

图 4-2

$$y=|x| \text{ 即 } y=\begin{cases} x, & x\geqslant 0 \\ -x, & x<0 \end{cases}$$

显然,$f(x)$ 在点 $x=0$ 处是连续的,但右极限 $\lim\limits_{\Delta x\to 0^+}\dfrac{\Delta y}{\Delta x}=\lim\limits_{\Delta x\to 0^+}\dfrac{|\Delta x|}{\Delta x}=1$,左极限

$$\lim_{\Delta x\to 0^-}\frac{\Delta y}{\Delta x}=\lim_{\Delta x\to 0^-}\frac{|\Delta x|}{\Delta x}=\lim_{\Delta x\to 0^-}\frac{-\Delta x}{\Delta x}=-1$$

因左极限、右极限不相等,故极限 $\lim\limits_{\Delta x\to 0}\dfrac{\Delta y}{\Delta x}$ 不存在,说明该函数 $y=|x|$ 在点 $x=0$ 处没有导数(不可导).

例 1 讨论函数

$$f(x)=\begin{cases} x-1, & x\leqslant 0 \\ 2x, & 0<x\leqslant 1 \\ x^2+1, & 1<x\leqslant 2 \\ \dfrac{1}{2}x+4, & 2<x \end{cases}$$

在点 $x=0$, $x=1$ 及 $x=2$ 处的连续性与可导性.

解 (1) 在点 $x=0$ 处

$$\lim_{x\to 0^-}f(x)=\lim_{x\to 0^-}(x-1)=-1$$

$$\lim_{x\to0^+}f(x)=\lim_{x\to0^+}2x=0$$

$$\lim_{x\to0^-}f(x)\neq\lim_{x\to0^+}f(x)$$

即$\lim\limits_{x\to0}f(x)$不存在，因此在点 $x=0$ 处 $f(x)$不连续，从而在点 $x=0$ 处不可导.

(2) 在点 $x=1$ 处

$$\lim_{x\to1^-}f(x)=\lim_{x\to1^-}2x=2$$

$$\lim_{x\to1^+}f(x)=\lim_{x\to1^+}(x^2+1)=2,\ 且\ f(1)=2$$

于是，有$\lim\limits_{x\to1}f(x)=2=f(1)$，因此 $f(x)$在点 $x=1$ 处连续.

$$f'_-(1)=\lim_{\Delta x\to0^-}\frac{f(1+\Delta x)-f(1)}{\Delta x}=\lim_{\Delta x\to0^-}\frac{2(1+\Delta x)-2}{\Delta x}=\lim_{\Delta x\to0^-}\frac{2\Delta x}{\Delta x}=2$$

$$f'_+(1)=\lim_{\Delta x\to0^+}\frac{f(1+\Delta x)-f(1)}{\Delta x}=\lim_{\Delta x\to0^+}\frac{[(1+\Delta x)^2+1]-2}{\Delta x}$$

$$=\lim_{\Delta x\to0^+}\frac{2\Delta x+(\Delta x)^2}{\Delta x}=\lim_{\Delta x\to0^+}(2+\Delta x)=2$$

可见，$f'_+(1)=f'_-(1)$，所以在点 $x=1$ 处 $f(x)$可导，且 $f'(1)=2$.

(3) 在点 $x=2$ 处

$$\lim_{x\to2^-}f(x)=\lim_{x\to2^-}(x^2+1)=5$$

$$\lim_{x\to2^+}f(x)=\lim_{x\to2^+}\left(\frac{1}{2}x+4\right)=5,且\ f(2)=5$$

于是，有$\lim\limits_{x\to2}f(x)=5=f(2)$，说明 $f(x)$在点 $x=2$ 处连续.

$$f'_-(2)=\lim_{\Delta x\to0^-}\frac{f(2+\Delta x)-f(2)}{\Delta x}=\lim_{\Delta x\to0^-}\frac{(2+\Delta x)^2+1-5}{\Delta x}$$

$$=\lim_{\Delta x\to0^-}\frac{4\Delta x+(\Delta x)^2}{\Delta x}=\lim_{\Delta x\to0^-}(4+\Delta x)=4$$

$$f'_+(2)=\lim_{\Delta x\to0^-}\frac{f(2+\Delta x)-f(2)}{\Delta x}=\lim_{\Delta x\to0^+}\frac{\left[\frac{1}{2}(2+\Delta x)+4\right]-5}{\Delta x}=\lim_{\Delta x\to0^+}\frac{\frac{1}{2}\Delta x}{\Delta x}=\frac{1}{2}$$

$f'_-(2)\neq f'_+(2)$，所以 $f(x)$在点 $x=2$ 处不可导.

对 $f(x)$的讨论得出如下结论：

函数 $f(x)$在点 $x=0$ 处不连续因而不可导；在点 $x=1$ 处连续且可导；在点 $x=2$ 处连续但不可导.

§4.3　导数的基本公式与运算法则

4.3.1　两类函数的求导公式

1. 线性函数 $y=bx+c$ 的导数

因为　$\Delta y=f(x+\Delta x)-f(x)=[b(x+\Delta x)+c]-(bx+c)=b\Delta x$

所以

$$y'=\lim_{\Delta x\to0}\frac{\Delta y}{\Delta x}=\lim_{\Delta x\to0}\frac{b\Delta x}{\Delta x}=\lim_{\Delta x\to0}b=b \tag{4.3}$$

线性函数的导数是一个常数,在几何上,这个常数 b 就是直线$y=bx+c$的斜率.

特别地,当 $b=0$ 时,我们得到常数的导数为零,即若 $y=c$,则

$$y'=0 \tag{4.4}$$

2. 幂函数 $y=x^n$(n 为正整数)的导数

因为 $\Delta y=(x+\Delta x)^n-x^n$

$$=x^n+nx^{n-1}\Delta x+\frac{n(n-1)}{1\cdot 2}x^{n-2}\cdot(\Delta x)^2+\cdots+(\Delta x)^n-x^n$$

$$=nx^{n-1}\Delta x+\frac{n(n-1)}{1\cdot 2}x^{n-2}\cdot(\Delta x)^2+\cdots+(\Delta x)^n$$

所以
$$y'=\lim_{\Delta x\to 0}\frac{\Delta y}{\Delta x}=\lim_{\Delta x\to 0}\left[nx^{n-1}+\frac{n(n-1)}{1\cdot 2}\Delta x+\cdots+(\Delta x)^{n-1}\right]=nx^{n-1} \tag{4.5}$$

这个结果表示,幂函数 x^n 的导数等于其幂指数 n 乘上幂指数减去 1 的幂函数 x^{n-1}. 以后我们将证明,当 n 为任意实数时式(4.5)也成立.

4.3.2 导数的运算法则

1. 代数和的导数

定理 4.2 如果函数 $u(x)$,$v(x)$在点 x 处有导数,则函数 $y(x)=u(x)\pm v(x)$在该点也有导数,且

$$(u\pm v)'=u'\pm v' \tag{4.6}$$

证 设对应于 x 的增量 Δx,函数 u,v 分别取得增量 Δu,Δv,于是函数 y 取得增量

$$\Delta y=[(u+\Delta u)\pm(v+\Delta v)]-(u\pm v)=\Delta u\pm\Delta v$$

因而
$$\frac{\Delta y}{\Delta x}=\frac{\Delta u}{\Delta x}\pm\frac{\Delta v}{\Delta x}$$

所以
$$y'=\lim_{\Delta x\to 0}\frac{\Delta y}{\Delta x}=\lim_{\Delta x\to 0}\frac{\Delta u}{\Delta x}\pm\lim_{\Delta x\to 0}\frac{\Delta v}{\Delta x}=u'\pm v'$$

即
$$(u\pm v)'=u'\pm v'.$$

这个公式可以推广到有限多个函数的代数和的情形,即

$$(u_1+u_2+\cdots+u_n)'=u_1'+u_2'+\cdots+u_n' \tag{4.7}$$

2. 乘积的导数

定理 4.3 如果函数 $u(x)$,$v(x)$在点 x 有导数,则函数 $y(x)=u(x)v(x)$在该点也有导数且

$$(uv)'=u'v+uv' \tag{4.8}$$

证 对应于自变量的增量 Δx,函数 u、v 也取得增量 Δu、Δv,于是函数 y 取得增量

$$\Delta y=[(u+\Delta u)(v+\Delta v)]-(uv)=u\Delta v+v\Delta u+\Delta u\cdot\Delta v$$

因而
$$\frac{\Delta y}{\Delta x}=u\frac{\Delta v}{\Delta x}+v\frac{\Delta u}{\Delta x}+\frac{\Delta u}{\Delta x}\Delta v$$

当 $\Delta x\to 0$ 时,u,v 的值并不改变(因为 u,v 依赖于 x 而不依赖于 Δx);又由于函数 v 可导,因而连续,所以$\lim\limits_{\Delta x\to 0}\Delta v=0$.

于是

$$y'=\lim_{\Delta x\to 0}\frac{\Delta y}{\Delta x}=u\lim_{\Delta x\to 0}\frac{\Delta v}{\Delta x}+v\lim_{\Delta x\to 0}\frac{\Delta u}{\Delta x}+\lim_{\Delta x\to 0}\frac{\Delta u}{\Delta x}\cdot\lim_{\Delta x\to 0}\Delta v$$
$$=uv'+u'v+u'\cdot 0=uv'+u'v.$$

特别地，当 $u=c$（c 为常数）时，

$$y'=(cv)'=cv' \tag{4.9}$$

即常数因子可以移到导数符号外面来.

公式(4.8)可以推广到有限多个函数的乘积的情形，即如果

$$y=u_1u_2\cdots u_n,\text{则}$$
$$y'=u_1'u_2\cdots u_n+u_1u_2'u_3\cdots u_n+\cdots+u_1u_2\cdots u_{n-1}u_n' \tag{4.10}$$

例 1　求 $y=(1+2x)(3x^3-2x^2)$ 的导数.

解　$y'=(1+2x)'(3x^3-2x^2)+(1+2x)(3x^3-2x^2)'$

$=[1'+(2x)'](3x^3-2x^2)+(1+2x)[(3x^3)'-(2x^2)']$

$=2(3x^3-2x^2)+(1+2x)(9x^2-4x)$

$=24x^3-3x^2-4x.$

3. 商的导数

定理 4.4　如果函数 $u(x)$，$v(x)$ 在点 x 处有导数，且 $v(x)\neq 0$，则函数 $y(x)=\dfrac{u(x)}{v(x)}$ 在点 x 处也有导数，并且

$$\left(\frac{u}{v}\right)'=\frac{u'v-uv'}{v^2} \tag{4.11}$$

证　由

$$\Delta y=\frac{u+\Delta u}{v+\Delta v}-\frac{u}{v}=\frac{v\Delta u-u\Delta v}{v(v+\Delta v)}$$

得

$$\frac{\Delta y}{\Delta x}=\frac{v\dfrac{\Delta u}{\Delta x}-u\dfrac{\Delta v}{\Delta x}}{v(v+\Delta v)}$$

因为当 $\Delta x\to 0$ 时，u 与 v 的值不变，而 $\Delta v\to 0$，所以

$$\lim_{\Delta x\to 0}\frac{\Delta y}{\Delta x}=\frac{v\lim\limits_{\Delta x\to 0}\dfrac{\Delta u}{\Delta x}-u\lim\limits_{\Delta x\to 0}\dfrac{\Delta v}{\Delta x}}{v(v+\lim\limits_{\Delta x\to 0}\Delta v)}=\frac{u'v-uv'}{v^2}.$$

利用公式(4.11)，可以证明幂函数 $y=x^n$ 当 n 为负整数时，公式(4.5)也成立.

事实上，当 n 为负整数时，$m=-n$ 为正数，于是由 $y=x^n=x^{-m}=\dfrac{1}{x^m}$ 得

$$y'=(x^n)'=\left(\frac{1}{x^m}\right)'=\frac{-(x^m)'}{(x^m)^2}=\frac{-mx^{m-1}}{x^{2m}}=-mx^{-m-1}=nx^{n-1}.$$

例 2　求函数 $y=\dfrac{x^4}{3}-\dfrac{4}{x^3}$ 的导数.

解　$y'=\left(\dfrac{x^4}{3}\right)'-\left(\dfrac{4}{x^3}\right)'=\dfrac{1}{3}(x^4)'-4(x^{-3})'=\dfrac{4}{3}x^3+12x^{-4}=\dfrac{4}{3}x^3+\dfrac{12}{x^4}.$

例 3　求函数 $y=\dfrac{x^2-1}{x^2+1}$ 的导数.

解
$$y'=\frac{(x^2-1)'(x^2+1)-(x^2-1)(x^2+1)'}{(x^2+1)^2}$$
$$=\frac{2x(x^2+1)-2x(x^2-1)}{(x^2+1)^2}=\frac{4x}{(x^2+1)^2}.$$

4.3.3 对数函数的导数

设 $y=\log_a x \quad (a>0,a\neq 1)$

由
$$\Delta y=\log_a(x+\Delta x)-\log_a x=\log_a\left(1+\frac{\Delta x}{x}\right)$$

得
$$\frac{\Delta y}{\Delta x}=\frac{1}{\Delta x}\log_a\left(1+\frac{\Delta x}{x}\right)=\log_a\left(1+\frac{\Delta x}{x}\right)^{\frac{1}{\Delta x}}=\frac{1}{x}\log_a\left(1+\frac{\Delta x}{x}\right)^{\frac{x}{\Delta x}}$$

令 $t=\frac{\Delta x}{x}$,则当 $\Delta x\to 0$ 时,$t\to 0$,由对数函数的连续性及
$$\lim_{\Delta x\to 0}\left(1+\frac{\Delta x}{x}\right)^{\frac{x}{\Delta x}}=\lim_{t\to 0}(1+t)^{\frac{1}{t}}=\mathrm{e}$$

可知
$$\lim_{\Delta x\to 0}\frac{\Delta y}{\Delta x}=\lim_{\Delta x\to 0}\frac{1}{x}\log_a\left(1+\frac{\Delta x}{x}\right)^{\frac{x}{\Delta x}}=\frac{1}{x}\lim_{\Delta x\to 0}\log_a\left(1+\frac{\Delta x}{x}\right)^{\frac{x}{\Delta x}}=\frac{1}{x}\log_a\mathrm{e}$$

所以
$$y'=(\log_a x)'=\frac{1}{x}\log_a\mathrm{e}=\frac{1}{x\ln a} \tag{4.12}$$

特别地,当 $a=\mathrm{e}$ 时,有
$$y'=(\ln x)'=\frac{1}{x}.$$

4.3.4 三角函数的导数

1. 设 $y=\sin x$,由
$$\Delta y=\sin(x+\Delta x)-\sin x=2\cos\left(x+\frac{\Delta x}{2}\right)\cdot\sin\frac{\Delta x}{2}$$

得
$$\frac{\Delta y}{\Delta x}=2\cos\left(x+\frac{\Delta x}{2}\right)\cdot\frac{\sin\frac{\Delta x}{2}}{\Delta x}=\cos\left(x+\frac{\Delta x}{2}\right)\cdot\frac{\sin\frac{\Delta x}{2}}{\frac{\Delta x}{2}}$$

由 $\cos x$ 的连续性有
$$\lim_{\Delta x\to 0}\cos\left(x+\frac{\Delta x}{2}\right)=\cos x$$

又由 $\lim\limits_{x\to 0}\frac{\sin x}{x}=1$,有
$$\lim_{\Delta x\to 0}\frac{\sin\frac{\Delta x}{2}}{\frac{\Delta x}{2}}=1$$

所以
$$y'=(\sin x)'=\lim_{\Delta x\to 0}\cos\left(x+\frac{\Delta x}{2}\right)\frac{\sin\frac{\Delta x}{2}}{\frac{\Delta x}{2}}=\lim_{\Delta x\to 0}\cos\left(x+\frac{\Delta x}{2}\right)\cdot\lim_{\Delta x\to 0}\frac{\sin\frac{\Delta x}{2}}{\frac{\Delta x}{2}}=\cos x$$

即
$$(\sin x)'=\cos x \tag{4.13}$$
完全类似地可以证明
$$(\cos x)'=-\sin x \tag{4.14}$$
2. $y=\tan x$
$$y'=(\tan x)'=\left(\frac{\sin x}{\cos x}\right)'=\frac{(\sin x)'\cos x-\sin x(\cos x)'}{\cos^2 x}$$
$$=\frac{\cos^2 x+\sin^2 x}{\cos^2 x}=\frac{1}{\cos^2 x}$$
即
$$(\tan x)'=\frac{1}{\cos^2 x}=\sec^2 x \tag{4.15}$$
同理可以求出
$$y'=(\cot x)'=-\frac{1}{\sin^2 x}=-\csc^2 x \tag{4.16}$$
$$y'=(\sec x)'=\sec x\cdot\tan x \tag{4.17}$$
$$y'=(\csc x)'=-\csc x\cdot\cot x \tag{4.18}$$

例 1　求函数 $y=2\sqrt{x}\sin x+\cos x\cdot\ln x$ 的导数.

解　$y'=(2\sqrt{x}\sin x)'+(\cos x\cdot\ln x)'$
$$=(2\sqrt{x})'\sin x+2\sqrt{x}(\sin x)'+(\cos x)'\ln x+\cos x(\ln x)'$$
$$=2\cdot\frac{1}{2\sqrt{x}}\sin x+2\sqrt{x}\cos x-\sin x\ln x+\frac{1}{x}\cos x$$
$$=\frac{1}{\sqrt{x}}\sin x+2\sqrt{x}\cos x-\sin x\ln x+\frac{1}{x}\cos x$$
$$=\left(\frac{1}{\sqrt{x}}-\ln x\right)\sin x+\left(2\sqrt{x}+\frac{1}{x}\right)\cos x.$$

4.3.5　复合函数的导数

设 y 是 x 的一个复合函数，即 y 是变量 u 的函数：$y=f(u)$，而 u 又是 x 的函数：$u=\varphi(x)$，亦即 $y=f[\varphi(x)]$. 求这个复合函数对 x 的导数，有如下定理：

定理 4.5　设函数 $u=\varphi(x)$ 在某一点 x 有导数 $\frac{\mathrm{d}u}{\mathrm{d}x}=\varphi'(x)$，函数 $y=f(u)$ 在对应点 u 有导数 $\frac{\mathrm{d}y}{\mathrm{d}u}=f'(u)$，则复合函数 $y=f[\varphi(x)]$ 在该点 x 也有导数，并且等于导数 $f'(u)$ 与导数 $\varphi'(x)$ 的乘积．即
$$\frac{\mathrm{d}y}{\mathrm{d}x}=\frac{\mathrm{d}y}{\mathrm{d}u}\cdot\frac{\mathrm{d}u}{\mathrm{d}x} \tag{4.19}$$

证　给 x 以增量 Δx，则 u 取得相应的增量 Δu，从而 y 取得相应的增量 Δy.
$$\Delta u=\varphi(x+\Delta x)-\varphi(x)$$
$$\Delta y=f(u+\Delta u)-f(u)$$
当 $\Delta u\neq 0$ 时，有
$$\frac{\Delta y}{\Delta x}=\frac{\Delta y}{\Delta u}\cdot\frac{\Delta u}{\Delta x}$$

因为 $u=\varphi(x)$ 可导,则 $\varphi(x)$ 连续,所以当 $\Delta x\to 0$ 时 $\Delta u\to 0$,故

$$\lim_{\Delta x\to 0}\frac{\Delta y}{\Delta x}=\lim_{\Delta x\to 0}\frac{\Delta y}{\Delta u}\cdot\lim_{\Delta x\to 0}\frac{\Delta u}{\Delta x}=\lim_{\Delta u\to 0}\frac{\Delta y}{\Delta u}\cdot\lim_{\Delta x\to 0}\frac{\Delta u}{\Delta x}=\frac{\mathrm{d}y}{\mathrm{d}u}\cdot\frac{\mathrm{d}u}{\mathrm{d}x}$$

故
$$\frac{\mathrm{d}y}{\mathrm{d}x}=\frac{\mathrm{d}y}{\mathrm{d}u}\cdot\frac{\mathrm{d}u}{\mathrm{d}x}=f'(u)\cdot\varphi'(x).$$

定理 4.5 的结论亦可以简写为

$$y'_x=y'_u\cdot u'_x.$$

注意:因 u 是中间变量,所以 Δu 可能为零.利用函数极限与无穷小的关系(见定理 2.7)可以证明,当 $\Delta u=0$ 时,定理 4.5 的结论仍然正确.

重复利用上述定理,我们可以将复合函数的求导法则推广到多次复合的情形.例如,设

$$y=f(u),\quad u=\varphi(v),\quad v=\psi(x)$$

则复合函数 $y=f\{\varphi[\psi(x)]\}$ 对 x 的导数为

$$\frac{\mathrm{d}y}{\mathrm{d}x}=\frac{\mathrm{d}y}{\mathrm{d}u}\cdot\frac{\mathrm{d}u}{\mathrm{d}v}\cdot\frac{\mathrm{d}v}{\mathrm{d}x}=f'(u)\cdot\varphi'(v)\cdot\psi'(x)\tag{4.20}$$

或简记为
$$y'_x=f'_u\cdot u'_v\cdot v'_x.$$

这个法则常称为连锁法则.

例 1 求函数 $y=(1+2x)^{50}$ 的导数.

解 设 $y=u^{50}$, $u=1+2x$, 则由式(4.19)得

$$y'=(u^{50})'_u\cdot(1+2x)'_x=50u^{49}\cdot 2=100(1+2x)^{49}.$$

例 2 求函数 $y=\ln\cos x$ 的导数.

解 设 $y=\ln u$, $u=\cos x$ 则

$$y'=(\ln u)'_u\cdot(\cos x)'_x=\frac{1}{u}\cdot(\cos x)'_x=-\frac{\sin x}{\cos x}=-\tan x.$$

例 3 求 $y=\sqrt{1+x^2}$ 的导数.

解 设 $y=\sqrt{u}$, $u=1+x^2$,则

$$y'=(\sqrt{u})'_u\cdot(1+x^2)'_x=\frac{1}{2\sqrt{u}}\cdot 2x=\frac{x}{\sqrt{1+x^2}}.$$

例 4 求 $y=\sin nx$ 的导数.

解 设 $y=\sin u$, $u=nx$,则

$$y'=(\sin u)'_u\cdot(nx)'_x=\cos u\cdot n=n\cos nx.$$

熟练了之后,在计算时中间变量就不必再写出来了.

例 5 求 $y=\left(\frac{x}{2x+1}\right)^n$ 的导数.

解 $y'=n\left(\frac{x}{2x+1}\right)^{n-1}\cdot\left(\frac{x}{2x+1}\right)'=n\left(\frac{x}{2x+1}\right)^{n-1}\cdot\frac{2x+1-2x}{(2x+1)^2}=\frac{nx^{n-1}}{(2x+1)^{n+1}}.$

例 6 求函数 $y=\ln(x+\sqrt{x^2+a^2})$ 的导数.

解 $y'=\frac{1}{x+\sqrt{x^2+a^2}}\cdot(x+\sqrt{x^2+a^2})'=\frac{1}{x+\sqrt{x^2+a^2}}\cdot\left(1+\frac{2x}{2\sqrt{x^2+a^2}}\right)$

$$=\frac{1}{\sqrt{x^2+a^2}}.$$

4.3.6 反函数的导数

定理 4.6 若函数 $y=f(x)$在区间(a,b)内严格单调并且连续，在点 $x\in(a,b)$可导且 $f'(x)\neq 0$，则其反函数 $x=f^{-1}(y)=\varphi(y)$在对应点 y 也可导，且

$$[f^{-1}(y)]'=\varphi'(y)=\frac{1}{f'(x)} \tag{4.21}$$

证 给 y 以增量 $\Delta y\neq 0$，则反函数 $x=\varphi(y)$有改变量 Δx，由$f(x)$的严格单调性知 $x=\varphi(y)$也严格单调，因而 $\Delta x\neq 0$. 于是

$$\frac{\Delta x}{\Delta y}=\frac{1}{\frac{\Delta y}{\Delta x}}$$

由条件知 $x=\varphi(y)$连续，故当 $\Delta y\to 0$ 时，$\Delta x\to 0$. 由于 $y=f(x)$在 x 有导数 $f'(x)\neq 0$，故在上式中令 $\Delta y\to 0$，取极限得

$$\lim_{\Delta y\to 0}\frac{\Delta x}{\Delta y}=\lim_{\Delta x\to 0}\frac{1}{\frac{\Delta y}{\Delta x}}=\frac{1}{\lim\limits_{\Delta x\to 0}\frac{\Delta y}{\Delta x}}=\frac{1}{f'(x)}$$

即反函数 $x=\varphi(y)$在 y 可导，且 $\varphi'(y)=\frac{1}{f'(x)}$.

由公式(4.21)我们来推导以下四个反三角函数的导数.

1. $y=\arcsin x(-1<x<1)$的导数

因为 $y=\arcsin x(-1<x<1)$的反函数是

$$x=\sin y\qquad\left(-\frac{\pi}{2}<y<\frac{\pi}{2}\right)$$

而
$$(\sin y)'=\cos y>0\qquad\left(-\frac{\pi}{2}<y<\frac{\pi}{2}\right)$$

$$\cos y=\sqrt{1-\sin^2 y}=\sqrt{1-x^2}>0$$

所以
$$y'=(\arcsin x)'=\frac{1}{(\sin y)'}=\frac{1}{\cos y}=\frac{1}{\sqrt{1-x^2}}\qquad(-1<x<1)$$

即
$$(\arcsin x)'=\frac{1}{\sqrt{1-x^2}} \tag{4.22}$$

2. 同样地计算可得

$$(\arccos x)'=-\frac{1}{\sqrt{1-x^2}}\qquad(-1<x<1) \tag{4.23}$$

$$(\arctan x)'=\frac{1}{1+x^2}\qquad(-\infty<x<+\infty) \tag{4.24}$$

$$(\operatorname{arccot} x)'=-\frac{1}{1+x^2}\qquad(-\infty<x<+\infty) \tag{4.25}$$

例 1 求函数 $y=\arcsin(3x^2)$的导数.

解
$$y'=\frac{1}{\sqrt{1-(3x^2)^2}}\cdot(3x^2)'=\frac{6x}{\sqrt{1-9x^4}}.$$

例 2 求函数 $y=\arctan\dfrac{1}{x}$的导数.

解
$$y'=\frac{1}{1+\left(\frac{1}{x}\right)^2}\cdot\left(\frac{1}{x}\right)'=\frac{1}{1+\frac{1}{x^2}}\cdot\left(-\frac{1}{x^2}\right)=-\frac{1}{1+x^2}.$$

4.3.7 隐函数的导数

若因变量 y 可以写成自变量 x 的明显表达式 $y=f(x)$，则称$y=f(x)$为显函数. 假如自变量 x 与因变量 y 之间的函数关系是由一个方程 $F(x,y)=0$ 所确定的，即对任一 x(当然必须使方程有意义)，通过方程 $F(x,y)=0$ 有唯一的一个 y 与之对应. 这种对应关系，设为 $y=f(x)$，称为由方程 $F(x,y)=0$ 所确定的隐函数.

需要指出的是：

1. 并非任何一个方程 $F(x,y)=0$ 都能确定出隐函数，例如 $x^2+y^2+2=0$ 就不能确定任何函数 $y=f(x)$.

2. 即使方程 $F(x,y)=0$ 能确定隐函数，也不一定能从方程中解出 $y=f(x)$，例如方程 $y-x-\dfrac{1}{3}\sin y=0$ 确定了定义在 $\mathbf{R}$ 上的函数 $y=f(x)$，但无法从方程中解出 y.

隐函数的求导法则是指：不必解出 y，从确定 y 是 x 的函数的方程 $F(x,y)=0$ 出发，来求出 y 对 x 的导数. 当然，首先必须假定 y 对 x 可导.

由于 $y=y(x)$是方程 $F(x,y)=0$ 所确定的，因而将 $y=y(x)$代入方程 $F(x,y)=0$ 中便得到下面的恒等式
$$F[x,y(x)]=0 \tag{4.26}$$
将式(4.26)两边同时对 x 求导数(注意 y 是 x 的函数)，左边要利用复合函数的求导法则，而右边的导数为 0，这样得到一个关于 y'的方程，解出 y'. 即为隐函数的导数.

例 1 由方程 $y^2=2px$ 确定 y 是 x 的函数，求 y 的导数.

解 $2px$ 是 x 的函数，y^2 可以看做是 x 的复合函数(即 y^2 是 y 的函数而 y 是 x 的函数)，将所给方程两边对 x 求导，得
$$2y\cdot y'_x=2p$$
解之，得
$$y'_x=\frac{p}{y}.$$

例 2 由 $y=x\ln y$ 确定 y 是 x 的函数，求 y 的导数.

解 方程两边对 x 求导，得
$$y'_x=\ln y+x\cdot\frac{1}{y}\cdot y'_x$$
解出 y'，得
$$y'=\frac{y\ln y}{y-x}.$$

例 3　证明：椭圆$\frac{x^2}{a^2}+\frac{y^2}{b^2}=1$在点$M_0(x_0,y_0)$处的切线方程为

$$\frac{x_0x}{a^2}+\frac{y_0y}{b^2}=1.$$

证　先求在点$M_0(x_0,y_0)$处的切线的斜率，即求由椭圆方程所确定的隐函数$y=y(x)$的导数在点(x_0,y_0)的值.所给方程两边对x求导

$$\frac{2x}{a^2}+\frac{2y\cdot y'}{b^2}=0$$

解之，得

$$y'=-\frac{b^2x}{a^2y},(y\neq 0)$$

故在点(x_0,y_0)处切线的斜率为$k=-\frac{b^2x_0}{a^2y_0}(y_0\neq 0)$，因此切线方程为

$$y-y_0=-\frac{b^2x_0}{a^2y_0}(x-x_0)$$

或

$$\frac{xx_0}{a^2}+\frac{y_0y}{b^2}=\frac{x_0^2}{a^2}+\frac{y_0^2}{b^2}$$

因点(x_0,y_0)在椭圆上，故上式右边等于 1，所以所求的切线方程为

$$\frac{x_0x}{a^2}+\frac{y_0y}{b^2}=1.$$

4.3.8　对数求导法

取对数运算可以将乘除法化为加减法.乘幂化为乘法，从而使运算简化.因此对于一些含乘除、乘方、开方因子较多的函数或幂指函数，通过先取对数再求导，最后解出y'.这种方法称为对数求导法.

例 1　求函数$y=a^x(a>0,a\neq 0)$的导数.

解　两边取对数，写成隐函数形式

$$\ln y=x\ln a$$

将上式两边对x求导，得

$$\frac{1}{y}\cdot y'=\ln a$$

因此

$$y'=y\ln a=a^x\ln a. \tag{4.27}$$

特别地，当$a=\mathrm{e}$时，有

$$(\mathrm{e}^x)'=\mathrm{e}^x.$$

可见在指数函数中，以 e 为底的函数 e^x 具有独特的优点，这就是它的导数以最简单的形式出现——等于函数本身.

例 2　求幂指函数$y=x^{\sin x}$的导数.

因为这个函数既不是幂函数，也不是指数函数，故称为幂指函数.

解　两边取对数，得

$$\ln y=\sin x\ln x$$

将上式两边对x求导，得

$$\frac{1}{y}\cdot y'=\cos x\ln x+\frac{1}{x}\sin x$$

因此
$$y'=y\left(\cos x\ln x+\frac{\sin x}{x}\right)=x^{\sin x}\left(\cos x\ln x+\frac{\sin x}{x}\right).$$

也可以用下述方法求导数：

因为
$$y=x^{\sin x}=\mathrm{e}^{\sin x\ln x}$$

所以
$$y'=(x^{\sin x})'=\mathrm{e}^{\sin x\ln x}\cdot(\sin x\ln x)'=x^{\sin x}\left(\cos x\ln x+\frac{\sin x}{x}\right).$$

例 3 求 $y=\sqrt{\frac{(x-1)(x-2)}{(x-3)(x-4)}}$ 的导数.

解 如果直接利用复合函数求导公式求这个函数的导数将比较复杂，为此，先将方程两边取对数，得

$$\ln y=\frac{1}{2}[\ln|x-1|+\ln|x-2|-\ln|x-3|-\ln|x-4|]$$

再两边对 x 求导，得

$$\frac{1}{y}\cdot y'=\frac{1}{2}\left(\frac{1}{x-1}+\frac{1}{x-2}-\frac{1}{x-3}-\frac{1}{x-4}\right)$$

于是
$$y'=\frac{1}{2}\sqrt{\frac{(x-1)(x-2)}{(x-3)(x-4)}}\left(\frac{1}{x-1}+\frac{1}{x-2}-\frac{1}{x-3}-\frac{1}{x-4}\right).$$

例 4 求 $y=x^{\mu}$(μ 为任意实数)的导数.

解 方程两边取对数，得

$$\ln y=\mu\ln x$$

两边对 x 求导，得

$$\frac{1}{y}\cdot y'=\frac{\mu}{x}$$

故
$$y'=\frac{\mu}{x}\cdot y=\mu x^{\mu-1}.$$

例 4 说明了对幂函数 $y=x^{\mu}$ 求导数，不论 μ 是否为整数，公式

$$y'=\mu x^{\mu-1} \tag{4.28}$$

都是适用的.

4.3.9 导数公式

为了便于记忆和应用，我们将本节介绍过的常用求导公式罗列在下面：

(1) $(c)'=0$ (c 为常数)

(2) $(u\pm v)'=u'\pm v'$

(3) $(uv)'=u'v+uv'$

(4) $\left(\frac{u}{v}\right)'=\frac{u'v-uv'}{v^2}$ ($v\neq 0$)

(5) $(cu)'=cu'$ (c 为常数)

(6) $\frac{\mathrm{d}y}{\mathrm{d}x}=f'(u)\cdot\varphi'(x)$ 其中 $y=f(u),u=\varphi(x)$

(7) $[f^{-1}(y)]'=\dfrac{1}{f'(x)}$　　$f'(x)\neq 0$

(8) $(x^{\mu})'=\mu x^{\mu-1}$　　(μ 为任意实数)

(9) $(\log_a x)'=\dfrac{1}{x\ln a}$　　$(a>0,a\neq 1)$

(10) $(\ln x)'=\dfrac{1}{x}$

(11) $(a^x)'=a^x\ln a$

(12) $(\mathrm{e}^x)'=\mathrm{e}^x$

(13) $(\sin x)'=\cos x$

(14) $(\cos x)'=-\sin x$

(15) $(\tan x)'=\dfrac{1}{\cos^2 x}=\sec^2 x$

(16) $(\cot x)'=-\dfrac{1}{\sin^2 x}=-\csc^2 x$

(17) $(\sec x)'=\sec x\cdot\tan x$

(18) $(\csc x)'=-\csc x\cdot\cot x$

(19) $(\arcsin x)'=\dfrac{1}{\sqrt{1-x^2}}$　　$(-1<x<1)$

(20) $(\arccos x)'=-\dfrac{1}{\sqrt{1-x^2}}$　　$(-1<x<1)$

(21) $(\arctan x)'=\dfrac{1}{1+x^2}$　　$(-\infty<x<+\infty)$

(22) $(\mathrm{arccot}\, x)'=-\dfrac{1}{1+x^2}$　　$(-\infty<x<+\infty)$

4.3.10　综合举例

例 1　$y=\ln[\cos(10+3x^2)]$，求 y'.

解

$$y'=\frac{1}{\cos(10+3x^2)}[\cos(10+3x^2)]'=\frac{-\sin(10+3x^2)\cdot(10+3x^2)'}{\cos(10+3x^2)}$$
$$=-6x\tan(10+3x^2).$$

例 2　$y=3^x+x^3+3^3+x^x$，求 y'.

解

$$y'=(3^x+x^3+3^3+x^x)'=(3^x)'+(x^3)'+(3^3)'+(x^x)'$$
$$=3^x\ln 3+3x^2+(\mathrm{e}^{x\ln x})'=3^x\ln 3+3x^2+\mathrm{e}^{x\ln x}(x\ln x)'$$
$$=3^x\ln 3+3x^2+x^x(1+\ln x).$$

例 3　$y=2^{\sin^2\frac{1}{x}}$，求 y'.

解

$$y'=\left(2^{\sin^2\frac{1}{x}}\right)'=2^{\sin^2\frac{1}{x}}\cdot\ln 2\cdot\left(\sin^2\frac{1}{x}\right)'$$
$$=2^{\sin^2\frac{1}{x}}\cdot\ln 2\cdot 2\sin\frac{1}{x}\left(\sin\frac{1}{x}\right)'=2^{\sin^2\frac{1}{x}}\cdot\ln 2\cdot 2\cdot\sin\frac{1}{x}\cos\frac{1}{x}\cdot\left(\frac{1}{x}\right)'$$
$$=2^{\sin^2\frac{1}{x}}\cdot\ln 2\cdot\sin\frac{2}{x}\cdot\left(-\frac{1}{x^2}\right)=-\frac{1}{x^2}\sin\frac{2}{x}\cdot 2^{\sin^2\frac{1}{x}}\cdot\ln 2.$$

例 4 方程 $\ln\sqrt{x^2+y^2}=\arctan\frac{y}{x}$ 确定 y 是 x 的函数,求 y'.

解
$$\frac{1}{2}\ln(x^2+y^2)=\arctan\frac{y}{x}$$

因此
$$\frac{1}{2}[\ln(x^2+y^2)]'=\left(\arctan\frac{y}{x}\right)'$$
$$\frac{2x+2yy'}{2(x^2+y^2)}=\frac{1}{1+\frac{y^2}{x^2}}\cdot\left(\frac{y}{x}\right)'$$
$$\frac{x+yy'}{x^2+y^2}=\frac{x^2}{x^2+y^2}\cdot\frac{xy'-y}{x^2}$$

解之得
$$y'=\frac{x+y}{x-y}.$$

例 5
$$f(x)=\begin{cases}x-1, & x\leqslant 0\\ 2x, & 0<x\leqslant 1\\ x^2+1, & 1<x\leqslant 2\\ \frac{1}{2}x+4, & 2<x\end{cases}\quad 求\ f'(x).$$

解 当 $x<0$ 时,$f'(x)=1$

当 $0<x<1$ 时,$f'(x)=2$

当 $1<x<2$ 时,$f'(x)=2x$

当 $x>2$ 时,$f'(x)=\frac{1}{2}$.

在 $x=0,x=1$ 及 $x=2$ 处,根据 4.2.4 中例 1 的结果知,$f'(0)$不存在,$f'(1)=2$,$f'(2)$不存在.故可得

$$f'(x)=\begin{cases}1, & x<0\\ 2, & 0<x\leqslant 1\\ 2x, & 1<x<2\\ \frac{1}{2}, & 2<x.\end{cases}$$

可以看出,导函数的定义域不超出函数的定义域,即 $D(f')\subset D(f)$.

例 6 已知 $f(u)$可导,求$\{[f(x+a)]^n\}'$及$\{f[(x+a)^n]\}'$.

解 要注意作为导数符号的"$'$"在不同位置表示对不同变量求导,因此在解题时应注意区分.

$f'(\ln x)$表示对 $\ln x$ 求导,$[f(\ln x)]'$表示对 x 求导,因此

$$[f(\ln x)]'=f'(\ln x)\cdot(\ln x)'=\frac{1}{x}f'(\ln x)$$
$$\begin{aligned}\{f[(x+a)^n]\}'&=f'[(x+a)^n]\cdot[(x+a)^n]'\\&=f'[(x+a)^n]\cdot n(x+a)^{n-1}(x+a)'\\&=n(x+a)^{n-1}\cdot f'[(x+a)^n]\end{aligned}$$
$$\{[f(x+a)]^n\}'=n[f(x+a)]^{n-1}\cdot f'(x+a)$$

例 7　已知 $y(x)=e^{f^2(x)}$，若 $f'(a)=\frac{1}{2f(a)}$，$(f(a)\neq 0)$，证明 $y(a)=y'(a)$.

证
$$y'(x)=e^{f^2(x)}\cdot[f^2(x)]'=e^{f^2(x)}\cdot 2f(x)\cdot f'(x)$$

所以
$$y'(a)=e^{f^2(a)}\cdot 2f(a)\cdot f'(a)=e^{f^2(a)}\cdot 2f(a)\cdot\frac{1}{2f(a)}=e^{f^2(a)}=y(a).$$

例 8　设气球半径 R 以 2cm/s 的速度等速增加，当气球半径 $R=10$cm时，求其体积增加的速度.

解　已知气球的体积 V 是半径 R 的函数

$$V=\frac{4}{3}\pi R^3$$

R 是时间 t 的函数，其导数 $\frac{dR}{dt}=2$，而 V 是时间的复合函数，根据复合函数求导法则，可得

$$\frac{dV}{dt}=\left(\frac{4}{3}\pi R^3\right)'_R\cdot\frac{dR}{dt}=4\pi R^2\frac{dR}{dt}$$

故
$$\left.\frac{dV}{dt}\right|_{\substack{R=10\\ \frac{dR}{dt}=2}}=800\pi$$

故当 $R=10$cm 时，体积 V 的增加速度为 $800\pi\text{cm}^3/\text{s}$.

§4.4　高 阶 导 数

函数 $y=f(x)$ 的导数 $y'=f'(x)$ 仍然是 x 的一个函数. 如果这个函数 $y'=f'(x)$ 的导数存在，这个导数就叫做原来函数 $y=f(x)$ 的二阶导数，记做

$$y'',\ f''(x),\ \frac{d^2y}{dx^2},\ 或\frac{d^2f}{dx^2}.$$

利用上面的记号，例如 $f''(x)$，则按导数的定义，函数 $f(x)$ 在点 x 处的二阶导数就是下列极限

$$f''(x)=\lim_{\Delta x\to 0}\frac{f'(x+\Delta x)-f'(x)}{\Delta x}.$$

类似地，如果函数 $y''=f''(x)$ 的导数存在，这个导数就叫做原来函数的三阶导数，记做

$$y''',\ f'''(x),\ \frac{d^3y}{dx^3},\ 或\frac{d^3f}{dx^3}.$$

一般地，如果 $(n-1)$ 阶导数 $y^{(n-1)}=f^{(n-1)}(x)$ 的导数存在，这个导数就叫做原来函数 $y=f(x)$ 的 n 阶导数，记做

$$y^{(n)},\ f^{(n)}(x),\ \frac{d^ny}{dx^n},\ 或\frac{d^nf}{dx^n}.$$

二阶和二阶以上的导数统称为高阶导数.

与一阶导数一样，高阶导数是有着实际背景的，例如二阶导数，其力学意义很明显：设 $s=s(t)$ 表示质点作变速直线运动的路程函数. $s'(t)=v(t)$ 是质点运动的瞬时速度；二阶导数 $s''(t)$ 表示质点运动的加速度，因为 $s''(t)=[v(t)]'$ 是速度对时间的变化率.

根据高阶导数的定义，求已知函数的高阶导数，已不需要另外的新方法，只需逐次求导

即可.

以下几个基本初等函数的 n 阶导数,读者应记住.

例 1 已知 $y=x^n$,n 为自然数,则

$$\begin{cases} y'=nx^{n-1} \\ y''=n(n-1)x^{n-2} \\ \vdots \\ y^{(n)}=n! \\ y^{(n+1)}=0 \end{cases} \tag{4.29}$$

例 2 $y=x^\mu(x>0,\mu$ 为实数),则

$$\begin{cases} y'=\mu x^{\mu-1} \\ y''=\mu(\mu-1)x^{\mu-2} \\ \vdots \\ y^{(n)}=\mu(\mu-1)\cdots(\mu-n+1)x^{\mu-n} \end{cases} \tag{4.30}$$

特别地,设 $y=\dfrac{1}{x}$(即 $\mu=-1$),则有

$$\left(\frac{1}{x}\right)^{(n)}=(-1)(-2)\cdots(-1-n+1)x^{-1-n}=\frac{(-1)^n\cdot n!}{x^{n+1}} \tag{4.31}$$

例 3 $y=a^x(a>0,a\neq1)$,则

$$\begin{cases} y'=a^x\ln a \\ y''=a^x(\ln a)^2 \\ \vdots \\ y^{(n)}=a^x(\ln a)^n \end{cases} \tag{4.32}$$

特别地,$y=\mathrm{e}^x$ 则

$$y^{(n)}=(\mathrm{e}^x)^{(n)}=\mathrm{e}^x \tag{4.33}$$

例 4 $y=\ln x$ 则

$$y'=\frac{1}{x}=x^{-1}$$

$$y''=x^{-2}$$

$$y'''=(-1)(-2)x^{-3}$$

$$\vdots$$

$$y^{(n)}=(-1)^{n-1}\cdot(n-1)!\ x^{-n}=\frac{(-1)^{n-1}\cdot(n-1)!}{x^n}.$$

例 5 $y=\sin x$,则

$$y'=\cos x=\sin\left(x+\frac{\pi}{2}\right)$$

$$y''=-\sin x=\sin\left(x+2\cdot\frac{\pi}{2}\right)$$

应用数学归纳法,可以证明

$$(\sin x)^{(n)}=\sin\left(\frac{n\pi}{2}+x\right) \tag{4.34}$$

类似地可以证明

$$(\cos x)^{(n)}=\cos\left(\frac{n\pi}{2}+x\right) \tag{4.35}$$

关于高阶导数的运算法则，有以下定理.

定理 4.7　设 $u(x)$，$v(x)$有 n 阶导数，则

(1)$(u\pm v)^{(n)}=u^{(n)}\pm v^{(n)}$.

(2)$(c\cdot u)^{(n)}=cu^{(n)}$.　　($c$ 为常数)

(3)$(u\cdot v)^{(n)}=u^{(n)}v^{(0)}+C_n^1u^{(n-1)}v'+\cdots+C_n^ku^{(n-k)}v^{(k)}+\cdots+C_n^nu^{(0)}v^{(n)}$

$$=\sum_{k=0}^{n}C_n^ku^{(n-k)}v^{(k)}.$$

这里 $u^{(0)}=u$，$v^{(0)}=v$.

(3)称为莱布尼兹公式. 证明从略.

例 6　设 $y=x^2\sin x$，求 $y^{(80)}$.

解　$(x^2\sin x)^{(80)}=x^2(\sin x)^{(80)}+C_{80}^1(x^2)'(\sin x)^{(79)}+C_{80}^2(x^2)''(\sin x)^{(78)}$

$$=(x^2-6\ 320)\sin x-160x\cos x.$$

例 7　设 $y=(\arcsin x)^2$，求证：$(1-x^2)y''-xy'=2$.

证
$$y'=2\arcsin x\cdot\frac{1}{\sqrt{1-x^2}},$$

故
$$(1-x^2)(y')^2=4y$$

对上式两边求导数

$$-2x(y')^2+2(1-x^2)\cdot y'\cdot y''=4y'$$

化简为
$$(1-x^2)y''-xy'=2.$$

§4.5　函数的微分

4.5.1　微分的定义

我们知道，函数的导数是表示函数在点 x 处的变化率，导数描述了函数在点 x 处变化的快慢速度. 除此之外，我们还需要了解函数在某一点 x_0 处给自变量以一个微小的改变时，函数取得的相应改变量将如何变化？先考虑一个具体问题.

用 S 表示半径为 r 的圆的面积，则 S 显然是半径 r 的函数：$S=\pi r^2$. 现在给半径 r 一个极小的增量 Δr，则 S 相应地有增量

$$\Delta S=\pi(r+\Delta r)^2-\pi r^2=2\pi\cdot r\Delta r+\pi\cdot(\Delta r)^2 \tag{4.36}$$

ΔS 是半径为 r 与 $r+\Delta r$ 的两个同心圆间的圆环的面积. 从式(4.36)可以看出，ΔS 由两部分组成：第一部分 $2\pi\cdot r\Delta r$ 是 Δr 的线性函数，而第二部分 $\pi\cdot(\Delta r)^2$ 在 $\Delta r\to 0$ 的过程中，是较 Δr 更高阶的无穷小量，即 $\pi(\Delta r)^2=o(\Delta r)$. 可见，当给半径 r 一个微小的增量 Δr 时，由此所引起圆面积 S 的改变量 ΔS 就可以近似地用第一部分——Δr 的线性函数 $2\pi r\Delta r$ 来代替，而 Δr 取得愈小，所产生的相对误差

$$\left|\frac{\pi\Delta r^2}{2\pi r\cdot\Delta r}\right|=\frac{|\Delta r|}{2r},\quad (r\neq 0).$$

也愈小.

将 $2\pi r\Delta r$ 叫做圆面积 S 的微分,记做

$$\mathrm{d}S=2\pi r\Delta r.$$

定义 4.3 对于自变量在点 x 处的改变量 Δx,如果函数 $y=f(x)$的相应改变量 Δy 可以表示为

$$\Delta y=A\Delta x+o(\Delta x)\qquad(\Delta x\to 0)\tag{4.37}$$

其中 A 与 Δx 无关,则称函数 $y=f(x)$在点 x 处可微分.并称 $A\Delta x$ 为函数 $y=f(x)$在点 x 处的微分,记做 $\mathrm{d}y$ 或 $\mathrm{d}f(x)$,即

$$\mathrm{d}y=\mathrm{d}f(x)=A\Delta x\tag{4.38}$$

由微分的定义可知,微分是自变量的改变量 Δx 的线性部分,当 $\Delta x\to 0$ 时,微分与函数的改变量 Δy 的差是一个比 Δx 更高阶的无穷小量 $o(\Delta x)$. 当 $A\neq 0$ 时,函数的微分 $\mathrm{d}y=A\Delta x$ 与函数改变量 Δy 是等价无穷小量. 常称函数的微分 $\mathrm{d}y$ 为函数改变量 Δy 的线性主部.

特别地,当 $y=f(x)=x$ 时,则 $\Delta y=\Delta x$,这时相应的式(4.38)可以改写成

$$\mathrm{d}y=A\mathrm{d}x\tag{4.39}$$

如果函数 $y=f(x)$在区间(a,b)内的每一点都可微分,则称$f(x)$为区间(a,b)内的可微函数.

4.5.2 函数可导与微分的关系

定理 4.8 函数 $y=f(x)$在点 x 处可微分的充要条件是 $f(x)$在点 x 处可导,这时式(4.39)中的 $A=f'(x)$.

证 必要性 设 $y=f(x)$在点 x 可微,则有

$$\Delta y=A\Delta x+o(\Delta x)\qquad(\Delta x\to 0)$$

两边除以 Δx,得到

$$\frac{\Delta y}{\Delta x}=A+\frac{o(\Delta x)}{\Delta x}$$

令 $\Delta x\to 0$ 取极限得

$$\lim_{\Delta x\to 0}\frac{\Delta y}{\Delta x}=A+\lim_{\Delta x\to 0}\frac{o(\Delta x)}{\Delta x}=A$$

即 $f(x)$在点 x 处可导且 $f'(x)=A$.

充分性 设 $y=f(x)$在点 x 处可导,即极限

$$\lim_{\Delta x\to 0}\frac{\Delta y}{\Delta x}=f'(x)$$

存在,由有极限的函数与无穷小量的关系知

$$\frac{\Delta y}{\Delta x}=f'(x)+\alpha\qquad(\lim_{\Delta x\to 0}\alpha=0)$$

从而

$$\Delta y=f'(x)\Delta x+\alpha\cdot\Delta x\tag{4.40}$$

由于 $\lim\limits_{\Delta x\to 0}\dfrac{\alpha\cdot\Delta x}{\Delta x}=\lim\limits_{\Delta x\to 0}\alpha=0$,因此 $\alpha\cdot\Delta x=o(\Delta x)$ $(\Delta x\to 0)$,于是式(4.40)可以写成

$$\Delta y=f'(x)\Delta x+o(\Delta x)\qquad(\Delta x\to 0)$$

由微分的定义知函数 $y=f(x)$ 在点 x 处可微且 $A=f'(x)$.

由定理 4.8 及 $\mathrm{d}x=\Delta x$，函数 $y=f(x)$ 在点 x 处的微分可以写成

$$\mathrm{d}y=f'(x)\mathrm{d}x.\ \text{移项得}\frac{\mathrm{d}y}{\mathrm{d}x}=f'(x)$$

这个等式两边均是函数的导数记号，以前我们是将 $\frac{\mathrm{d}y}{\mathrm{d}x}$ 当做一个整体作为导数的记号，在引进了微分概念之后，我们可以将 $\frac{\mathrm{d}y}{\mathrm{d}x}$ 看成是函数的微分 $\mathrm{d}y$ 与自变量的微分 $\mathrm{d}x$ 的商，基于此，导数又称为微商，求导法又称做微分法.

例 1　求函数 $y=x^2$ 当 x 由 1 改变到 1.01 时的微分.

解　$\mathrm{d}y=(x^2)'\mathrm{d}x=2x\mathrm{d}x$，由所给的条件知　$x=1, \mathrm{d}x=1.01-1=0.01$，所以

$$\mathrm{d}y=2\cdot 1\cdot(0.01)=0.02.$$

例 2　求 $y=\ln x$ 的微分.

解

$$\mathrm{d}y=(\ln x)'\mathrm{d}x=\frac{1}{x}\mathrm{d}x.$$

4.5.3　微分的运算

既然可微与可导是等价的，因此可以把导数理论中的结果直接移植到微分理论中来. 又由微分表达式 $\mathrm{d}y=f'(x)\mathrm{d}x$ 知，求已知函数的微分，只要求出导数后再乘上 $\mathrm{d}x$ 即可. 为了查阅方便，我们将微分公式及微分四则运算法则罗列如下.

1. 微分基本公式

(1) $\mathrm{d}(c)=0$　　(c 为常数)

(2) $\mathrm{d}(x^{\mu})=\mu x^{\mu-1}\mathrm{d}x$　　(μ 为实数)

(3) $\mathrm{d}(\log_a x)=\frac{1}{x\ln a}\mathrm{d}x$　　$(a>0, a\neq 1)$

(4) $\mathrm{d}(\ln x)=\frac{1}{x}\mathrm{d}x$

(5) $\mathrm{d}(a^x)=a^x\ln a\mathrm{d}x$　　$(a>0, a\neq 1)$

(6) $\mathrm{d}(\mathrm{e}^x)=\mathrm{e}^x\mathrm{d}x$

(7) $\mathrm{d}(\sin x)=\cos x\mathrm{d}x$

(8) $\mathrm{d}(\cos x)=-\sin x\mathrm{d}x$

(9) $\mathrm{d}(\tan x)=\frac{1}{\cos^2 x}\mathrm{d}x=\sec^2 x\mathrm{d}x$

(10) $\mathrm{d}(\cot x)=-\frac{1}{\sin^2 x}\mathrm{d}x=-\csc^2 x\mathrm{d}x$

(11) $\mathrm{d}(\sec x)=\sec x\cdot\tan x\mathrm{d}x$

(12) $\mathrm{d}(\csc x)=-\csc x\cdot\cot x\mathrm{d}x$

(13) $\mathrm{d}(\arcsin x)=\frac{1}{\sqrt{1-x^2}}\mathrm{d}x$

(14) $\mathrm{d}(\arccos x)=-\frac{1}{\sqrt{1-x^2}}\mathrm{d}x$

(15) $d(\arctan x)=\frac{1}{1+x^2}dx$

(16) $d(\text{arccot}x)=-\frac{1}{1+x^2}dx$

2. 微分的四则运算法则($u(x)$,$v(x)$在点 x 处可微)

(1) $d(u\pm v)=du\pm dv$.

(2) $d(uv)=udv+vdu$. 特别地,$d(cu)=cdu$ (c 为常数)

(3) $d\left(\frac{u}{v}\right)=\frac{vdu-udv}{v^2}$. ($v\neq 0$).

例 1 求 $y=e^x\sin x$ 的微分.

解
$$\begin{aligned}dy&=e^x d(\sin x)+\sin x d(e^x)\\&=e^x\cos x dx+e^x\sin x dx=e^x(\sin x+\cos x)dx.\end{aligned}$$

例 2 求 $y=\arcsin(3x-4x^3)$的微分.

解
$$dy=\frac{(3x-4x^3)'dx}{\sqrt{1-(3x-4x^3)^2}}=\frac{3(1-4x^2)}{\sqrt{1-(3x-4x^3)^2}}dx.$$

4.5.4 微分的几何意义

在直角坐标系中作函数 $y=f(x)$的图形,如图 4-3 所示,在曲线 $f(x)$上,取一定点 $M(x,y)$,过点 M 作曲线的切线,则该切线的斜率为
$$f'(x)=\tan\alpha$$
当自变量在点 x 处取得改变量 Δx 时,就得到曲线上另外一点 $M'(x+\Delta x,y+\Delta y)$. 由图4-3易知
$$MN=\Delta x,NM'=\Delta y$$
且
$$NT=MN\cdot\tan\alpha=f'(x)\Delta x=dy$$
因此,函数 $y=f(x)$的微分 dy 就是过点 $M(x,y)$的切线的纵坐标的改变量. 图中线段 TM' 是 Δy 与 dy 之差,它是 Δx 的高阶无穷小量.

"微分"这一概念包含着极其深刻的辩证思想. 由图 4-3 容易看出,当 $\Delta x\to 0$ 时,则 $\Delta y\to 0$,在这一过程中,曲线弧$\overset{\frown}{MM'}$为直线段 MT 所替代. 换句话说,在 $\Delta x\to 0$ 这一条件下,曲与直这一矛盾互相转化. 在现实生活中我们常看到,钳工师傅用锉刀可以将铁片锉出一个

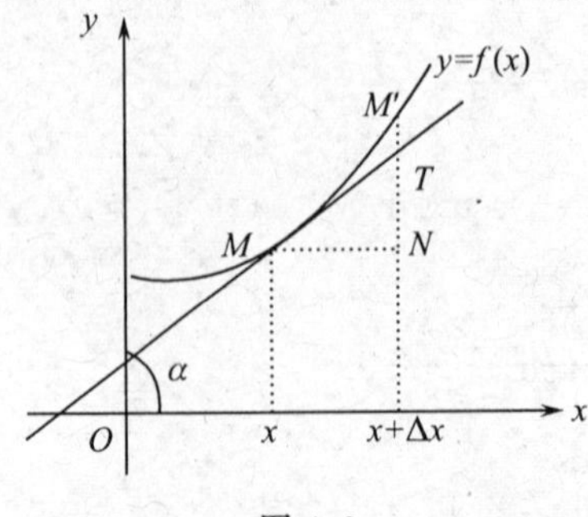

图 4-3

圆形来;用一块块直的砖块(或石块)可以在小河上建造曲的拱桥来.它们的共同特征是,从整体上(宏观)看,构件是曲(直)的,但从微观上看却都是直(或曲)的.正如恩格斯所说的,直和曲在微分中得到了统一.

4.5.5　一阶微分形式的不变性

我们知道,如果函数 $y=f(u)$ 对 u 是可导的,则

(1)当 u 是自变量时,函数的微分为

$$dy=f'(u)du$$

(2)当 u 不是自变量,而是 $u=\varphi(x)$,为 x 的可导函数时,则 y 为 x 的复合函数.根据复合函数的求导公式,y 对 x 的导数为

$$\frac{dy}{dx}=f'(u)\cdot\varphi'(x)$$

于是

$$dy=f'(u)\cdot\varphi'(x)dx$$

但是 $\varphi'(x)dx$ 就是函数 $u=\varphi(x)$ 的微分,即

$$du=\varphi'(x)dx$$

所以

$$dy=f'(u)du$$

由此可见,对函数 $y=f(u)$ 来说,不论 u 是自变量,还是中间变量,它的微分形式同样都是 $dy=f'(u)du$,这一性质称做微分形式的不变性.利用一阶微分形式的不变性求复合函数的微分十分方便.

例 1　求 $y=e^{-ax}\sin bx$ 的微分.

解

$$\begin{aligned}dy&=e^{-ax}d(\sin bx)+\sin bx\,d(e^{-ax})\\&=e^{-ax}\cos bx\,d(bx)+\sin bx\,e^{-ax}d(-ax)\\&=be^{-ax}\cos bx\,dx-ae^{-ax}\sin bx\,dx\\&=e^{-ax}(b\cos bx\,dx-a\sin bx)dx.\end{aligned}$$

例 2　求 $y=\ln\left|x+\sqrt{x^2+a}\right|$ 的微分.

解

$$\begin{aligned}dy&=\frac{d(x+\sqrt{x^2+a})}{x+\sqrt{x^2+a}}=\frac{1}{x+\sqrt{x^2+a}}(dx+d\sqrt{x^2+a})\\&=\frac{1}{x+\sqrt{x^2+a}}\left(1+\frac{x}{\sqrt{x^2+a}}\right)dx=\frac{dx}{\sqrt{x^2+a}}.\end{aligned}$$

注意:函数的一阶微分具有微分形式的不变性,二阶以上的微分就不再具备这种性质了.

4.5.6　微分的应用与近似计算

我们已经知道,如果在点 x_0 函数 $y=f(x)$ 的导数 $f'(x_0)\neq 0$,则当 $\Delta x\to 0$ 时函数的微分 dy 是函数改变量 Δy 的线性主部.于是,当 $|\Delta x|$ 很小时,忽略高阶无穷小,我们有近似公式

$$\Delta y\approx dy=f'(x_0)\Delta x$$

或者

$$\Delta y=f(x_0+\Delta x)-f(x_0)\approx f'(x_0)\Delta x$$

就是

$$f(x_0+\Delta x)\approx f(x_0)+f'(x_0)\Delta x \tag{4.41}$$

例 1 半径为 10cm 的金属圆片加热后，半径伸长了 0.05cm，试问面积增大了多少？

解 以 S 及 R 分别表示该圆片的面积及半径，则

$$S=\pi R^2$$

现在，$R=10\text{cm}$，$\Delta R=0.05\text{cm}$，用 $\mathrm{d}S$ 作为面积增大的近似值

$$\Delta S\approx \mathrm{d}S=S'(R)\Delta R=2\pi R\Delta R=2\pi\cdot 10\cdot 0.05=\pi\text{cm}^2.$$

例 2 求$\sqrt[3]{1.02}$的近似值.

解 考虑函数 $f(x)=\sqrt[3]{x}$，取 $x_0=1$，$\Delta x=0.02$，由式(4.41)

$$\begin{aligned}\sqrt[3]{1.02}&=f(1+\Delta x)\approx f(1)+f'(1)\Delta x=1+\frac{1}{3}\cdot 0.02\\&=1+\frac{1}{150}=\frac{151}{150}\approx 1.0067.\end{aligned}$$

例 3 证明在$|x|$很小时，有下列近似公式成立：

$$\mathrm{e}^x\approx 1+x,\ \ln(1+x)\approx x,\ \sin x\approx x,\ \tan x\approx x,\ \sqrt{1+x}\approx 1+\frac{1}{2}x.$$

证 在式(4.41)中令 $x_0=0$，并将 Δx 换为 x，则有

$$f(x)\approx f(0)+f'(0)\cdot x \tag{4.42}$$

于是，对于函数 e^x，$f(0)=1$，$f'(0)=1$，就得

$$\mathrm{e}^x\approx 1+x$$

类似地，读者自己可以导出其余公式.

我们还可以利用微分来进行误差估计. 如果某个量的精确值为 A，这个量的近似值为 a，那么$|A-a|$叫做 a 的绝对误差，绝对误差与$|a|$的比值$\dfrac{|A-a|}{|a|}$叫做 a 的相对误差.

例 4 设已测得一根圆轴的直径为 43cm，并知在测量中绝对误差不超过 0.2cm，试求以此数据计算圆轴的横截面面积时所引起的误差.

解 由题意圆轴的直径 $D=43\text{cm}$，其绝对误差$|\Delta D|\leqslant 0.2\text{cm}$. 按照所测的直径计算圆轴的横截面面积.

$$S=\frac{1}{4}\pi D^2=\frac{1}{4}\pi(43)^2=462.25\pi\text{cm}^2$$

其绝对误差(R 为圆轴的半径)

$$\begin{aligned}|\Delta S|&\approx|\mathrm{d}S|=|(\pi R^2)'\Delta R|=|2\pi R\cdot\Delta R|\\&=\left|2\pi\cdot\frac{D}{2}\cdot\Delta\left(\frac{D}{2}\right)\right|=\left|\frac{1}{2}\pi D\right|\cdot|\Delta D|\\&=\frac{1}{2}\cdot\pi\cdot(43)\cdot(0.2)=4.3\pi\text{cm}^2\end{aligned}$$

其相对误差

$$\frac{|\Delta S|}{S}\approx\frac{|\mathrm{d}S|}{S}=\frac{\frac{1}{2}\pi D\,|\Delta D|}{\frac{1}{4}\pi D^2}=\frac{2\,|\Delta D|}{D}=\frac{2\times(0.2)}{43}\approx 0.93\%.$$

习　题　4

1. 根据导数的定义求下列函数的导数

(1) $y=x^2+3x-1$；(2) $y=\sin(3x+1)$；(3) $y=\cos(2x-3)$.

2. 给定函数 $f(x)=ax^2+bx+c$，a,b,c 为常数. 试求：

$$f'(x),\quad f'(0),\quad f'\left(\frac{1}{2}\right),\quad f'\left(-\frac{b}{2a}\right).$$

3. 求三次抛物线 $y=x^3$ 在点(2,8)处的切线方程与法线方程.

4. 在抛物线 $y=x^2$ 上哪一点的切线具有下列性质：

(1) 平行于 Ox 轴；　(2)与 Ox 轴构成 45°角.

5. 如果 $f(x)$为偶函数，且 $f'(0)$存在，试证 $f'(0)=0$.

6. 给定函数

$$f(x)=\begin{cases} x^2\sin\dfrac{1}{x}, & x\neq 0 \\ 0, & x=0 \end{cases}$$，讨论 $f(x)$在点 $x=0$ 处的连续性与可导性.

7. 讨论函数 $f(x)=x|x|$在点 $x=0$ 处的可导性.

8. 用导数定义求 $f(x)=\begin{cases} x, & x<0 \\ \ln(1+x), & x\geq 0 \end{cases}$ 在点 $x=0$ 处的导数.

9. 设 $f(x)=\begin{cases} \ln(1+x), & -1<x\leq 0 \\ \sqrt{1+x}-\sqrt{1-x}, & 0<x\leq 1 \end{cases}$，讨论 $f(x)$在点 $x=0$ 处的连续性与可导性.

10. 一球在斜面上向上而滚，在 t 秒之后与开始的距离为 $s=3t-t^2$(单位为 m)，试求其初速度. 又这球何时开始向下滚？

11. 证明下列函数在点 $x=0$ 处的导数不存在

(1) $f(x)=\begin{cases} \dfrac{\sqrt{1+x}-1}{\sqrt{x}}, & x\neq 0 \\ 0, & x=0; \end{cases}$

(2) $f(x)=\begin{cases} x\arctan\dfrac{1}{x}, & x\neq 0 \\ 0, & x=0; \end{cases}$

(3) $f(x)=|\sin x|$.

12. 设 $f(x)=\begin{cases} \dfrac{a}{1+x}, & x\leq 0 \\ 2x+b, & x>0 \end{cases}$，试问 a,b 为何值时，$f(x)$在 $x=0$ 处可导？

13. 求下列各函数的导数(a,b,m,n,p,q 为常量)

(1) $y=3x^2-5x+1$；　(2) $y=2\sqrt{x}-\dfrac{1}{x}+\sqrt[4]{3}$；

(3) $y=\dfrac{mx^2+nx+4p}{p+q}$；　(4) $y=\sqrt{2}(x^3+\sqrt{x}+1)$；

(5) $y=(x+1)^2(x-1)$；　(6) $y=\dfrac{ax^3+bx+c}{(a+b)x}$.

14. 设 $f(x)=\frac{x^2-5x+1}{x^3}$，求 $f'(-1),f'(2),f'\left(\frac{1}{a}\right)$.

15. 设 $s(t)=\frac{3}{5-t}+\frac{t^2}{5}$,求 $s'(0),s'(2)$.

16. 设 $f(x)=(1+x^3)\left(5-\frac{1}{x^2}\right)$,求 $f'(1)$, $f'(a)$.

17. 求下列各函数的导数

(1) $y=\frac{x+1}{x-1}$;　(2) $y=\frac{1-\ln x}{1+\ln x}$;　(3) $y=\frac{x}{1-\cos x}$;

(4) $y=x\sin x+\cos x$;　(5) $y=\tan x-x\cdot\cot x$;

(6) $y=\frac{\sin x}{x}+\frac{x}{\sin x}$;　(7) $y=x\cdot\sin x\cdot\ln x$;

(8) $y=\frac{\sin x}{1+\cos x}$;　(9) $y=\frac{1+\sin^2 x}{\cos(x^2)}$;　(10) $y=\frac{\ln x}{x^n}$;

(11) $y=x\cdot 2^x$;　(12) $y=\frac{1}{\sqrt{1-x^2}}$;　(13) $y=\cos^2 x$;

(14) $y=3^{\sin x}$;　(15) $y=\ln\tan x$;　(16) $y=\sin(2^x)$;

(17) $y=\ln(1+x+\sqrt{2x+x^2})$;　(18) $y=\sin^2 x(\cos 3x)$;

(19) $y=x^2\sin\frac{1}{x}$;　(20) $y=\arctan(1-x^2)$;

(21) $y=e^{-x}\cos 3x$;　(22) $y=\arccos\frac{2}{x}$;

(23) $y=\arctan\sqrt{1-3x}$;　(24) $y=(\arcsin x)^2$;

(25) $y=\frac{\arccos x}{x}$;　(26) $y=\sqrt{x}\cdot\arctan x$;

(27) $y=\frac{\arcsin x}{\sqrt{1-x^2}}$;　(28) $y=x\cdot\sin x\cdot\arctan x$;

(29) $y=\arctan\frac{x+1}{x-1}$;　(30) $y=e^{\arctan\sqrt{x}}$;

(31) $y=x^{\sin x}$;　(32) $y=\left(\frac{x}{1+x}\right)^x$;

(33) $y=(\tan 2x)^{\cot\frac{x}{2}}$;　(34) $y=\sqrt[3]{\frac{1+x^3}{1-x^3}}$.

18. 求下列各隐函数的导数

(1) $x^3+y^3-3axy=0$;　(2) $y^3-3y+2ax=0$;

(3) $x^y=y^x$;　(4) $y^2\cos x=a^2\sin 3x$;

(5) $\cos(xy)=x$;　(6) $y=1+xe^y$;

(7) $y\sin x-\cos(x-y)=0$.

19. 在曲线 $y=\frac{1}{1+x^2}$上求一点,使通过该点的切线平行于 Ox 轴.

20. 参数 a 为何值时,曲线 $y=ax^2$ 与 $y=\ln x$ 相切?

21. 求下列各函数的微分

(1) $y=\sqrt{1-x^2}$；　(2) $y=\dfrac{x}{1-x^2}$；　(3) $y=\mathrm{e}^{-x}\cos x$；

(4) $y=\arcsin\sqrt{x}$；　(5) $y=\sin^n x$；　(6) $y=\tan\dfrac{x}{2}$；

(7) $y=(\mathrm{e}^x+\mathrm{e}^{-x})^2$；　(8) $y=x+\mathrm{e}^y$；　(9) $y=f(\mathrm{e}^x\sin 2x)$.

22. 求下列各式的近似值

(1) $\sqrt[5]{0.95}$；　(2) $\sqrt[3]{8.02}$；　(3) $\ln 1.01$；　(4) $\mathrm{e}^{0.05}$；

(5) $\cos 60°20'$；(6) $\arctan 1.02$.

23. 当$|x|$很小时，证明下列各近似公式成立

(1) $\mathrm{e}^x\approx 1+x$；　(2) $\sqrt[n]{1+x}\approx 1+\dfrac{x}{n}$；

(3) $\sin x\approx x$；　(4) $\ln(1+x)\approx x$.

24. 求下列各函数的二阶导数

(1) $y=x\mathrm{e}^{x^2}$；　(2) $y=\sqrt{a^2+x^2}$；　(3) $y=\cos^2 x\ln x$；

(4) $y=\ln\sin x$；　(5) $y=\sin(x+y)$；　(6) $xy=\mathrm{e}^{x+y}$；

(7) $\mathrm{e}^y+xy=\mathrm{e}$，$y''(0)=?$

25. 试证导数 $S=a\sin wt$ (a,w 为常数)满足关系式

$$\frac{\mathrm{d}^2 s}{\mathrm{d}t^2}+w^2S=0.$$

26. 设 $y=f[\varphi(x)]$，其中 f 及 φ 均为三阶可微分函数，试求$\dfrac{\mathrm{d}^2y}{\mathrm{d}x^2}$ 及 $\dfrac{\mathrm{d}^3y}{\mathrm{d}x^3}$.

27. 求下列函数 n 阶导数的一般表达式

(1) $y=\dfrac{1-x}{1+x}$；(2) $y=x\ln x$；(3) $y=\sin^2 x$；(4) $y=x\mathrm{e}^x$.

28. 证明：

(1) 可导的偶函数的导函数为奇函数；

(2) 可导的奇函数的导函数为偶函数；

(3) 可导的周期函数的导函数为周期函数，且周期不变.

29. 设 $f(x)$在$(-\infty,+\infty)$内可导，且 $F(x)=f(x^2-1)+f(1-x^2)$，证明

$$F'(1)=F'(-1).$$

30. 设 $f(x)=(x-a)\cdot\varphi(x)$，其中 $\varphi(x)$在 $x=a$ 处连续，求 $f'(a)$.
若 $f(x)=|x-a|\varphi(x)$，则 $f'(a)$是否存在？

31. 试证星形线 $x^{\frac{2}{3}}+y^{\frac{2}{3}}=a^{\frac{2}{3}}$ $(a>0)$上任一点的切线介于二坐标轴之间的一段长度等于常数 a.

32. 两船同时从一码头出发，甲船以 30 km/h 的速度向北行驶，乙船以 40 km/h 的速度向东行驶. 试求两船之间的距离增加的速度.

33. 在中午 12 点整，甲船以 6 km/h 的速度向东行驶，乙船在甲船之北 16 km 处以 8 km/h 的速度向南行驶，试求下午 1 点整两船之间距离的变化速度.

34. 落在平静水面之中的石块产生同心波纹. 若最外圈的半径增大率为 6 m/s，试问在 2s 末被扰动水面面积之增大率为多少？

35. 注水入深 8 m、上顶直径 8 m 的正圆锥形容器中,其速度为每分钟 4 m^3,试问当水深为 5 m时,其表面上升的速度为多少?

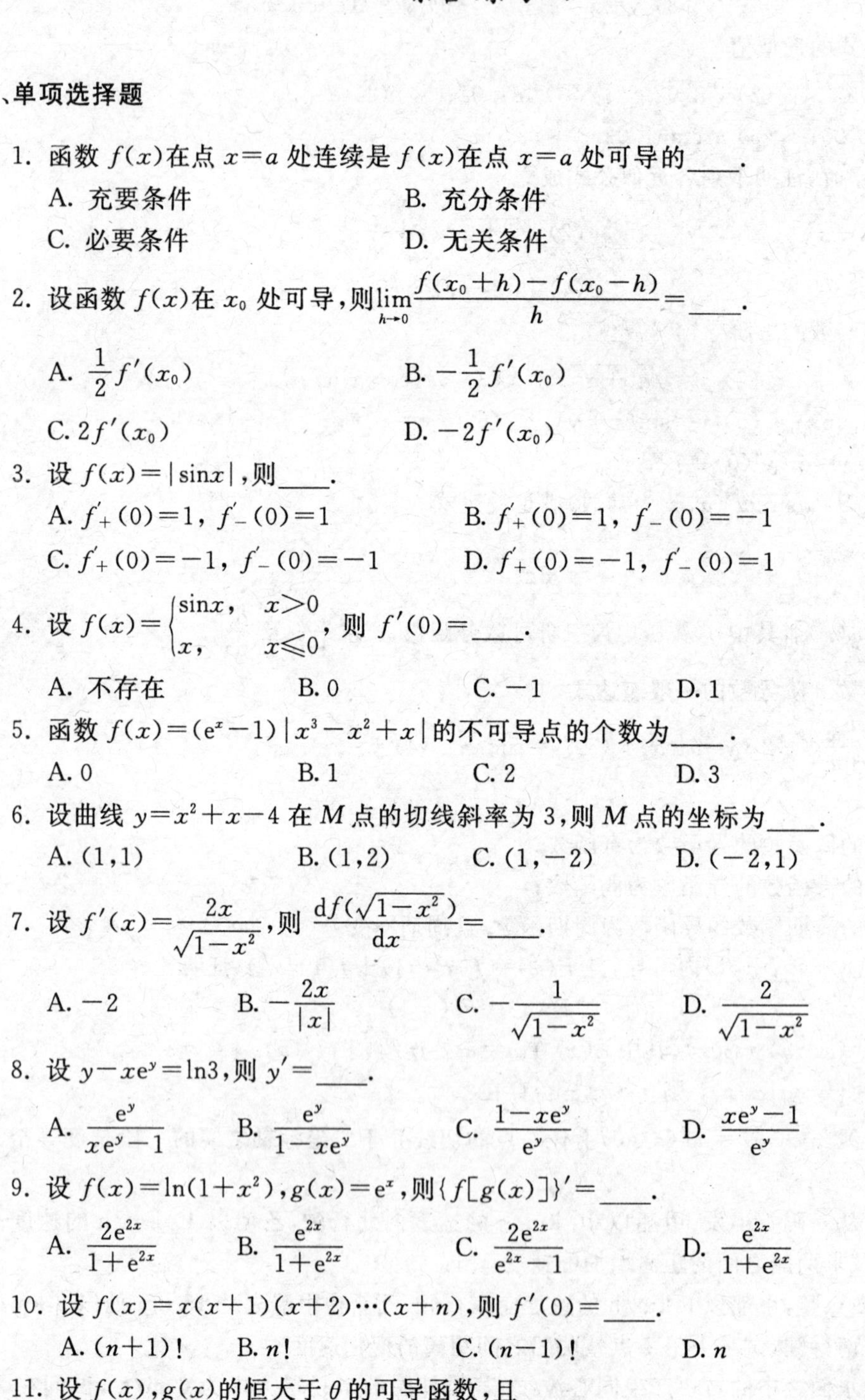

综合练习四

一、单项选择题

1. 函数 $f(x)$在点 $x=a$ 处连续是 $f(x)$在点 $x=a$ 处可导的____.

A. 充要条件　　B. 充分条件

C. 必要条件　　D. 无关条件

2. 设函数 $f(x)$在 x_0 处可导,则$\lim\limits_{h\to 0}\dfrac{f(x_0+h)-f(x_0-h)}{h}=$____.

A. $\frac{1}{2}f'(x_0)$　　B. $-\frac{1}{2}f'(x_0)$

C. $2f'(x_0)$　　D. $-2f'(x_0)$

3. 设 $f(x)=|\sin x|$,则____.

A. $f'_+(0)=1,\ f'_-(0)=1$　　B. $f'_+(0)=1,\ f'_-(0)=-1$

C. $f'_+(0)=-1,\ f'_-(0)=-1$　　D. $f'_+(0)=-1,\ f'_-(0)=1$

4. 设 $f(x)=\begin{cases}\sin x, & x>0\\ x, & x\leqslant 0\end{cases}$,则 $f'(0)=$____.

A. 不存在　　B. 0　　C. -1　　D. 1

5. 函数 $f(x)=(e^x-1)|x^3-x^2+x|$的不可导点的个数为____.

A. 0　　B. 1　　C. 2　　D. 3

6. 设曲线 $y=x^2+x-4$ 在 M 点的切线斜率为 3,则 M 点的坐标为____.

A. (1,1)　　B. (1,2)　　C. (1,-2)　　D. (-2,1)

7. 设 $f'(x)=\dfrac{2x}{\sqrt{1-x^2}}$,则 $\dfrac{\mathrm{d}f(\sqrt{1-x^2})}{\mathrm{d}x}=$____.

A. -2　　B. $-\dfrac{2x}{|x|}$　　C. $-\dfrac{1}{\sqrt{1-x^2}}$　　D. $\dfrac{2}{\sqrt{1-x^2}}$

8. 设 $y-xe^y=\ln 3$,则 $y'=$____.

A. $\dfrac{e^y}{xe^y-1}$　　B. $\dfrac{e^y}{1-xe^y}$　　C. $\dfrac{1-xe^y}{e^y}$　　D. $\dfrac{xe^y-1}{e^y}$

9. 设 $f(x)=\ln(1+x^2)$,$g(x)=e^x$,则$\{f[g(x)]\}'=$____.

A. $\dfrac{2e^{2x}}{1+e^{2x}}$　　B. $\dfrac{e^{2x}}{1+e^{2x}}$　　C. $\dfrac{2e^{2x}}{e^{2x}-1}$　　D. $\dfrac{e^{2x}}{1+e^{2x}}$

10. 设 $f(x)=x(x+1)(x+2)\cdots(x+n)$,则 $f'(0)=$____.

A. $(n+1)!$　　B. $n!$　　C. $(n-1)!$　　D. n

11. 设 $f(x)$,$g(x)$的恒大于 θ 的可导函数,且

$[\ln f(x)]'<[\ln g(x)]'$,则当 $a<x<b$ 时,必有____.

A. $\frac{f(x)}{f(b)}>\frac{g(x)}{g(b)}$　　B. $\frac{f(x)}{f(a)}>\frac{g(x)}{g(b)}$

C. $\frac{f(x)}{f(b)}>\frac{g(b)}{g(x)}$　　D. $\frac{f(x)}{f(a)}>\frac{g(a)}{g(x)}$

二、填空题

1. 设函数 $f(x)$ 在点 x_0 处可导，且 $\lim\limits_{h\to 0}\frac{f(x_0+2h)-f(x_0-h)}{2h}=1$，则 $f'(x_0)=$ ________.

2. 设 $y=\cos^4 x-\sin^4 x$，则 $y^{(n)}=$ ________.

3. 设 $f(t)=\lim\limits_{x\to\infty}t\left(1+\frac{1}{x}\right)^{2tx}$，则 $f'(t)=$ ________.

4. 设 $ye^{xy}-x+1=0$，则 $\left.\frac{\mathrm{d}y}{\mathrm{d}x}\right|_{x=0}=$ ________.

5. 设 $f(x)$ 可导，且 $y=f(\sin^2 x)+f(\cos^2 x)$，则 $\mathrm{d}y=$ ________.

6. 已知 $y'(\sin x)=\cos x, 0\leqslant x\leqslant\frac{\pi}{2}$，则 $y'(x)=$ ________.

7. 设 $f(x)=x^2+x+1, g(t)=at^3-1, \varphi(t)=f[g(t)]$，则 $\varphi^{(6)}\left(\frac{1}{a}\right)=$ ________.

8. 设 $y=(\arctan\sqrt{x})^2$，则 $\mathrm{d}y=$ ________.

9. 曲线 $y=(x+3)\sqrt[3]{3-x}$ 在点 $(-3,0)$ 处的切线方程为________.

10. 设曲线 $y=x^2+3x-5$ 在点 M 处的切线与直线 $y=4x-1$ 平行，则该曲线在点 M 处的切线方程为________.

三、求导数 $y'(x)$

1. $y=\ln\tan\left(\frac{x}{2}+\frac{\pi}{4}\right)$；

2. $y=\ln\sqrt{\frac{1-\sin x}{1+\sin x}}$；

3. $\begin{cases}x=a\cos^3 t\\ y=a\sin^3 t\end{cases}$；

4. $\sqrt{x}+\sqrt{y}=\sqrt{a}$.

四、应用题

溶液自深 18 cm，顶直径 12 cm 的正圆锥漏斗中漏入一直径为 10 cm 的圆柱形筒中，开始时漏斗中盛满了溶液. 已知当溶液在漏斗中深为 12 cm 时，其表面下降的速度为 1 cm/min，试问，此时该圆柱形筒中溶液表面上升的速率为多少？

五、综合题

设 $f(x)=\arcsin x$，证明 $f(x)$ 满足方程

$(1-x^2)f''(x)-xf'(x)=0$，并求 $f^{(n)}(0)$.

六、概念题

设函数 $f(x)$对任意 x 满足 $f(1+x)=af(x)$，且 $f'(0)=b$，(a,b 为常数)，则 $f(x)$在 $x=1$处可导，且 $f'(1)=ab$.

第 5 章　中值定理及导数的应用

本章我们将利用函数的导数来进一步研究关于导数的一些更深刻的性质——这些性质是微分学的理论基础. 因为这些性质都和自变量取值区间内部某个中间值有关,所以总称为中值定理.

§5.1　中 值 定 理

5.1.1　罗尔定理

定理 5.1　(罗尔(Rolle)定理)　若函数 $f(x)$满足条件:

(1)在闭区间$[a,b]$上连续;

(2)在开区间(a,b)内可导;

(3)在区间$[a,b]$的端点,$f(a)=f(b)$.

则在(a,b)内至少存在一点 ξ,使得

$$f'(\xi)=0 \tag{5.1}$$

证　因为函数 $f(x)$在闭区间$[a,b]$上连续,所以 $f(x)$在$[a,b]$上必能取得最大值 M 与最小值 m(参见定理 3.3).

(1)如果 $M=m$,则 $f(x)$在$[a,b]$上恒等于常数 M. 因此,在整个区间(a,b)内恒有 $f'(x)=0$. 所以,区间(a,b)内的每一点都可以取作 ξ. 此时定理显然成立.

(2)如果 $M\neq m$,因 $f(a)=f(b)$,则数 M 与 m 中至少有一个不等于端点的函数值 $f(a)$(或 $f(b)$). 不妨设 $M\neq f(a)$. 于是由闭区间上连续函数的性质,在(a,b)内至少有一点 ξ,使 $f(\xi)=M$. 现只需证明 $f'(\xi)=0$ 即可.

由于 $f(\xi)=M$ 是最大值,所以不论 Δx 为正或为负,均有

$$f(\xi+\Delta x)-f(\xi)\leqslant 0,\ \xi,\ \xi+\Delta x\in(a,b)$$

当 $\Delta x>0$ 时有

$$\frac{f(\xi+\Delta x)-f(\xi)}{\Delta x}\leqslant 0$$

由 $f'(\xi)$的存在及极限的局部符号性(参见定理 2.3)知

$$f'(\xi)=\lim_{\Delta x\to 0^+}\frac{f(\xi+\Delta x)-f(\xi)}{\Delta x}\leqslant 0$$

当 $\Delta x<0$ 时,有

$$\frac{f(\xi+\Delta x)-f(\xi)}{\Delta x}\geqslant 0$$

于是

$$f'(\xi)=\lim_{\Delta x\to 0^-}\frac{f(\xi+\Delta x)-f(\xi)}{\Delta x}\geqslant 0$$

因此,必然有

$$f'(\xi)=0.$$

罗尔定理有明显的几何意义:若连续光滑的曲线$f(x)$(即函数 $f(x)$处处连续可导)的两端的弦 AB 与 Ox 轴平行,则曲线 $f(x)$上至少有一点处的切线与 Ox 轴平行,当然也与弦 AB 平行.如图 5-1 所示.

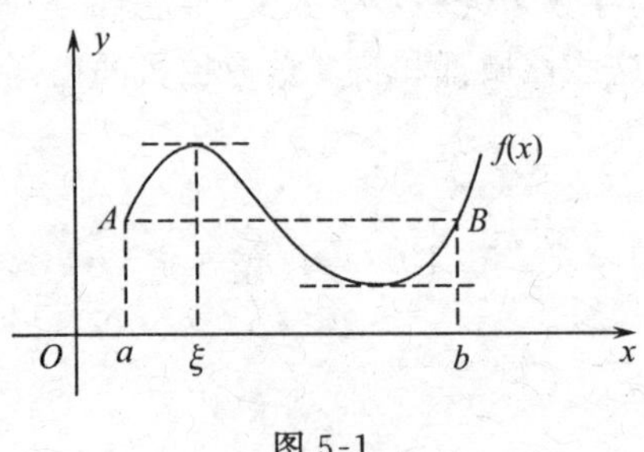

图 5-1

例 1 验证函数 $f(x)=x-x^3$在$[0,1]$上满足罗尔定理条件,并求出点 ξ.

解 显然函数 $f(x)$于$[0,1]$上连续,且在$(0,1)$内可导,又$f(0)=0=f(1)$,故函数 $f(x)$在区间$[0,1]$上满足罗尔定理的三个条件,因此必有点 $\xi\in(0,1)$,使 $f'(\xi)=0$.

令 $f'(x)=0$,得 $1-3x^2=0$

解之,$x_1=\frac{\sqrt{3}}{3}$,$x_2=-\frac{\sqrt{3}}{3}$. $x_2\overline{\in}(0,1)$. 则 $\xi=\frac{\sqrt{3}}{3}$为所求.

推论 5.1 设函数 $f(x)$在区间$[a,b]$上连续,在(a,b)内可导,$x_1,x_2\in(a,b)$是 $f(x)$的两个零点,则在点 x_1,x_2 之间必有导函数$f'(x)$的零点.

请读者注意以下三点:

(1)罗尔定理的三个条件不满足,则定理的结论就可能不成立.如图 5-2 所示的三个函数,因不满足罗尔定理的条件,故不存在点 ξ,使 $f'(\xi)=0$.

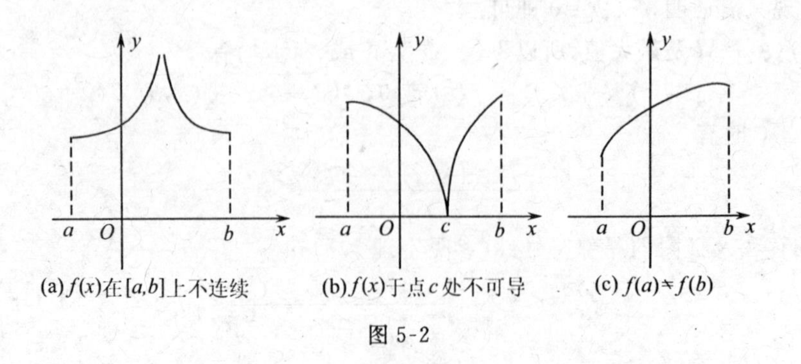

(a) $f(x)$在$[a,b]$上不连续　(b) $f(x)$于点c处不可导　(c) $f(a)\neq f(b)$

图 5-2

(2)罗尔定理的三个条件是充分条件,而非必要条件.例如函数

$$f(x)=\begin{cases}\sin x, & 0\leqslant x\leqslant \dfrac{3\pi}{4}\\ \cos x, & \dfrac{3\pi}{4}<x\leqslant \dfrac{3\pi}{2}\end{cases}$$

如图 5-3 所示. 函数 $f(x)$在点 $x=\dfrac{3\pi}{4}$ 处间断，但在$\left(0,\dfrac{3\pi}{2}\right)$内，存在两个使 $f'(x)=0$ 的点.

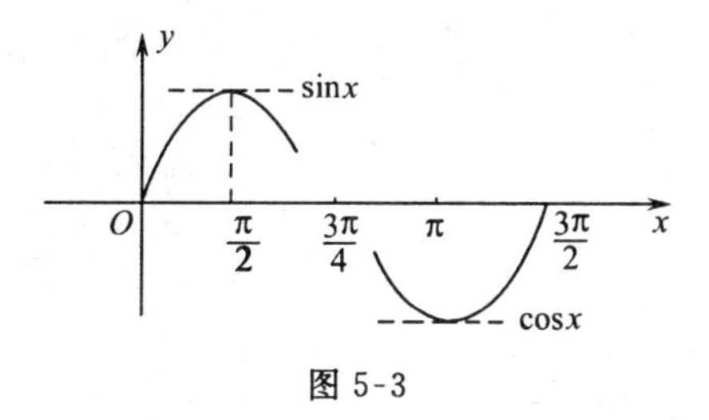

图 5-3

(3)在证明罗尔定理时，我们利用了 M 为 $f(x)$的最大值的性质. 事实上，M 不必为 $f(x)$的最大值，M 只须是点 ξ 的一个很小的邻域内的最大值就可以了，我们将 M 称为极大值，关于这一点，后面还将涉及.

5.1.2　拉格朗日定理

定理 5.2　(拉格朗日(Lagrange)定理)　若函数 $f(x)$满足条件：

(1)在闭区间$[a,b]$上连续；

(2)在开区间(a,b)内可导 .

则在(a,b)内至少存在一点 ξ，使得

$$\frac{f(b)-f(a)}{b-a}=f'(\xi) \tag{5.2}$$

或

$$f(b)-f(a)=f'(\xi)(b-a)\quad (a<\xi<b) \tag{5.3}$$

拉格朗日定理的表述与罗尔定理极为相似. 事实上，拉格朗日定理中，若 $f(a)=f(b)$，则它显然就是罗尔定理. 当$f(a)\neq f(b)$时，连接曲线 $f(x)$两端的弦 AB 与 Ox 轴不平行. 这时，罗尔定理中存在平行于 Ox 轴的切线的结论应改为存在平行于弦 AB 的切线，如图 5-4 所示.

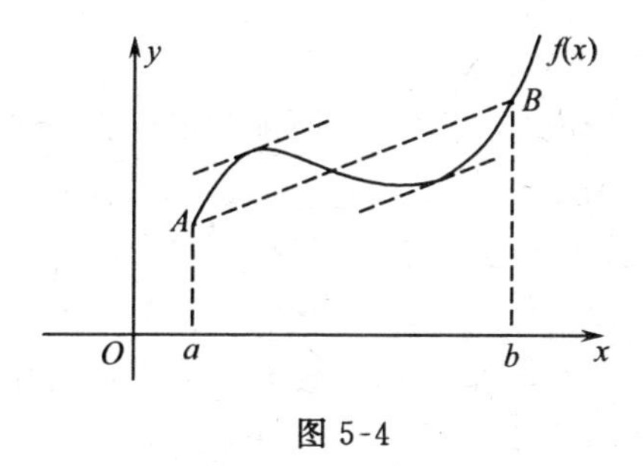

图 5-4

证明的思路是设法将问题转化为罗尔定理的情形. 由于缺少罗尔定理中的第(3)个条

件,我们设法构造一个函数 $F(x)$,使 $F(x)$满足罗尔定理的条件,从而利用罗尔定理.

如何恰当地构造函数 $F(x)$呢?图 5-4 中,弦 AB 的方程为

$$y-f(a)=\frac{f(b)-f(a)}{b-a}(x-a)$$

即

$$y=f(a)+\frac{f(b)-f(a)}{b-a}(x-a)$$

而函数 $f(x)$所确定的曲线(即弧$\widehat{AB}$)与弦 AB 有相同的端点 A、B,因此可以作辅助函数

$$F(x)=f(x)-y=f(x)-f(a)-\frac{f(b)-f(a)}{b-a}(x-a),$$

$F(x)$满足(1)在$[a,b]$上连续,

(2)在(a,b)内可导,

(3)$F(a)=F(b)$.

下面给出拉格朗日定理的证明.

证 作辅助函数

$$F(x)=f(x)-f(a)-\frac{f(b)-f(a)}{b-a}(x-a)$$

则 $F(x)$在$[a,b]$上满足罗尔定理的三个条件.对 $F(x)$在$[a,b]$上应用罗尔定理,知存在点 $\xi\in(a,b)$,使 $F'(\xi)=0$,即

$$f'(\xi)-\frac{f(b)-f(a)}{b-a}=0$$

亦即

$$\frac{f(b)-f(a)}{b-a}=f'(\xi)\quad(a<\xi<b)$$

由于 $\xi\in(a,b)$,可以令

$$\xi=a+\theta(b-a)\quad(0<\theta<1)$$

代入式(5.3),得

$$f(b)-f(a)=f'[a+\theta(b-a)](b-a)\tag{5.4}$$

其中 $0<\theta<1$,这是拉格朗日中值定理的另一种常用形式.

现在我们缩小区间来讨论拉格朗日定理.设 $x,x+\Delta x\in(a,b)$,则有

$$f(x+\Delta x)-f(x)=f'(x+\theta\Delta x)\cdot\Delta x\quad(0<\theta<1)$$

即

$$\Delta y=f'(x+\theta\Delta x)\cdot\Delta x\tag{5.5}$$

另一方面,由于函数的微分 $\mathrm{d}y$ 是 Δy 的线性主部,以 $\mathrm{d}y$ 代替 Δy 必定产生误差;而 $f'(x+\theta\Delta x)\Delta x$则在 Δx 为有限时就是 Δy 的准确表达式.在某些问题中,当自变量 x 取得有限增量 Δx 而需要给出函数增量的准确表达式时,拉格朗日定理就显示出它的价值.因此拉格朗日定理也称做有限增量定理.这个定理在微分学中占有重要位置,有时也称为微分中值定理.

推论 5.2 如果函数 $f(x)$在区间(a,b)内任意一点的导数 $f'(x)$都等于 0,则函数 $f(x)$在(a,b)内恒为一个常数.

证 设 x_1,x_2 是区间(a,b)内任意两点,且 $x_1<x_2$,则 $f(x)$在区间$[x_1,x_2]$上满足拉格朗日定理的两个条件,因此我们有

$$f(x_2)-f(x_1)=f'(\xi)(x_2-x_1),\quad \xi\in(x_1,x_2)$$

由题设知 $f'(\xi)=0$,所以 $f(x_1)=f(x_2)$. 又由于 x_1,x_2 的任意性,知 $f(x)$在(a,b) 内恒为常数.

推论 5.3　如果函数 $f(x)$与 $g(x)$在区间(a,b)内每一点的导数 $f'(x)$、$g'(x)$都相等,则这两个函数在区间(a,b)内至多只相差一个常数.

证　由假设可知,对一切 $x\in(a,b)$,有 $f'(x)=g'(x)$,因此

$$[f(x)-g(x)]'=f'(x)-g'(x)=0$$

由推论 5.2 可得函数 $f(x)-g(x)$在区间(a,b)内为一个常数,设该常数为 C,则有

$$f(x)-g(x)=C.$$

例 1　验证函数 $f(x)=2x-\frac{1}{3}x^3$ 在$[-3,3]$上满足拉格朗日定理条件,并求点 ξ 的值.

解　因为 $f(x)=2x-\frac{1}{3}x^3$ 为一个三次多项式,故 $f(x)$在$[-3,3]$上连续,在$(-3,3)$内可导,满足拉格朗日定理条件.

$$f'(x)=2-x^2$$

令

$$f(3)-f(-3)=f'(\xi)[3-(-3)]$$

即

$$6(2-\xi^2)=-6,\xi^2=3$$

解之得

$$\xi=\pm\sqrt{3}.$$

由于$\pm\sqrt{3}$均落在区间$(-3,3)$内部,所以 $\xi_1=-\sqrt{3}$,$\xi_2=\sqrt{3}$为所求.

例 2　证明:当 $x\in[-1,1]$时,有

$$\arcsin x+\arccos x=\frac{\pi}{2}.$$

证　令

$$f(x)=\arcsin x+\arccos x$$

对$\forall x\in(-1,1)$,$f(x)$都连续、可微,又

$$f'(x)=\frac{1}{\sqrt{1-x^2}}-\frac{1}{\sqrt{1-x^2}}=0$$

由推论 5.2 知在$(-1,1)$内,$f(x)=C$,(C 为常数).

取 $x=0$,得 $f(0)=0+\frac{\pi}{2}=\frac{\pi}{2}=C$,又 $x=\pm1$ 时,$f(\pm1)=\frac{\pi}{2}$,所以当 $x\in[-1,1]$时

$$\arcsin x+\arccos x=\frac{\pi}{2}.$$

例 3　证明当 $x>1$ 时,$e^x>e\cdot x$.

证　方法一　令 $f(x)=\ln x$,$f(x)$在$[1,x]$上满足拉格朗日定理条件,所以有

$$\ln x-\ln 1=\frac{1}{\xi}(x-1),\quad \xi\in(1,x)$$

从而

$$\ln x=\frac{1}{\xi}(x-1)<x-1$$

因此

$$x<e^{x-1}$$

即

$$e^x>e\cdot x.$$

方法二　令 $f(x)=e^x$,$f(x)$在$[1,x]$上满足拉格朗日定理条件,所以有

$$e^x - e^1 = e^\xi (x-1), \quad 1 < \xi < x$$

所以
$$e^x - e > e(x-1)$$

即
$$e^x > e \cdot x.$$

5.1.3 柯西定理

定理 5.3 (柯西(Cauchy)定理) 若函数 $f(x)$和 $F(x)$满足条件:

(1)在闭区间$[a,b]$上连续;

(2)在开区间(a,b)内可导;

(3)$F'(x) \neq 0, \forall x \in (a,b)$.

则在(a,b)内至少存在一点 ξ, 使得

$$\frac{f(b)-f(a)}{F(b)-F(a)} = \frac{f'(\xi)}{F'(\xi)} \quad (a < \xi < b) \tag{5.6}$$

证 由条件(3) $F'(x) \neq 0$,可以肯定 $F(b)-F(a) \neq 0$. 否则,如果 $F(b)-F(a)=0$,则 $F(x)$满足罗尔定理三个条件,因之至少存在一点 $\xi \in (a,b)$,使 $F'(\xi)=0$,这与 $F'(x) \neq 0$, $\forall x \in (a,b)$相矛盾.

仿照拉格朗日定理的证明方法,作辅助函数

$$\phi(x) = f(x) - \frac{f(b)-f(a)}{F(b)-F(a)}[F(x)-F(a)].$$

不难验证 $\phi(x)$在$[a,b]$上满足罗尔定理的三个条件,由罗尔定理,至少存在一点 $\xi \in (a,b)$,使 $\phi'(\xi)=0$. 因为

$$\phi'(x) = f'(x) - \frac{f(b)-f(a)}{F(b)-F(a)} \cdot F'(x)$$

所以
$$\phi'(\xi) = f'(\xi) - \frac{f(b)-f(a)}{F(b)-F(a)} \cdot F'(\xi) = 0$$

即
$$\frac{f(b)-f(a)}{F(b)-F(a)} = \frac{f'(\xi)}{F'(\xi)}.$$

在柯西定理中,若令 $F(x)=x$,则它就是拉格朗日定理了.

*5.1.4 泰勒定理

对于一些较复杂的函数,为了便于研究,往往希望用一些简单的函数来近似表达. 由于用多项式表示的函数,只需对自变量进行有限次的加、减、乘三种算术运算,便能求出它的函数值来,因此我们常常用多项式来近似表达函数.

在微分的应用中已经知道,当$|x|$很小时,有如下的近似等式:$e^x \approx 1+x$;$\ln(1+x) \approx x$;$\sin x \approx x$ 等. 这些都是用一次多项式来近似表达的函数的例子. 显然,在 $x=0$ 处这些一次多项式及其一阶导数的值,分别等于被近似表达的函数及其导数的相应值.

但是这种近似表达式也存在着不足之处:首先是精确度不高,这种近似表达式所产生的误差仅是关于 x 的高阶无穷小;其次是用这种近似表达式来作近似计算时不能具体估计出误差的大小. 因此对于精确度要求较高且需要估计误差的时候,就必须用更高次的多项式来近似表达函数,同时给出误差公式.

于是提出如下问题:设函数 $f(x)$在含有 x_0 的开区间内具有直到$(n+1)$阶导数,试找出

一个关于$(x-x_0)$的 n 次多项式

$$P_n(x)=a_0+a_1(x-x_0)+a_2(x-x_0)^2+\cdots+a_n(x-x_0)^n \tag{5.7}$$

来近似表达 $f(x)$，要求 $P_n(x)$与 $f(x)$之差是比$(x-x_0)^n$ 更高阶的无穷小，并给出误差$|f(x)-P_n(x)|$的具体表达式.

下面我们来讨论这个问题. 假设 n 次多项式 $P_n(x)$在点 x_0 处的函数值及 $P_n(x)$的直到 n 阶导数在 x_0 处的导数值依次与 $f(x_0),f'(x_0),\cdots,f^{(n)}(x_0)$相等，即满足

$$P_n(x_0)=f(x_0),P'_n(x_0)=f'(x_0),P''_n(x_0)=f''(x_0),\cdots,P_n^{(n)}(x_0)=f^{(n)}(x_0).$$

按这些等式来确定多项式(5.7)的系数 $a_0,a_1,\cdots,a_n$. 为此，对式(5.7)求各阶导数，然后分别代入以上等式，得到

$$a_0=f(x_0),1!a_1=f'(x_0),\ 2!a_2=f''(x_0),\cdots,n!a_n=f^{(n)}(x_0),$$

即

$$a_0=f(x_0),a_1=f'(x_0),a_2=\frac{1}{2!}f''(x_0),\cdots,a_n=\frac{1}{n!}f^{(n)}(x_0).$$

将所求得的系数 $a_1,a_2,\cdots,a_n$代入式(5.7)，有

$$P_n(x)=f(x_0)+f'(x_0)(x-x_0)+\frac{f''(x_0)}{2!}(x-x_0)^2+\cdots+\frac{f^{(n)}(x_0)}{n!}(x-x_0)^n \tag{5.8}$$

下面介绍的泰勒定理表明，多项式(5.8)就是我们所要求的 n 次多项式.

定理 5.4　(泰勒(Taylor)定理)　如果函数 $f(x)$在含有 x_0的某个开区间(a,b)内具有直到$(n+1)$阶的导数，则当 x 在(a,b)内时，$f(x)$可以表示为$(x-x_0)$的一个 n 次多项式与一个余项 $r_n(x)$之和

$$f(x)=f(x_0)+f'(x_0)(x-x_0)+\frac{f''(x_0)}{2!}(x-x_0)^2+\cdots+\frac{f^{(n)}(x_0)}{n!}(x-x_0)^n+r_n(x) \tag{5.9}$$

其中

$$r_n(x)=\frac{f^{(n+1)}(\xi)}{(n+1)!}(x-x_0)^{n+1} \tag{5.10}$$

这里，ξ 是 x_0 与 x 之间的某个值.

证　令 $r_n(x)=f(x)-P_n(x)$. 故我们只需证明

$$r_n(x)=\frac{f^{(n+1)}(\xi)}{(n+1)!}(x-x_0)^{n+1}\quad(\xi\text{ 在 }x_0\text{ 与 }x\text{ 之间}).$$

由假设可知，$r_n(x)$在(a,b)内具有直到$(n+1)$阶的导数，且

$$r_n(x_0)=r'_n(x_0)=r''_n(x_0)=\cdots=r_n^{(n)}(x_0)=0$$

对两个函数 $r_n(x)$与$(x-x_0)^{n+1}$在以 x_0 与 x 为端点的区间上应用柯西中值定理(这两个函数均满足柯西中值定理的条件)，得

$$\frac{r_n(x)}{(x-x_0)^{n+1}}=\frac{r_n(x)-r_n(x_0)}{(x-x_0)^{n+1}-0}=\frac{r'_n(\xi_1)}{(n+1)(\xi_1-x_0)^n}\quad(\xi_1\text{ 在 }x_0\text{ 与 }x\text{ 之间})$$

再对两个函数 $r'_n(x)$与$(n+1)(x-x_0)^n$ 在以 x_0 与 ξ_1 为端点的区间上应用柯西中值定理，得

$$\frac{r'_n(\xi_1)}{(n+1)(\xi_1-x_0)^n}=\frac{r'_n(\xi_1)-r'_n(x_0)}{(n+1)(\xi_1-x_0)^n-0}$$

$$=\frac{r''_n(\xi_2)}{(n+1)\cdot n(\xi_2-x_0)^{n-1}}\quad(\xi_2\text{ 在 }x_0\text{ 与 }\xi_1\text{ 之间}).$$

依此方法继续下去,经过$(n+1)$阶导数后,得

$$\frac{r_n(x)}{(x-x_0)^{n+1}}=\frac{r_n^{(n+1)}(\xi)}{(n+1)!}$$

(ξ在x_0与ξ_n之间,因而也在x_0与x之间).注意到

$$r_n^{(n+1)}(x)=f^{(n+1)}(x)\quad(\text{因 } P_n^{(n+1)}(x)=0)$$

则由上式,有$r_n(x)=\dfrac{f^{(n+1)}(\xi)}{(n+1)!}(x-x_0)^{n+1}$,($\xi$在$x_0$与$x$之间).

多项式(5.8)称为函数$f(x)$按$(x-x_0)$的幂展开的n次近似多项式,公式(5.9)称为$f(x)$按$(x-x_0)$的幂展开的n阶泰勒公式,而$r_n(x)$的表达式(5.10)称为拉格朗日型余项.

当$n=0$时,泰勒公式即为拉格朗日中值公式

$$f(x)=f(x_0)+f'(\xi)(x-x_0)\quad(\xi\text{ 在 }x_0\text{ 与 }x\text{ 之间})$$

因此,泰勒定理是拉格朗日中值定理的推广.

由定理5.4可知,以多项式$P_n(x)$近似表达函数$f(x)$时,其误差为$|r_n(x)|$.如果对某个固定的n,当x在开区间(a,b)内变动时,$|f^{(n+1)}(x)|$总不超过一个常数M,则有估计式

$$|r_n(x)|=\left|\frac{f^{(n+1)}(\xi)}{(n+1)!}(x-x_0)^{n+1}\right|\leqslant\frac{M}{(n+1)!}|x-x_0|^{n+1}\tag{5.11}$$

及

$$\lim_{x\to x_0}\frac{r_n(x)}{(x-x_0)^n}=0$$

由此可见,当$x\to x_0$时误差$|r_n(x)|$是比$(x-x_0)^n$高阶的无穷小,即

$$r_n(x)=o[(x-x_0)^n].$$

在不需要余项的精确表达式时,n阶泰勒公式也可以写成

$$f(x)=f(x_0)+f'(x_0)(x-x_0)+\frac{f''(x_0)}{2!}(x-x_0)^2+\cdots+\frac{f^{(n)}(x_0)}{n!}(x-x_0)^n+o[(x-x_0)^n]\tag{5.12}$$

在泰勒公式(5.9)中,如果取$x_0=0$,则ξ在0与x之间,因此可以记$\xi=\theta x(0<\theta<1)$,从而泰勒公式变为较简单的形式

$$f(x)=f(0)+f'(0)x+\frac{f''(0)}{2!}x^2+\cdots+\frac{f^{(n)}(0)}{n!}x^n+\frac{f^{(n+1)}(\theta x)}{(n+1)!}x^{n+1},\quad(0<\theta<1)\tag{5.13}$$

式(5.13)称为麦克劳林(Maclaurin)公式,余项$\dfrac{f^{(n+1)}(\theta x)}{(n+1)!}x^{n+1}$称为麦克劳林型的余项.

式(5.13)也可以表示成

$$f(x)=f(0)+f'(0)x+\frac{f''(0)}{2!}x^2+\cdots+\frac{f^{(n)}(0)}{n!}x^n+o(x^n)\tag{5.14}$$

因而有近似公式

$$f(x)\approx f(0)+f'(0)x+\frac{f''(0)}{2!}x^2+\cdots+\frac{f^{(n)}(0)}{n!}x^n\tag{5.15}$$

误差估计式(5.10)相应地变成

$$|r_n(x)|\leqslant\frac{M}{(n+1)!}|x|^{n+1}.\tag{5.16}$$

例 1　写出函数 $f(x)=e^x$ 的 n 阶麦克劳林公式.

解　因为

$$f'(x)=f''(x)=\cdots=f^{(n)}(x)=e^x$$

所以
$$f(0)=f'(0)=f''(0)=\cdots=f^{(n)}(0)=1$$

将这些值代入式(5.13),并注意到 $f^{(n+1)}(\theta x)=e^{\theta x}$,得

$$e^x=1+x+\frac{1}{2!}x^2+\frac{1}{3!}x^3+\cdots+\frac{1}{n!}x^n+\frac{e^{\theta x}}{(n+1)!}x^{n+1}\quad(0<\theta<1).$$

由 e^x 的表达式可知,若将 e^x 用它的 n 次近似多项式表达为

$$e^x\approx 1+x+\frac{1}{2!}x^2+\cdots+\frac{1}{n!}x^n$$

这时所产生的误差为

$$|r_n(x)|=\left|\frac{e^{\theta x}}{(n+1)!}x^{n+1}\right|<\frac{e^{|x|}}{(n+1)!}|x|^{n+1}\quad(0<\theta<1).$$

如果取 $x=1$,则得无理数 e 的近似式为

$$e\approx 1+1+\frac{1}{2!}+\frac{1}{3!}+\cdots+\frac{1}{n!}\tag{5.17}$$

其误差为
$$|r_n|<\frac{e}{(n+1)!}<\frac{3}{(n+1)!}.$$

当 $n=10$ 时,可以计算出 $e\approx 2.718\,282$,其误差不超过 10^{-6}.

例 2　求 $f(x)=\sin x$ 的 n 阶麦克劳林公式.

解　因为

$$f'(x)=\cos x, f''(x)=-\sin x, f'''(x)=-\cos x$$

$$f^{(4)}(x)=\sin x,\cdots,f^{(n)}(x)=\sin\left(\frac{n\pi}{2}+x\right)$$

所以,$f(0)=0, f'(0)=1, f''(0)=0, f'''(0)=-1, f^{(4)}(0)=0$ 等.它们顺序循环地取四个数:0,1,0,−1.于是,按式(5.13),得(令 $n=2m$)

$$\sin x=x-\frac{1}{3!}x^3+\frac{1}{5!}x^5-\cdots+(-1)^{m-1}\frac{1}{(2m-1)!}x^{2m-1}+r_{2m}$$

其中

$$r_{2m}=\frac{\sin\left[\frac{(2m+1)\pi}{2}+\theta x\right]}{(2m+1)!}x^{2m+1}\quad(0<\theta<1)$$

如果取 $m=1$,则得近似公式

$$\sin x\approx x$$

这时误差为

$$|r_2|=\left|\frac{\sin\left(\frac{3}{2}\pi+\theta x\right)}{3!}x^3\right|\leqslant\frac{1}{6}|x|^3\quad(0<\theta<1)$$

如果 m 分别取 2 和 3,则可得 $\sin x$ 的 3 次和 5 次近似多项式

$$\sin x\approx x-\frac{x^3}{3!}\text{ 和 }\sin x\approx x-\frac{x^3}{3!}+\frac{x^5}{5!}$$

其误差的绝对值分别不超过$\frac{1}{5!}|x|^5$和$\frac{1}{7!}|x|^7$.

以上三个近似多项式及正弦函数的图形如图 5-5 所示,以便于比较.

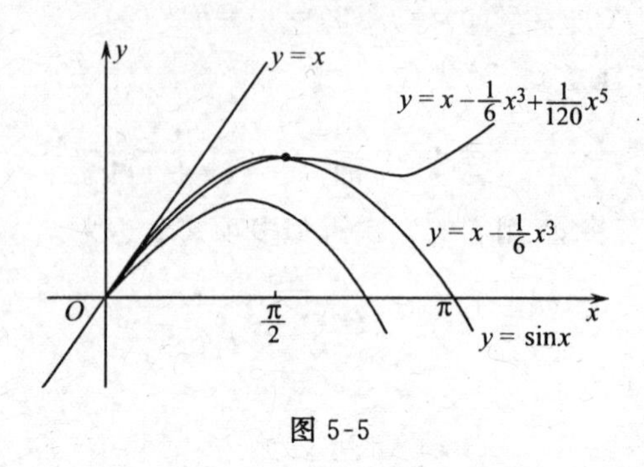

图 5-5

§5.2 未定式的极限

若两个函数$f(x)$与$F(x)$,当$x\to a$(或$x\to\infty$,或$x\to a^+$,$x\to a^-$等)时都趋于零,或都趋于无穷大,这时极限$\lim\limits_{\substack{x\to a\\ 或x\to\infty}}\frac{f(x)}{F(x)}$可能存在,也可能不存在.通常把这种极限称为"$\frac{0}{0}$"型或"$\frac{\infty}{\infty}$"型未定式.对于这类极限,即使极限存在,在求极限时也不能用"商的极限等于极限的商"这一法则.

本节我们将给出求这类未定式极限的有效法则——洛必达(L'Hospital)法则.这一法则的理论基础是柯西中值定理.

定理 5.5 (洛必达法则) 设函数$f(x)$与$F(x)$满足条件:

(1)$\lim\limits_{x\to a}f(x)=\lim\limits_{x\to a}F(x)=0$;

(2)在点a的某个邻域内(点a可以除外)可导,且$F'(x)\neq 0$;

(3)$\lim\limits_{x\to a}\frac{f'(x)}{F'(x)}=A$(或$\infty$).

则必有

$$\lim_{x\to a}\frac{f(x)}{F(x)}=\lim_{x\to a}\frac{f'(x)}{F'(x)}=A(或\ \infty). \tag{5.18}$$

这就是说,当$\lim\limits_{x\to a}\frac{f'(x)}{F'(x)}$存在时,$\lim\limits_{x\to a}\frac{f(x)}{F(x)}$也存在且两极限相等;当$\lim\limits_{x\to a}\frac{f'(x)}{F'(x)}$为无穷大时,$\lim\limits_{x\to a}\frac{f(x)}{F(x)}$也为无穷大.这种在一定条件下通过分子、分母分别求导数再求极限来确定未定式的值的法则称为洛必达法则.

证 我们在点$x=a$处补充定义函数值

$$f(a)=F(a)=0$$

则$f(x)$与$F(x)$在点a的某邻域内连续.设x为这个邻域内的任意一点,如设$x>a$(或$x<a$),则在区间$[a,x]$(或$[x,a]$)上,$f(x)$与$F(x)$满足柯西定理的全部条件,因此有

$$\frac{f(x)}{F(x)}=\frac{f(x)-f(a)}{F(x)-F(a)}=\frac{f'(\xi)}{F'(\xi)}\quad (a<\xi<x)(\text{或 } x<\xi<a)$$

显然当 $x\to a$ 时 $\xi\to a$. 于是,对上式两边求极限

$$\lim_{x\to a}\frac{f(x)}{F(x)}=\lim_{x\to a}\frac{f'(\xi)}{F'(\xi)}=\lim_{\xi\to a}\frac{f'(\xi)}{F'(\xi)}=\lim_{x\to a}\frac{f'(x)}{F'(x)}=A(\text{或 }\infty).$$

如果$\frac{f'(x)}{F'(x)}$当 $x\to a$ 时仍属"$\frac{0}{0}$"型,且这时 $f'(x)$ 与 $F'(x)$ 仍满足定理中 $f(x)$ 与 $F(x)$ 应满足的条件,则可以继续应用洛必达法则,先确定$\lim\limits_{x\to a}\frac{f'(x)}{F'(x)}$,从而确定$\lim\limits_{x\to a}\frac{f(x)}{F(x)}$,即有

$$\lim_{x\to a}\frac{f(x)}{F(x)}=\lim_{x\to a}\frac{f'(x)}{F'(x)}=\lim_{x\to a}\frac{f''(x)}{F''(x)}.$$

且可以依此类推,直到求出所要求的极限. 如果无法断定$\frac{f'(x)}{F'(x)}$的极限状态,或能断定它振荡而无极限,则洛必达法则失效. 这时需考虑采用其他方法来判断未定式$\frac{f(x)}{F(x)}$的极限.

例 1　求$\lim\limits_{x\to 0}\frac{\sin ax}{\sin bx}\quad (b\neq 0)$.

解
$$\lim_{x\to 0}\frac{\sin ax}{\sin bx}=\lim_{x\to 0}\frac{a\cos ax}{b\cos bx}=\frac{a}{b}.$$

例 2　求$\lim\limits_{x\to 0}\frac{x-\sin x}{x^3}$.

解
$$\lim_{x\to 0}\frac{x-\sin x}{x^3}=\lim_{x\to 0}\frac{1-\cos x}{3x^2}=\lim_{x\to 0}\frac{\sin x}{6x}=\frac{1}{6}.$$

例 3　求$\lim\limits_{x\to 0}\frac{(1+x)^\mu-1}{x}$.

解
$$\lim_{x\to 0}\frac{(1+x)^\mu-1}{x}=\lim_{x\to 0}\frac{\mu(1+x)^{\mu-1}}{1}=\mu.$$

例 4　求$\lim\limits_{x\to 0}\frac{\ln(1+x)}{x^2}$.

解
$$\lim_{x\to 0}\frac{\ln(1+x)}{x^2}=\lim_{x\to 0}\frac{\frac{1}{1+x}}{2x}=\lim_{x\to 0}\frac{1}{2x(1+x)}=\infty.$$

例 5　求$\lim\limits_{x\to 1}\frac{x^3-3x+2}{x^3-x^2-x+1}$.

解
$$\lim_{x\to 1}\frac{x^3-3x+2}{x^3-x^2-x+1}=\lim_{x\to 1}\frac{3x^2-3}{3x^2-2x-1}=\lim_{x\to 1}\frac{6x}{6x-2}=\frac{6}{4}=\frac{3}{2}.$$

注意例 5 中的$\lim\limits_{x\to 1}\frac{6x}{6x-2}$已不是未定式,不能对它再应用洛必达法则,否则将导致错误结果. 因此在连续应用洛必达法则求极限时应特别注意计算的每一步是否已将未定式转化为定式. 一旦成为定式,极限值已确定,就不能再用洛必达法则.

例 6　求$\lim\limits_{x\to 0}\frac{x^2\sin\frac{1}{x}}{\sin x}$.

解 这个问题是属于“$\frac{0}{0}$”型未定式. 但分子、分母分别求导数后,极限式成为

$\lim\limits_{x\to 0}\dfrac{2x\sin\dfrac{1}{x}-\cos\dfrac{1}{x}}{\cos x}$,此式振荡无极限,故洛必达法则失效.

显然原式的极限是存在的,因为

$$\lim_{x\to 0}\frac{x^2\sin\dfrac{1}{x}}{\sin x}=\lim_{x\to 0}\left(\frac{x}{\sin x}\cdot x\sin\frac{1}{x}\right)$$

$$=\lim_{x\to 0}\frac{x}{\sin x}\cdot\lim_{x\to 0}x\sin\frac{1}{x}=1\cdot 0=0.$$

可以证明,对于“$\frac{\infty}{\infty}$”型未定式的极限,有如下定理.

定理 5.6 设函数 $f(x)$ 与 $F(x)$ 满足条件:

(1)$\lim\limits_{x\to a}f(x)=\lim\limits_{x\to a}F(x)=\infty$;

(2)在点 a 的某邻域内(点 a 可以除外)可导,且 $F'(x)\neq 0$;

(3)$\lim\limits_{x\to a}\dfrac{f'(x)}{F'(x)}=A$(或$\infty$).

则必有

$$\lim_{x\to a}\frac{f(x)}{F(x)}=\lim_{x\to a}\frac{f'(x)}{F'(x)}=A(\text{或 }\infty) \tag{5.19}$$

例 7 求$\lim\limits_{x\to\frac{\pi}{2}}\dfrac{\tan x}{\tan 3x}$.

解 $\lim\limits_{x\to\frac{\pi}{2}}\dfrac{\tan x}{\tan 3x}=\lim\limits_{x\to\frac{\pi}{2}}\dfrac{\dfrac{1}{\cos^2 x}}{\dfrac{3}{\cos^2 3x}}=\dfrac{1}{3}\lim\limits_{x\to\frac{\pi}{2}}\dfrac{\cos^2 3x}{\cos^2 x}=\dfrac{1}{3}\lim\limits_{x\to\frac{\pi}{2}}\dfrac{2\cos 3x\cdot(-3\sin 3x)}{2\cos x\cdot(-\sin x)}$

$$=\lim_{x\to\frac{\pi}{2}}\frac{\sin 6x}{\sin 2x}=\lim_{x\to\frac{\pi}{2}}\frac{6\cos 6x}{2\cos 2x}=3.$$

例 8 求 $\lim\limits_{x\to 0^+}\dfrac{\ln\cot x}{\ln x}$.

解 $\lim\limits_{x\to 0^+}\dfrac{\ln\cot x}{\ln x}=\lim\limits_{x\to 0^+}\dfrac{\dfrac{1}{\cot x}\cdot\left(-\dfrac{1}{\sin^2 x}\right)}{\dfrac{1}{x}}$

$$=-\lim_{x\to 0^+}\frac{x}{\sin x\cos x}=-\lim_{x\to 0^+}\frac{x}{\sin x}\cdot\lim_{x\to 0^+}\frac{1}{\cos x}=-1.$$

将定理 5.5 与定理 5.6 中的 $x\to a$ 改为 $x\to\infty$ 时,洛必达法则同样有效,即同样有

$$\lim_{x\to\infty}\frac{f(x)}{F(x)}=\lim_{x\to\infty}\frac{f'(x)}{F'(x)}=A(\text{或 }\infty).$$

例 9 求 $\lim\limits_{x\to+\infty}\dfrac{\ln x}{x^\mu}$ $(\mu>0)$.

解
$$\lim_{x\to+\infty}\frac{\ln x}{x^\mu}=\lim_{x\to+\infty}\frac{\dfrac{1}{x}}{\mu x^{\mu-1}}=\lim_{x\to+\infty}\frac{1}{\mu x^\mu}=0.$$

例 10　求 $\lim\limits_{x\to+\infty}\dfrac{x^n}{e^{\lambda x}}$　$(n\in N,\lambda>0)$.

解　连续运用 n 次洛必达法则，有

$$\lim_{x\to+\infty}\frac{x^n}{e^{\lambda x}}=\lim_{x\to+\infty}\frac{nx^{n-1}}{\lambda e^{\lambda x}}=\cdots=\lim_{x\to+\infty}\frac{n!}{\lambda^n e^{\lambda x}}=0.$$

事实上，例 10 中的 n 如果不是正整数而是任何正数，那么极限值仍为 0.

洛必达法则不仅能用来解决"$\dfrac{0}{0}$"型与"$\dfrac{\infty}{\infty}$"型未定式的极限问题，还可以用来解决诸如 $0\cdot\infty,0^0,\infty^0,1^\infty,\infty-\infty$ 等型的未定式的极限问题. 解决上述几类未定式的极限问题的办法，就是经过适当的变形，将它们化为"$\dfrac{0}{0}$"型或"$\dfrac{\infty}{\infty}$"型未定式，再利用洛必达法则求极限.

例 11　求 $\lim\limits_{x\to+\infty}x\left(\dfrac{\pi}{2}-\arctan x\right)$　($\infty\cdot 0$ 型).

解　$$原式=\lim_{x\to+\infty}\frac{\dfrac{\pi}{2}-\arctan x}{\dfrac{1}{x}}\quad\left(\frac{0}{0}型\right)=\lim_{x\to+\infty}\frac{-\dfrac{1}{1+x^2}}{-\dfrac{1}{x^2}}=\lim_{x\to+\infty}\frac{x^2}{1+x^2}=1.$$

例 12　求 $\lim\limits_{x\to0^+}x^x$　(0^0 型).

解法 1　$原式=\lim\limits_{x\to0^+}e^{x\ln x}=e^{\lim\limits_{x\to0^+}x\ln x}$，因为

$$\lim_{x\to0^+}x\ln x=\lim_{x\to0^+}\frac{\ln x}{\dfrac{1}{x}}=\lim_{x\to0^+}\frac{\dfrac{1}{x}}{-\dfrac{1}{x^2}}=\lim_{x\to0^+}(-x)=0$$

所以
$$\lim_{x\to0^+}x^x=e^{\lim\limits_{x\to0^+}x\ln x}=e^0=1.$$

解法 2　设 $y=x^x$，取自然对数，得

$$\ln y=x\ln x$$

对上式两端取极限

$$\lim_{x\to0^+}\ln y=\lim_{x\to0^+}x\ln x=0$$

因为
$$y=e^{\ln y}$$

所以
$$\lim_{x\to0^+}y=\lim_{x\to0^+}x^x=\lim_{x\to0^+}e^{\ln y}=e^{\lim\limits_{x\to0^+}\ln y}=e^0=1.$$

在使用洛必达法则时，如果预先能将极限式简化或应用等价无穷小量的代换等方法，可以使求极限运算简化.

例 13　求 $\lim\limits_{x\to0}\dfrac{\tan x-\sin x}{\sin^3x}$.

解　因为当 $x\to0$ 时，$x\sim\sin x$，所以

$$原式=\lim_{x\to0}\frac{\tan x-\sin x}{x^3}=\lim_{x\to0}\frac{\sin x}{x}\left(\frac{1-\cos x}{x^2\cos x}\right)$$

$$=\lim_{x\to0}\frac{\sin x}{x}\cdot\lim_{x\to0}\frac{1-\cos x}{x^2}\lim_{x\to0}\frac{1}{\cos x}=\lim_{x\to0}\frac{1-\cos x}{x^2}=\lim_{x\to0}\frac{\sin x}{2x}=\frac{1}{2}.$$

最后我们着重指出,洛必达法则是求未定式极限的一个有效的方法.当定理的条件满足时,所求的极限当然存在(或为∞).当定理的条件不满足时,所求极限不一定存在.还应指出,当 $\lim\limits_{\substack{x\to a\\(\text{或}x\to\infty)}}\dfrac{f'(x)}{F'(x)}$不存在又非为$\infty$时,并不说明 $\lim\limits_{\substack{x\to a\\(\text{或}x\to\infty)}}\dfrac{f(x)}{F(x)}$不存在.这时应利用其他的方法来判断极限 $\lim\limits_{\substack{x\to a\\(\text{或}x\to\infty)}}\dfrac{f(x)}{F(x)}$是否存在.

§5.3 函数单调性的判定法

在第1章中我们已经给出了函数在某个区间内单调增减的定义.本节我们利用函数导数的符号变化来判定函数的增减性.

首先,我们从几何上直观地分析函数增、减的意义.如果在区间(a,b)内,曲线$f(x)$上每一点的切线斜率都为正值,即$\tan\alpha=f'(x)>0$则曲线是上升的,即函数$f(x)$是单调增加的,如图5-6所示.又如果切线斜率都为负值,即$\tan\alpha=f'(x)<0$,则曲线是下降的,亦即函数$f(x)$是单调减少的,如图5-7所示.

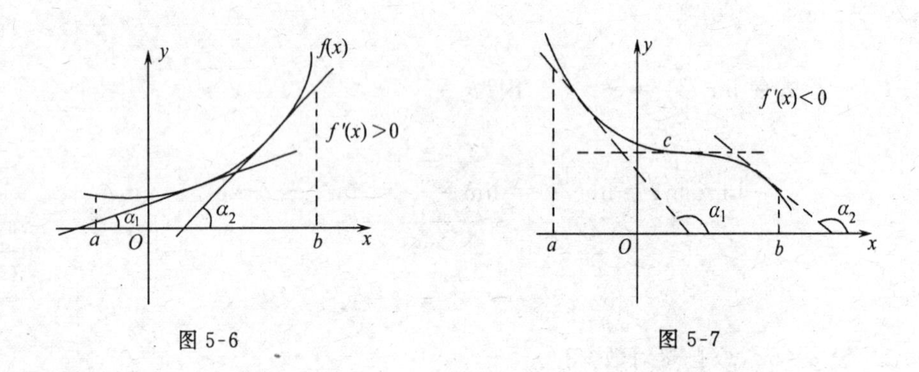

图5-6　　图5-7

对于上升或下降的曲线,其切线在个别点可能平行于Ox轴(即导数等于0),如图5-7中的点c.

由此可见,函数的单调性与导数的符号有着密切的联系.反之,能否用导数的符号来判定函数的单调性呢?

下面,我们利用拉格朗日中值定理来进行讨论.

设函数$f(x)$在$[a,b]$上连续,在(a,b)内可导.在$[a,b]$内任取两点$x_1,x_2(x_1<x_2)$,由拉格朗日定理,得到

$$f(x_2)-f(x_1)=f'(\xi)(x_2-x_1)\quad(x_1<\xi<x_2)\tag{5.20}$$

因为$x_2>x_1$,因此,如果在(a,b)内导数$f'(x)$保持正号,即$f'(x)>0$,也有$f'(\xi)>0$,于是

$$f(x_2)-f(x_1)=f'(\xi)(x_2-x_1)>0$$

即

$$f(x_1)<f(x_2)$$

上式表明函数$y=f(x)$在$[a,b]$上单调增加.同理,如果在(a,b)内导数$f'(x)$保持负号,即$f'(x)<0$,因而$f'(\xi)<0$,于是$f(x_2)-f(x_1)<0$,亦即$f(x_1)>f(x_2)$,这说明函数$y=f(x)$

在$[a,b]$上单调减少.

归纳以上的分析讨论,我们给出判定函数单调性的定理.

定理 5.7 设函数 $y=f(x)$在区间$[a,b]$上连续,在区间(a,b)内可导,于是:

(1)如果在(a,b)内 $f'(x)>0$,则函数 $y=f(x)$在$[a,b]$上单调增加;

(2)如果在(a,b)内 $f'(x)<0$,则函数 $y=f(x)$在$[a,b]$上单调减少.

如果将定理中的有限区间换为无穷区间,定理 5.7 仍然成立.

例 1 判定函数 $y=x-\sin x$ 在$[0,2\pi]$上的单调性.

解 因为在$(0,2\pi)$内 $y'=1-\cos x>0$,所以函数 $y=x-\sin x$ 在$[0,2\pi]$上单调增加.

例 2 讨论函数 $y=e^x-x-1$ 的单调性.

解

$$y'=e^x-1.$$

函数 $y=e^x-x-1$ 的定义域为$(-\infty,+\infty)$. 因为在$(-\infty,0)$内,$y'<0$,所以函数 $y=e^x-x-1$ 在$(-\infty,0]$上单调减少;又因为在$(0,+\infty)$内,$y'>0$,所以函数 $y=e^x-x-1$ 在$[0,+\infty)$上单调增加.

注意:在区间(a,b)内 $f'(x)\geqslant 0$(或 $f'(x)\leqslant 0$),但等号只在个别点处成立,则函数 $f(x)$在区间(a,b)内仍是单调增加(或单调减少)的. 如例 2 中,当 $x=0$ 时 $y'=0$,显然不影响函数的单调性.

例 3 讨论函数 $y=\sqrt[3]{x^2}$ 的单调性.

解 函数 $y=\sqrt[3]{x^2}$ 的定义域为$(-\infty,+\infty)$.

当 $x\neq 0$ 时,$y'=\dfrac{2}{3}x^{-\frac{1}{3}}$. 当 $x=0$ 时,函数的导数不存在(为∞). 在$(-\infty,0)$内,$y'<0$,因此函数 $y=\sqrt[3]{x^2}$ 在$(-\infty,0]$上单调减少;在$(0,+\infty)$内,$y'>0$,因此函数 $y=\sqrt[3]{x^2}$ 在$[0,+\infty)$上单调增加. 函数图形如图 5-8 所示.

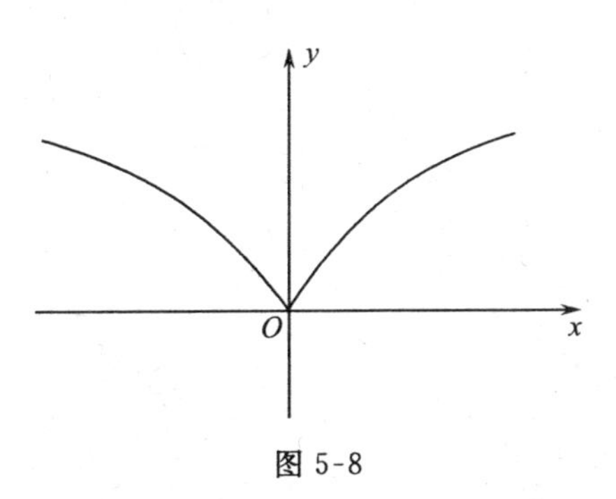

图 5-8

我们注意到,例 2 中$x=0$是函数 $y=e^x-x-1$ 的单调减少区间$(-\infty,0]$与单调增加区间$[0,+\infty)$的分界点,而在该点处 $y'=0$. 在例 3 中,$x=0$ 是函数$y=\sqrt[3]{x^2}$ 的单调减少区间$(-\infty,0]$与单调增加区间$[0,+\infty)$的分界点,而在该点处导数不存在.

从例 2 中看出,有些函数在其定义区间上并不是单调的,但是当我们用导数等于零的点来划分函数的定义区间以后,就可以使函数在多个部分区间上单调. 这个结论对于在定义区间上具有连续导数的函数都是成立的. 从例 3 中可以看出,如果函数在某些点处不可导,则划分函数的定义区间的分点，还应包括这些导数不存在的点.综合这两种情形，可得出如下结论。

如果函数在定义区间上连续，除去有限个导数不存在的点外，导数存在且连续，那么只要用方程 $f'(x)=0$ 的根及 $f'(x)$ 不存在的点来划分函数 $f(x)$ 的定义区间，就能保证 $f'(x)$ 在多个部分区间内保持固定的符号，因而函数 $f(x)$ 在每个部分区间上单调.

例 4 确定函数 $f(x)=2x^3-9x^2+12x-3$ 的单调区间.

解 这个函数的定义域为$(-\infty,+\infty)$.

$$f'(x)=6x^2-18x+12=6(x-1)(x-2)$$

令 $f'(x)=0$，得出方程 $f'(x)=0$ 在$(-\infty,+\infty)$内的两个根，$x_1=1,x_2=2$.这两个根将函数 $f(x)$ 的定义域分成三个部分区间$(-\infty,+1]$、$(1,2)$及$[2,+\infty)$.

在区间$(-\infty,1)$内，因为 $x-1<0,x-2<0$，所以 $f'(x)>0$；

在区间$(1,2)$内，$x-1>0,x-2<0$，从而 $f'(x)<0$；

在区间$(2,+\infty)$内，$x-1>0,x-2>0$，因此 $f'(x)>0$.

综合以上讨论，得出结论：

函数 $f(x)$ 在区间$(-\infty,1]$及$[2,+\infty)$内单调增加；在区间$(1,2)$内单调减少.函数的图形如图 5-9 所示.

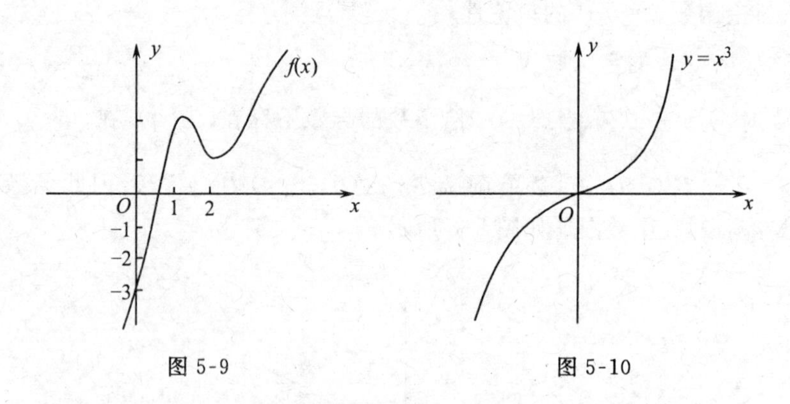

图 5-9 图 5-10

例 5 讨论函数 $y=x^3$ 的单调性.

解 该函数的定义域为$(-\infty,+\infty)$.

$$y'=3x^2\geqslant 0$$

除了 $x=0$ 使 $y'=0$ 外，均有 $y'>0$.所以函数 $y=x^3$ 在$(-\infty,+\infty)$内是单调增加的，在点 $x=0$处曲线有一水平切线，如图 5-10 所示.

利用函数的单调性质很容易证明一些不等式.

例 6 证明当 $x>0$ 时 $x>\sin x$.

证 令 $f(x)=x-\sin x$，因为 $f'(x)=1-\cos x\geqslant 0$，我们分两种情形：

(1)$1-\cos x=0,x=2k\pi$，不等式显然成立.

(2)$f'(x)=1-\cos x>0$，因此当 $x>0$ 时，$f(x)=x-\sin x$ 是单调增加的，从而当 $x>0$ 时，有 $f(x)>f(0)$.

又因为 $f(0)=0-0=0$，故 $f(x)>f(0)=0$，即

$$x-\sin x>0 \quad 亦即 \quad x>\sin x.$$

例 7 证明当 $0<x<\frac{\pi}{2}$ 时，$\frac{2}{\pi}x<\sin x<x$.

证 令 $f(x)=\frac{\sin x}{x}$，因为 $\lim\limits_{x\to 0}\frac{\sin x}{x}=1$，所以 $x=0$ 是 $f(x)$ 的可去间断点，我们可以补充定义 $f(0)=1$.

$$f'(x)=\left(\frac{\sin x}{x}\right)'=\frac{x\cos x-\sin x}{x^2}=\frac{\cos x}{x^2}(x-\tan x)$$

容易证明，当 $0<x<\frac{\pi}{2}$ 时，$x<\tan x$，所以 $f'(x)<0$，说明函数 $f(x)=\frac{\sin x}{x}$ 在区间 $\left(0,\frac{\pi}{2}\right)$ 内单调减少，因而有 $f(0)>f(x)>f\left(\frac{\pi}{2}\right)$.

$$f(0)=1,\ f\left(\frac{\pi}{2}\right)=\frac{2}{\pi},$$

所以
$$1>\frac{\sin x}{x}>\frac{2}{\pi}$$

即
$$\frac{2x}{\pi}<\sin x<x.$$

这类利用函数的单调性来证明不等式的方法，关键有两个步骤：第一步证明函数的单调性；第二步利用单调的性质完成命题的证明. 谨防出现这种错误：证明了 $f'(x)>0$（或 <0）就立即下结论 $f(x)>0$（或 <0）. 因为函数的导数大于 0 或小于 0 只说明函数的单调性质，而不说明函数值的大小.

§ 5.4 函数的极值

在 § 5.3 的例 4 中，当 x 从 $x=1$ 的左边邻近变到右边邻近时，函数 $f(x)=2x^3-9x^2+12x-3$ 的函数值由单调增加变为单调减少，即点 $x=1$ 是函数由增加变为减少的转折点. 因此，存在着点 $x=1$ 的一个去心邻域 $(1-\delta,1)\cup(1,1+\delta)$，对于这个去心邻域内的任何点 x，恒有 $f(x)<f(1)$. 我们称 $f(1)$ 为 $f(x)$ 的一个极大值. 同样地，例 4 中的点 $x=2$ 是函数 $f(x)$ 由减少变为增加的转折点，因此存在着点 $x=2$ 的一个去心邻域 $(2-\delta,2)\cup(2,2+\delta)$，对于这个去心邻域内的任何点 x，恒有 $f(2)<f(x)$，我们称 $f(2)$ 为 $f(x)$ 的一个极小值.

定义 5.1 如果函数 $f(x)$ 在点 $x=x_0$ 的一个 δ 邻域 $(x_0-\delta,x_0+\delta)$ 内有定义，对去心邻域 $(x_0-\delta,x_0)\cup(x_0,x_0+\delta)$ 内的任意点 x，恒成立 $f(x)<f(x_0)$，就称 $f(x_0)$ 是函数 $f(x)$ 的一个极大值，x_0 称为 $f(x)$ 的极大值点. 如果对去心邻域 $(x_0-\delta,x_0)\cup(x_0,x_0+\delta)$ 内的任意点 x，恒成立 $f(x)>f(x_0)$，就称 $f(x_0)$ 为函数的一个极小值，x_0 称为 $f(x)$ 的极小值点.

函数的极大值与极小值统称为函数的极值. 使函数取得极值的点称为极值点. 如上节中的例 4，函数 $f(x)$ 在点 $x=1$ 处取得极大值 $f(1)=2$，在点 $x=2$ 处取得极小值 $f(2)=1$. 点 $x=1$，$x=2$ 分别是函数的极大值点、极小值点.

函数的极值是一个局部的概念，它只是针对与极值点邻近的所有点的函数值相比较而言，并不意味着它在函数的整个定义区间内最大或最小. 因此，在证明罗尔定理时，假定 M 是 $f(x)$ 在 $[a,b]$ 上的最大值就显得不必要，而只需要它为极大值就可以了.

如图 5-11 所示的函数 $f(x)$，$f(x)$在点 x_1 和 x_3 处各有极大值$f(x_1)$与 $f(x_3)$，在点 x_2 和点 x_4 处各有极小值 $f(x_2)$和 $f(x_4)$，而极大值 $f(x_1)$还小于极小值 $f(x_4)$. 另外，由图 5-11 也可以看出，这些极大值都不是函数在定义区间上的最大值，极小值也都不是函数在定义区间上的最小值.

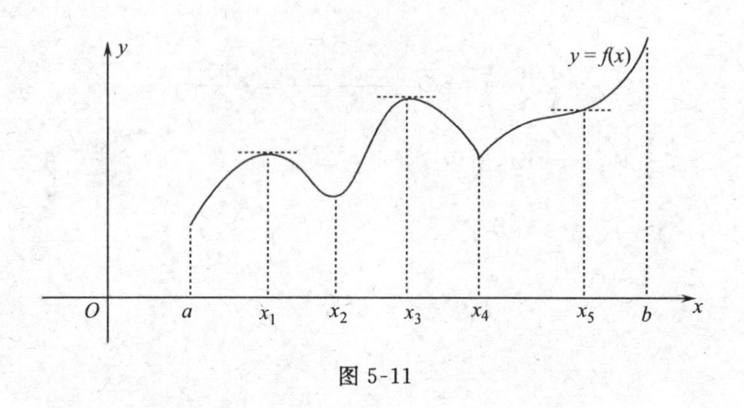

图 5-11

从图 5-11 中还可以看出，在极值点处，如果曲线有切线存在，并且切线有确定的斜率，那么该切线平行于 Ox 轴，即该切线的斜率等于 0，或者说，函数的导数在这点的值为 0. 但是，在某点曲线的切线平行于 Ox 轴(导数为 0)，并不能说这一点就一定是极值点，如图5-11 中的点 x_5 就不是极值点，而曲线在点 x_5 处的切线却平行于 Ox 轴.

下面我们来讨论函数取得极值的必要条件和充分条件.

定理 5.8 (必要条件) 设函数 $f(x)$在点 x_0 处可导，且在 x_0 处取得极值，那么有 $f'(x_0)=0$.

证 不妨设 $f(x_0)$为极大值. 由极大值定义，对点 x_0 的某个去心邻域$(x_0-\delta,x_0)\cup(x_0,x_0+\delta)$内的任意 x，恒成立 $f(x)<f(x_0)$. 于是

当 $x<x_0$ 时

$$\frac{f(x)-f(x_0)}{x-x_0}>0$$

因此

$$f'(x_0)=\lim_{x\to x_0^-}\frac{f(x)-f(x_0)}{x-x_0}\geqslant 0$$

当 $x>x_0$ 时

$$\frac{f(x)-f(x_0)}{x-x_0}<0$$

因此

$$f'(x_0)=\lim_{x\to x_0^+}\frac{f(x)-f(x_0)}{x-x_0}\leqslant 0$$

从而有

$$f'(x_0)=0.$$

同理可以证明极小值的情形.

使函数的导数为 0 的点称为驻点. 定理 5.8 表明，连续可导的函数 $f(x)$的极值点必定是 $f(x)$的驻点. 但是反过来说，驻点却不一定为极值点. 例如函数 $y=x^3$，$x=0$ 为其驻点，但 $x=0$却不是 $y=x^3$ 的极值点. 因此，定理 5.8 只是阐明了可导函数取得极值的必要条件.

其次，假定函数 $f(x)$于点 x_0 处不可导，那么点 x_0 有无可能是函数的极值点呢？

图 5-11 中的点 x_4 处，$f(x)$显然不可导，然而 $f(x_4)$却是函数的一个极小值. 再考察例子

$$y=x^{\frac{2}{3}},\ y'=\frac{2}{3}x^{-\frac{1}{3}}$$

在点 $x=0$ 处，$f'(0)$不存在. 但在 $x=0$ 处函数 $y=x^{\frac{2}{3}}$ 却取得一个极小值 $f(0)=0$ ，如图5-12所示.

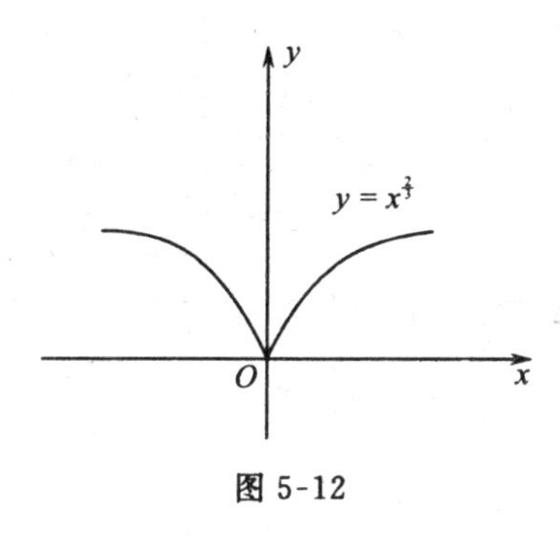

图 5-12

综合以上讨论，结论是：函数的极值点必定是函数的驻点或导数不存在的点；但驻点或导数不存在的点不一定就是函数的极值点.

究竟该如何判断函数的驻点和使函数的导数不存在的点是否为极值点？又，是极大值点还是极小值点呢？下面的定理回答了这一问题.

定理 5.9 （第一种充分条件） 设函数 $f(x)$在点 x_0 的某邻域$(x_0-\delta,x_0+\delta)$内连续且可导(但$f'(x_0)$ 可以不存在).

(1)如果当 $x\in(x_0-\delta,x_0)$时 $f'(x)>0$，且当 $x\in(x_0,x_0+\delta)$时 $f'(x)<0$，则函数 $f(x)$在点 x_0 处取得极大值 $f(x_0)$.

(2)如果当 $x\in(x_0-\delta,x_0)$时 $f'(x)<0$，且当 $x\in(x_0,x_0+\delta)$时 $f'(x)>0$，则函数 $f(x)$在点 x_0 处取得极小值 $f(x_0)$.

(3)如果当 $x\in(x_0-\delta,x_0)$和 $x\in(x_0,x_0+\delta)$时，$f'(x)$ 不变号，则 $f(x)$在点 x_0 处不取得极值.

证 (1)当 $x\in(x_0-\delta,x_0)$时 $f'(x)>0$，则 $f(x)$在$(x_0-\delta,x_0)$内单调增大，所以$f(x_0)>f(x)$；

当 $x\in(x_0,x_0+\delta)$时 $f'(x)<0$，则 $f(x)$在$(x_0,x_0+\delta)$内单调减小，所以 $f(x_0)>f(x)$，即对 $x\in(x_0-\delta,x_0+\delta)$，总有 $f(x_0)>f(x)$，所以 $f(x_0)$为 $f(x)$的极大值.

同理可以证明(2).

(3)因为在$(x_0-\delta,x_0+\delta)$内 $f'(x)$不变号，亦即恒有 $f'(x)>0$ 或 $f'(x)<0$，因此 $f(x)$在点 x_0 的两旁均单调增大或均单调减小，所以不可能在点 x_0 处取得极值.

例 1 求函数 $f(x)=(x-1)^2(x+1)^3$ 的单调增减区间和极值.

解 先求 $f(x)$的导数

$$f'(x)=(x-1)(x+1)^2(5x-1)$$

令 $f'(x)=0$，得驻点

$$x_1=-1,\ x_2=\frac{1}{5},\ x_3=1$$

这三个点将 $f(x)$ 的定义区间 $(-\infty,+\infty)$ 分成四个部分区间

$$(-\infty,-1),\ \left[-1,\frac{1}{5}\right],\ \left[\frac{1}{5},1\right],\ (1,+\infty).$$

我们利用列表的方法一次性讨论函数的极值情形(见表 5-1).

表 5-1

x	$(-\infty,-1)$	-1	$\left(-1,\frac{1}{5}\right)$	$\frac{1}{5}$	$\left(\frac{1}{5},1\right)$	1	$(1,+\infty)$
$f'(x)$	$+$	0	$+$	0	$-$	0	$+$
$f(x)$	↗	0	↗	$\frac{3456}{3125}$	↘	0	↗

表 5-1 清楚地显示出:函数 $f(x)$ 在区间 $\left(-\infty,\frac{1}{5}\right)$、$(1,+\infty)$ 内单调增加;在区间 $\left(\frac{1}{5},1\right)$ 内单调减少,在点 $x=\frac{1}{5}$ 处取得极大值 $f\left(\frac{1}{5}\right)=\frac{3456}{3125}$,在点 $x=1$ 处取得极小值 $f(1)=0$,而 $x=-1$ 虽是驻点,但不是极值点.函数的图形如图 5-13 所示.

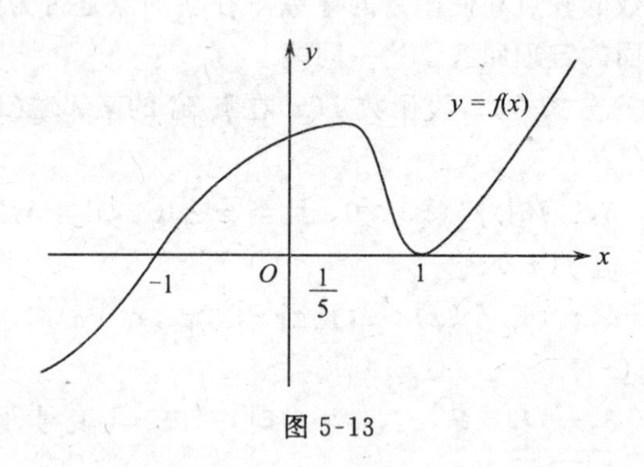

图 5-13

例 2 求函数 $f(x)=x-\frac{3}{2}x^{\frac{2}{3}}$ 的单调区间和极值.

解 求该函数的导数

$$f'(x)=1-x^{-\frac{1}{3}}$$

当 $x=1$ 时 $f'(x)=0$;而当 $x=0$ 时 $f'(x)$ 不存在,因此函数 $f(x)$ 只可能在这两点取得极值.列表如表 5-2 所示.

因此,函数 $f(x)$ 在区间 $(-\infty,0)$,$(1,+\infty)$ 内单调增加,在区间 $(0,1)$ 内单调减少.在点 $x=0$ 处取得极大值 $f(0)=0$,在点 $x=1$ 处取得极小值 $f(1)=-\frac{1}{2}$,函数图形如图 5-14 所示.

表 5-2

x	$(-\infty,0)$	0	$(0,1)$	1	$(1,+\infty)$
$f'(x)$	+	不存在	−	0	+
$f(x)$	↗	0	↘	$-\frac{1}{2}$	↗

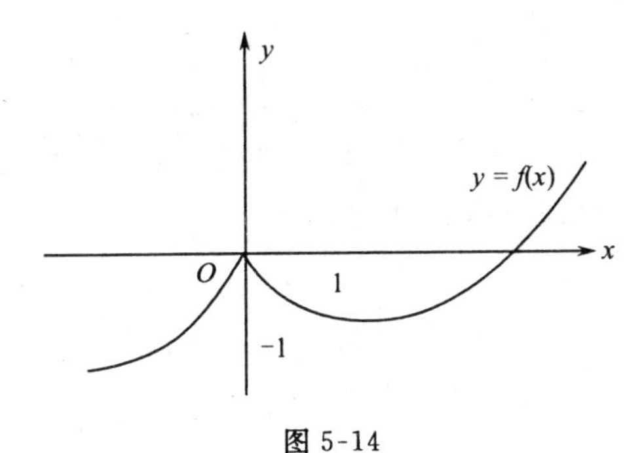

图 5-14

定理 5.10　(第二种充分条件)设函数 $f(x)$在点 x_0 处具有二阶导数,且 $f'(x_0)=0$,$f''(x_0)\neq0$,则有:

(1)当 $f''(x_0)<0$ 时,函数 $f(x)$在点 x_0 处取得极大值;

(2)当 $f''(x_0)>0$ 时,函数 $f(x)$在点 x_0 处取得极小值.

证　(1)由导数的定义及 $f'(x_0)=0$,$f''(x_0)<0$,得

$$f''(x_0)=\lim_{x\to x_0}\frac{f'(x)-f'(x_0)}{x-x_0}=\lim_{x\to x_0}\frac{f'(x)}{x-x_0}<0$$

于是,根据函数极限的局部保号性,当 x 在 x_0 的足够小的去心邻域内时

$$\frac{f'(x)}{x-x_0}<0$$

所以,当 $x<x_0$ 时,$f'(x)>0$;当 $x>x_0$ 时,$f'(x)<0$. 由定理 5.9 知 $f(x_0)$为 $f(x)$的极大值.

(2)仿照(1),可以证明 $f(x_0)$为 $f(x)$的极小值.

要注意的是,如果 $f'(x_0)=0$,$f''(x_0)=0$,那么定理 5.10 不能应用. 例如 $f(x)=x^3$,显然有 $f'(0)=f''(0)=0$,但 $x=0$ 不是极值点;而函数 $y=x^4$,也有 $f'(0)=f''(0)=0$,但 $x=0$ 却是极小值点. 出现这种情况时,还得用定理 5.9,由一阶导数在驻点左右符号的变化来判断.

例 3　求函数 $f(x)=-x^4+2x^2$ 的极值.

解

$$f'(x)=-4x^3+4x=-4x(x^2-1)$$

令 $f'(x)=0$,得驻点 $x_1=-1$,$x_2=0$,$x_3=1$.

$$f''(x)=-12x^2+4$$

因为

$$f''(\pm1)=-12+4=-8<0$$
$$f''(0)=4>0$$

由定理 5.10 知,$x=\pm 1$ 为函数的极大值点,极大值为 $f(\pm 1)=1$;$x=0$为函数的极小值点,极小值为 $f(0)=0$.

例 4 求函数 $f(x)=(x^2-1)^3+1$ 的极值.

解
$$f'(x)=6x(x^2-1)^2$$

令 $f'(x)=0$,得驻点 $x_1=-1,x_2=0,x_3=1$.

$$\begin{aligned}f''(x)&=6(x^2-1)^2+12x\cdot 2x(x^2-1)\\&=(x^2-1)(30x^2-6)=6(x^2-1)(5x^2-1).\end{aligned}$$

不难发现,$f''(\pm 1)=0$.此时无法判定 $x=\pm 1$ 是否为 $f(x)$的极值点.因此,若改用定理 5.9,可以判定 $x=\pm 1$ 不是函数的极值点;而 $x=0$ 是函数的极小值点,极小值为 $f(0)=0$.函数 $f(x)=(x^2-1)^3+1$ 的图形如图 5-15 所示.

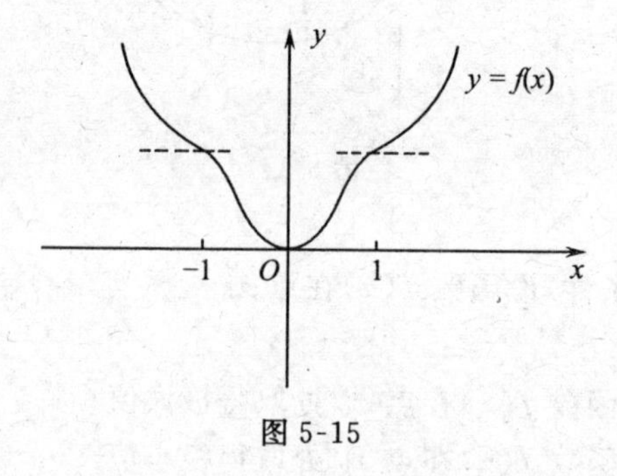

图 5-15

利用泰勒公式可以证明,若

$$f'(x_0)=f''(x_0)=\cdots=f^{(k-1)}(x_0)=0,\ f^{(k)}(x_0)\neq 0$$

则当

(1)k 为奇数时,x_0 不是函数的极值点;

(2)k 为偶数时,$f^{(k)}(x_0)>0$,x_0 为函数的极小值点;$f^{(k)}(x_0)<0$,x_0 为函数的极大值点.

证明从略.

§5.5 最值问题

在经济学领域里,常会遇到这样一类问题:在一定条件下,怎样使产品的"产量最多","用料最省","成本最低","利润最大",等等.这类问题在数学上可以归结为求某一函数的最大值或最小值.

前面讲过,"极值"是一个局部的概念,而"最值"是一个整体的概念,是函数在所考察的区间上全部函数值中的最大者或最小者.

假定函数 $f(x)$在区间$[a,b]$上连续,则由闭区间上连续函数的性质知,$f(x)$在$[a,b]$上一定存在最大值与最小值.使函数取得最值的点,一定含在下列诸点之中:

(1)区间端点 $x=a,x=b$;

(2)(a,b)内使 $f'(x)=0$ 的点;

(3)(a,b)内使 $f'(x)$不存在的点.

因此，可以直接求出函数 $f(x)$ 在上述诸点处的函数值，然后逐一加以比较，其中最大的就是函数在区间 $[a,b]$ 上的最大值；最小的就是函数在区间 $[a,b]$ 上的最小值.

例 1　求函数 $f(x)=2x^3+3x^2-12x+4$ 在区间 $[-3,4]$ 上的最大值与最小值.

解
$$f'(x)=6x^2+6x-12=6(x+2)(x-1)$$

令 $f'(x)=0$，得驻点 $x_1=-2, x_2=1$.
由于 $f(-3)=23, f(-2)=34, f(1)=7, f(4)=142$，经过比较可知，函数 $f(x)$ 在 $x=4$ 处取得它在 $[-3,4]$ 上的最大值 $f(4)=142$；在 $x=1$ 处取得它在 $[-3,4]$ 上的最小值 $f(1)=7$.

例 2　求函数 $f(x)=(x-3)^2\mathrm{e}^{|x|}$ 在区间 $[-1,4]$ 上的最大值与最小值.

解　因为 $f(x)\geqslant 0$ 且 $f(3)=0$，故所给函数在 $[-1,4]$ 上的最小值为 0.
$$f'(x)=\begin{cases}(x-3)(5-x)\mathrm{e}^{-x}, & x<0\\(x-3)(x-1)\mathrm{e}^{x}, & x>0\end{cases}$$

在点 $x=0$ 处，$f'(x)$ 不存在.
令 $f'(x)=0$，得驻点 $x_1=1, x_2=3, x_3=5$. 因为 $x_3=5$ 在区间 $[-1,4]$ 之外，故舍去. 在 $(-1,4)$ 内有三个可能的极值点：$x=0, x=1, x=3$.

$f(-1)=16\mathrm{e}, f(0)=9, f(1)=4\mathrm{e}, f(3)=0, f(4)=\mathrm{e}^4$. 注意到 $\mathrm{e}^4>16\mathrm{e}$，故知 $f(x)$ 在 $[-1,4]$ 上的最大值为 $f(4)=\mathrm{e}^4$，最小值为 $f(3)=0$.

注意以下两种特殊情形：

(1) 如果函数 $f(x)$ 在 $[a,b]$ 上单调增加，则 $f(a)$ 是 $f(x)$ 在 $[a,b]$ 上的最小值；$f(b)$ 是 $f(x)$ 在 $[a,b]$ 上的最大值. 反之，如果函数 $f(x)$ 在 $[a,b]$ 上单调减少，则 $f(a)$ 是 $f(x)$ 在 $[a,b]$ 上的最大值；$f(b)$ 是 $f(x)$ 在 $[a,b]$ 上的最小值.

(2) 如果连续函数 $f(x)$ 在区间 (a,b) 内有且仅有一个极大值而没有极小值，则该极大值就是函数 $f(x)$ 在 $[a,b]$ 上的最大值，如图 5-16 所示. 同样地，如果连续函数在区间 (a,b) 内有且仅有一个极小值，而没有极大值，则该极小值就是函数 $f(x)$ 在区间 $[a,b]$ 上的最小值，如图 5-17 所示.

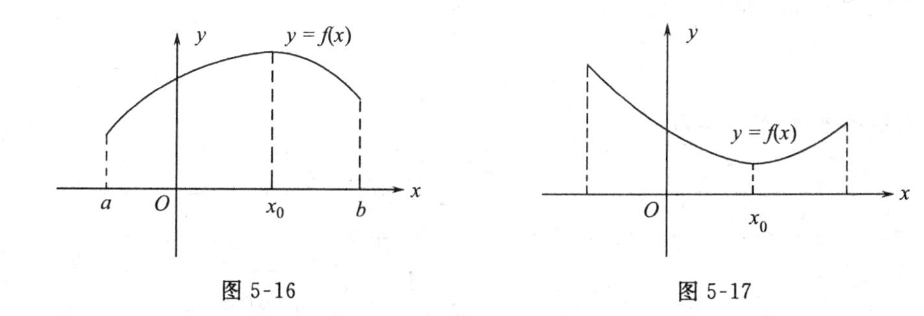

图 5-16　　图 5-17

很多求最值的实际问题属于这种情形. 故对这类实际问题，可以用求极值的方法加以解决.

例 3　铁路线上 AB 段的距离为 100km. 工厂 C 距 A 处为 20km，AC 垂直于 AB（如图 5-18 所示）. 为了运输需要，要在 AB 线上选定一点 D 向工厂修筑一条公路. 已知铁路每公里货运的运费与公路上每公里货运的运费之比为 3 : 5. 为了使货物从供应站 B 运到工厂 C 的运费最省，试问 D 点应选在何处？

解 设$AD=x$,那么$DB=100-x$,

$$CD=\sqrt{20^2+x^2}=\sqrt{400+x^2}$$

由于铁路运输每公里货运的运费与公路上每公里货运的运费之比为3∶5,因此我们不妨设铁路上每公里的运费为$3K$,公路上每公里的运费为$5K$,(K为某个正数,与本题的解无关).设从B点到C点需要的总运费为y,则

$$y=5K\cdot CD+3K\cdot DB$$

即
$$y=5K\sqrt{400+x^2}+3K(100-x)\quad(0\leqslant x\leqslant 100)$$

因为

$$y'=K\cdot\left(\frac{5x}{\sqrt{400+x^2}}-3\right)$$

令 $y'=0$,得驻点$x=15$(km).

由于$y(0)=400K$,$y(15)=380K$,$y(100)=500K\sqrt{1+\frac{1}{25}}$,其中以$y(15)=380K$为最小.因此,当$AD=x=15$km时,总运费为最省.

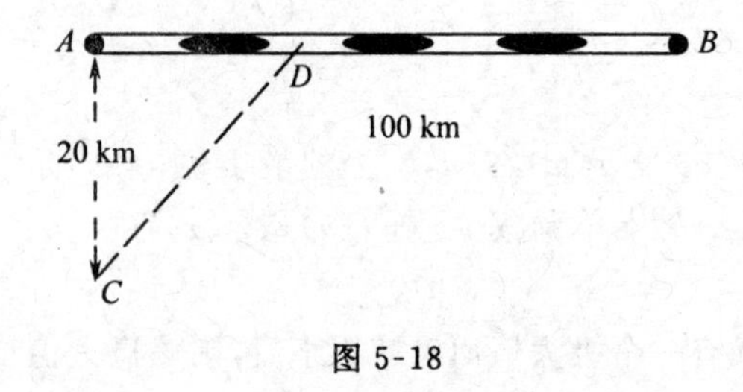

图 5-18

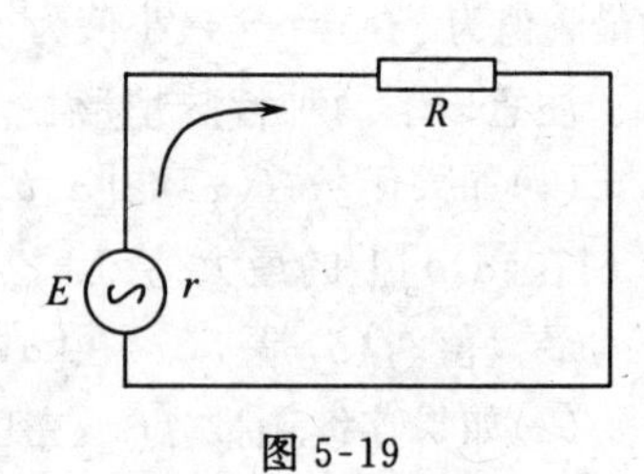

图 5-19

例 4. 已知电源的电动势为E,内电阻为r(如图5-19所示).试问外电路负载电阻R为何值时,输出功率最大?

解 由欧姆定律得电路电流强度为

$$I=\frac{E}{R+r}$$

消耗在负载电阻R上的功率为

$$N(R)=I^2R=\frac{E^2R}{(R+r)^2}$$

当E,r一定时,$N(R)$为R的函数.R的变化范围为$(0,+\infty)$

$$N'(R)=E^2\frac{r-R}{(R+r)^3},$$

令$N'(R)=0$,得驻点$R=r$.

当$R<r$时,$N'(R)>0$;当$R>r$时,$N'(R)<0$,所以$R=r$是函数$N(R)$的极大值点.另一方面

$$\lim_{R\to 0^+}N(R)=0,\quad \lim_{R\to+\infty}N(R)=0$$

而$N(R)$是R的连续函数,因此一定存在最大值.又$R=r$是$N(R)$的唯一的极大值点,因此$R=r$即为问题的最大值点.这时

$$N(r)=\frac{E^2}{4r}$$

为最大输出功率.

例 5　某工厂生产某型号车床，年产量为 a 台，分若干批进行生产. 每批生产准备费为 b 元. 设产品均匀投入市场，且上一批用完后立即生产下一批，即平均库存量为批量的一半. 设每年每台库存费为 c 元. 显然，生产批量大则库存费高，生产批量小则批数增多，因此生产准备费高. 在不考虑生产能力的条件下，如何选择最优批量，每批生产多少台，才能使库存费与生产准备费的和 $p(x)$ 为最小？

解　不难求得一年中库存费与生产准备费的和 $p(x)$ 与每批产量 x 的函数关系式为

$$p(x)=\frac{ab}{x}+\frac{c}{2}x,\quad x\in(0,a)$$

其中，a 为年产量，b 为每批生产的生产准备费，c 为每件产品的库存费. 由于

$$p'(x)=-\frac{ab}{x^2}+\frac{c}{2}$$

令　$p'(x)=0$，得

$$cx^2=2ab$$

故

$$x=\pm\sqrt{\frac{2ab}{c}}$$

因为

$$x=-\sqrt{\frac{2ab}{c}}\notin(0,a)$$

又因

$$p''(x)=\frac{2ab}{x^3}>0$$

所以当 $x=\sqrt{\frac{2ab}{c}}$ 时，$p(x)$ 取得极小值. 又因为它是唯一的一个极小值点，故 $p\left(\sqrt{\frac{2ab}{c}}\right)$ 为最小值. 注意到年产量 a 应为正整数因子，所以有时 $\sqrt{\frac{2ab}{c}}$ 还需要调整.

§5.6　曲线的凹性与拐点

在§5.3，§5.4 中，我们讨论了函数的单调性与极值，这对于描绘函数的图形有很大的作用. 但是，仅仅知道这些，还不能比较准确地描绘函数的图形. 例如图 5-20 所示的函数 $y=f(x)$ 的图形在区间 (a,b) 内虽然一直是上升的，但却有不同的弯曲状态. $\overset{\frown}{AP}$ 是向上凹的曲线弧，而 $\overset{\frown}{PB}$ 是向下凹的曲线弧，它们的凸凹性不同. 因此在研究函数图形时，考察曲线的凸凹性显然是十分必要的.

从几何图形上容易看到，在有的曲线弧上，如果任取两点，连接这两点间的弦总位于这两点间的弧段的上方（见图 5-21(a)）；而有的曲线弧则正好相反（见图 5-21(b)）. 曲线的这种性质就是曲线的凸凹性. 因此曲线的凸凹性可以用连接曲线弧上任意两点的弦的中点与曲线弧上相应点（即具有相同横坐标的点）的位置关系来描述. 下面先给出曲线凸凹性的定义.

定义 5.2　设函数 $f(x)$ 在区间 (a,b) 内连续，如果对于任意的 $x_1,x_2\in(a,b)$，恒有

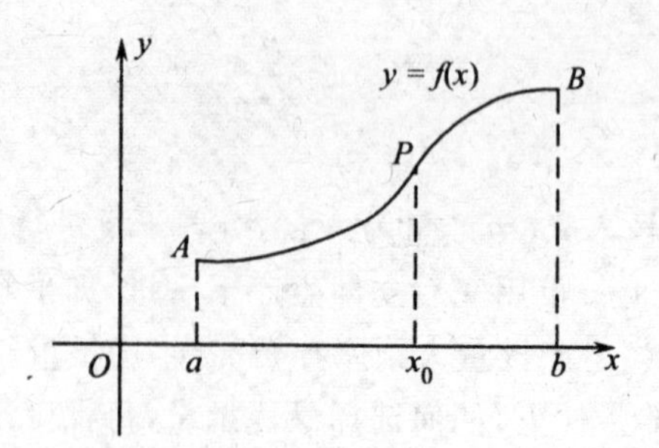

图 5-20

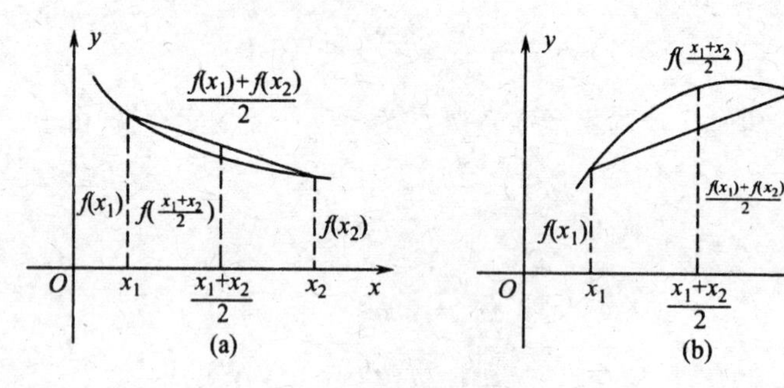

图 5-21

$$f\left(\frac{x_1+x_2}{2}\right)<\frac{f(x_1)+f(x_2)}{2} \tag{5.21}$$

则称 $f(x)$在区间(a,b)内的图形是向上凹(向下凸)的;如果恒有

$$f\left(\frac{x_1+x_2}{2}\right)>\frac{f(x_1)+f(x_2)}{2} \tag{5.22}$$

则称 $f(x)$在区间(a,b)内的图形是向下凹(向上凸)的.

我们先就定义 5.2 作一些说明.设 x 是区间(x_1,x_2)内的任一点,如图 5-22 所示,因此有

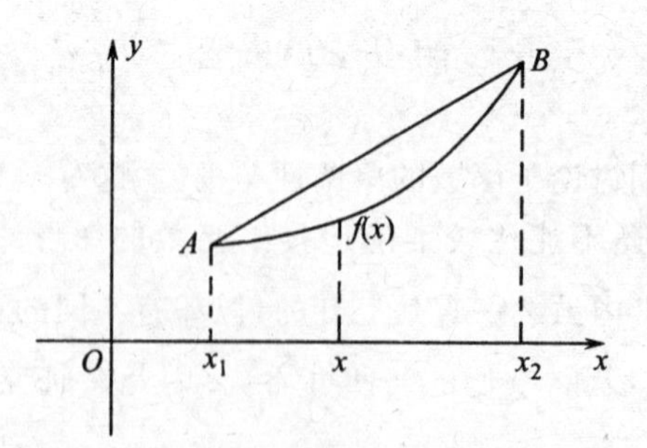

图 5-22

$$0<\frac{x-x_2}{x_1-x_2}<1$$

令 $\lambda=\dfrac{x-x_2}{x_1-x_2}$, 则 $0<\lambda<1$,于是 $x=\lambda x_1+(1-\lambda)x_2$. 因此曲线上过点 $A(x_1,f(x_1))$与 $B(x_2,f(x_2))$的弦的方程为

$$y=f(x_2)+\frac{f(x_1)-f(x_2)}{x_1-x_2}(x-x_2) \tag{5.23}$$

因此，对应于点 $x=\lambda x_1+(1-\lambda)x_2$，弦的纵坐标为

$$\begin{aligned}y&=f(x_2)+\frac{f(x_1)-f(x_2)}{x_1-x_2}[\lambda x_1+x_2-\lambda x_2-x_2]\\&=f(x_2)+\lambda[f(x_1)-f(x_2)]\\&=\lambda f(x_1)+(1-\lambda)f(x_2).\end{aligned}$$

由于曲线 $y=f(x)$的图形是向上凹的，所以有

$$f(x)<\lambda f(x_1)+(1-\lambda)f(x_2) \tag{5.24}$$

式(5.24)说明了向上凹的曲线弧的特点：即连接两点 x_1 与 x_2 的弦位于曲线弧的上方.

特别地，取 $\lambda=\frac{1}{2}$，即 $x=\frac{x_1+x_2}{2}$时

$$f\left(\frac{x_1+x_2}{2}\right)<\frac{f(x_1)+f(x_2)}{2}$$

成立．这就是式(5.21)的情形.

同样可以讨论对于向下凹的情形.

如果函数 $f(x)$在区间(a,b)内具有二阶导数，我们可以利用二阶导数的符号变化来判定曲线的凸凹性.

定理 5.11　设函数 $f(x)$在区间(a,b)内具有二阶导数，则有：

(1)如果 $x\in(a,b)$时恒有 $f''(x)>0$，则曲线 $y=f(x)$的图形在(a,b)内向上凹；

(2)如果 $x\in(a,b)$时恒有 $f''(x)<0$，则曲线 $y=f(x)$的图形在(a,b)内向下凹.

证　(1)设 x_1,x_2 为(a,b)内任意两点，且 $x_1<x_2$. 记 $x_0=\frac{x_1+x_2}{2}$，并记 $x_0-x_1=x_2-x_0=h$，则有

$$x_1=x_0-h,\ x_2=x_0+h.$$

在区间$[x_0-h,x_0]$和$[x_0,x_0+h]$上分别对函数 $f(x)$应用拉格朗日中值定理(注意定理的条件均满足)，得

$$f(x_0+h)-f(x_0)=f'(x_0+\theta_1 h)\cdot h \tag{5.25}$$

$$f(x_0)-f(x_0-h)=f'(x_0-\theta_2 h)\cdot h \tag{5.26}$$

其中 $0<\theta_1<1,0<\theta_2<1$. 将式(5.25)与式(5.26)相减，得

$$\begin{aligned}&f(x_0+h)+f(x_0-h)-2f(x_0)\\&\quad=[f'(x_0+\theta_1 h)-f'(x_0-\theta_2 h)]\cdot h.\end{aligned} \tag{5.27}$$

对 $f'(x)$在区间$[x_0-\theta_2 h,x_0+\theta_1 h]$上再应用拉格朗日中值定理，得

$$f(x_0+h)+f(x_0-h)-2f(x_0)=f''(\xi)(\theta_1+\theta_2)h^2 \tag{5.28}$$

其中

$$x_0-\theta_2 h<\xi<x_0+\theta_1 h.$$

由题设，$f''(x)>0$，因而 $f''(\xi)>0$，所以有

$$f(x_0+h)+f(x_0-h)-2f(x_0)>0$$

即

$$f(x_0)<\frac{f(x_0-h)+f(x_0+h)}{2}$$

亦即

$$f\left(\frac{x_1+x_2}{2}\right)<\frac{f(x_1)+f(x_2)}{2}$$

所以 $f(x)$在区间(a,b)内的图形是向上凹的.

同理可以证明(2).

例 1 判断曲线 $y=\ln x$ 的凹性.

解 因为 $y'=\frac{1}{x}, y''=-\frac{1}{x^2}$.

所以在函数的定义域$(0,+\infty)$内,恒有 $y''<0$. 故函数 $y=\ln x$ 的图形在$(0,+\infty)$内都是向下凹的.

例 2 判断曲线 $y=x^3$ 的凹性.

解 因为 $y'=3x^2, y''=6x$.

函数的定义域为$(-\infty,+\infty)$. 当 $x>0$ 时,$y''>0$;当 $x<0$ 时,$y''<0$. 所以函数 $y=x^3$ 的图形在区间$(-\infty,0]$内是向下凹的,在区间$[0,+\infty)$内是向上凹的,如图 5-10 所示.

例 2 中的点(0,0)是两段凹性相反的弧的连接点. 在这个点的两旁,函数的二阶导数符号发生变化. 这种点称为曲线的拐点. 确切地说,有如下定义.

定义 5.3 连续曲线 $y=f(x)$凸凹性改变的分界点称为曲线的拐点.

例 2 中的点(0,0)就是曲线 $y=x^3$ 的拐点.

对于一条给定的曲线,如何去找出它的拐点呢?

拐点既然是凹弧与凸弧的分界点,那么在拐点左右邻近 $f''(x)$必然异号,因而在拐点处,要么 $f''(x)=0$,要么 $f''(x)$不存在.

例 3 求曲线 $y=x^4-2x^3+1$ 的凸、凹区间及拐点.

解 因为

$$y'=4x^3-6x^2$$

$$y''=12x^2-12x=12x(x-1)$$

令 $y''=0$,得 $x_1=0, x_2=1$.

下面列表说明函数的凸、凹区间及拐点的坐标(见表 5-3).

表 5-3

x	$(-\infty,0)$	0	$(0,1)$	1	$(1,+\infty)$
y''	+	0	−	0	+
y	⌣	1	⌢	0	⌣

从表 5-3 中可以看到,曲线在区间$(-\infty,0)$和$(1,+\infty)$内是向上凹的,在区间$(0,1)$内是向下凹的,(0,1)与(1,0)是曲线的两个拐点.

例 4 求曲线 $y=3x^4-4x^3+1$ 的拐点.

解 因为

$$y'=12x^3-12x^2$$

$$y''=36x^2-24x=36x\left(x-\frac{2}{3}\right)$$

令 $y''=0$,得 $x_1=0, x_2=\frac{2}{3}$. 列表如表 5-4 所示.

表 5-4

x	$(-\infty,0)$	0	$\left(0,\frac{2}{3}\right)$	$\frac{2}{3}$	$\left(\frac{2}{3},+\infty\right)$
y''	+	0	−	0	+
y	⌣	1	⌢	$\frac{11}{27}$	⌣

可见，函数在$(-\infty,0)$及$\left(\frac{2}{3},+\infty\right)$两区间内是向上凹的，在区间$\left(0,\frac{2}{3}\right)$内是向下凹的，$(0,1)$与$\left(\frac{2}{3},\frac{11}{27}\right)$为曲线的两个拐点.

例 5 试问曲线 $y=x^4$ 是否有拐点？

解 因为

$$y'=4x^3,\quad y''=12x^2.$$

当 $x=0$ 时 $y''=0$. 但当 $x\neq0$ 时，无论 $x>0$ 或 $x<0$，均有 $y''>0$. 说明 y''在点 $x=0$ 的两旁不变号，亦即说明曲线 $y=x^4$ 在点 $x=0$ 的两旁保持同一种凹性. 因此点$(0,0)$不是拐点.

例 6 讨论曲线 $y=(x-2)^{\frac{5}{3}}$的凹性及拐点.

解 因为

$$y'=\frac{5}{3}(x-2)^{\frac{2}{3}},\quad y''=\frac{10}{9}(x-2)^{-\frac{1}{3}}.$$

当 $x=2$ 时，$y'=0$，y''不存在. 列表如表 5-5 所示.

表 5-5

x	$(-\infty,2)$	2	$(2,+\infty)$
y''	−	∞	+
y	⌢	0	⌣

曲线在区间$(-\infty,2)$内向下凹，在区间$(2,+\infty)$内向上凹，点$(2,0)$为拐点.

例 6 说明，使 $f''(x)$不存在的点，也可能是拐点.

例 7 曲线 $y=\frac{1}{x}$是否有拐点？

解 因为$y'=-\frac{1}{x^2}$，$y''=\frac{2}{x^3}$

当 $x=0$ 时，y'及 y''均不存在. 由图 5-23 可以清楚的看到，在点 $x=0$ 的两旁，曲线的凹性相反. 但在 $x=0$ 处函数无定义，故曲线无拐点.

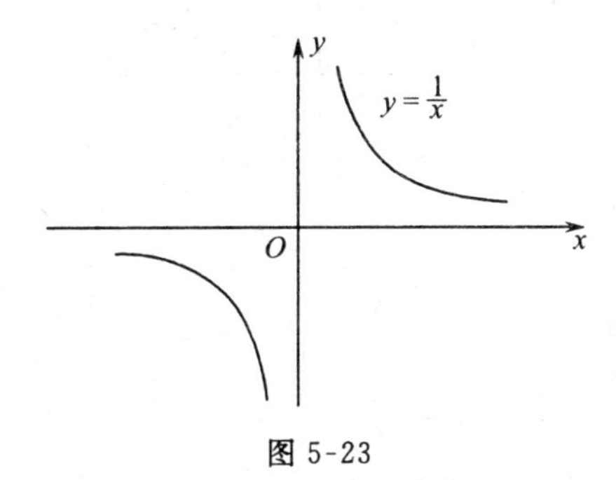

图 5-23

§5.7 曲线的渐近线

定义 5.4 设平面上曲线 $y=f(x)$,若存在直线 l,当曲线 $f(x)$上的点 P 沿曲线无限远离原点时,点 P 到直线 l 的距离趋近于零,则称直线 l 为曲线 $y=f(x)$的一条渐近线.

渐近线分两种情形.一种为特殊渐近线;一种为一般(斜)渐近线.

5.7.1 特殊渐近线

1.水平渐近线

如果曲线 $y=f(x)$的定义域是无穷区间,且有

$$\lim_{x\to+\infty} f(x)=C$$

或

$$\lim_{x\to-\infty} f(x)=C,\quad C\text{为常数}.$$

则直线 $y=C$ 为曲线 $y=f(x)$的渐近线,称为水平渐近线.如图5-24所示.

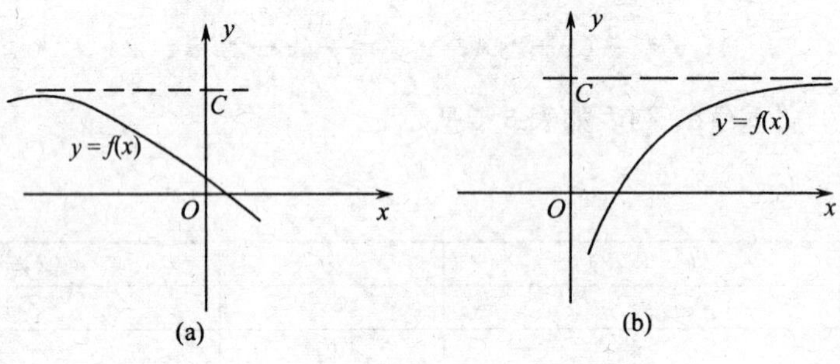

图 5-24

例 1 求曲线 $y=\dfrac{1}{x-1}$的水平渐近线.

解 因为$\lim\limits_{x\to\infty}\dfrac{1}{x-1}=0$,所以 $y=0$ 是曲线的一条水平渐近线,如图 5-25 所示.

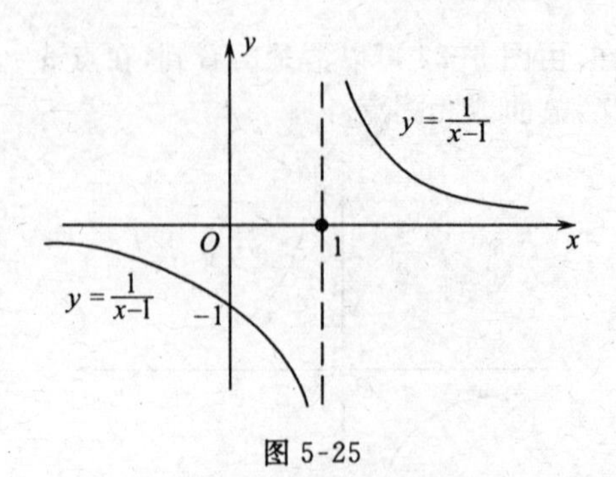

图 5-25

2. 垂直渐近线

如果曲线 $y=f(x)$ 有

$$\lim_{x\to x_0^+} f(x)=\infty$$

或

$$\lim_{x\to x_0^-} f(x)=\infty$$

则直线 $x=x_0$ 为曲线 $y=f(x)$ 的一条渐近线，称为垂直渐近线.

例 1 中，因为

$$\lim_{x\to 1^+}\frac{1}{x-1}=\infty,\quad \lim_{x\to 1^-}\frac{1}{x-1}=\infty$$

故 $x=1$ 是曲线的一条垂直渐近线. 如图 5-25 所示.

例 2　求曲线 $y=\dfrac{x^3}{x^2-3x+2}$ 的垂直渐近线.

解

$$f(x)=\frac{x^3}{x^2-3x+2}=\frac{x^3}{(x-1)(x-2)}$$

因为

$$\lim_{x\to 1}|f(x)|=+\infty,\quad \lim_{x\to 2}|f(x)|=+\infty$$

所以曲线有两条垂直渐近线：$x=1$，$x=2$.

5.7.2　斜渐近线

如果

$$\lim_{x\to\pm\infty}[f(x)-(ax+b)]=0$$

成立，则直线 $y=ax+b$ 是曲线的一条渐近线，称为斜渐近线，a 为渐近线的斜率，b 为截距.

设曲线 $y=f(x)$ 有斜渐近线 $y=ax+b$，我们来确定 a 和 b. 已知

$$\lim_{x\to\pm\infty}[f(x)-(ax+b)]=0 \tag{5.29}$$

有

$$\lim_{x\to\pm\infty} x\left[\frac{f(x)}{x}-a-\frac{b}{x}\right]=0$$

因为 x 为无穷大，故必有

$$\lim_{x\to\pm\infty}\left(\frac{f(x)}{x}-a-\frac{b}{x}\right)=0$$

于是有

$$\lim_{x\to\pm\infty}\frac{f(x)}{x}=a \tag{5.30}$$

求出 a 后，将 a 代入式(5.29)，得

$$\lim_{x\to\pm\infty}[f(x)-ax]=b \tag{5.31}$$

上述推导过程中，运用了如下的一条性质：

性质　设在某个极限过程中，有

$$\lim\alpha\beta=0,\text{又}\lim\alpha=\infty$$

则必有

$$\lim\beta=0.$$

证

$$\lim\beta=\lim\frac{\alpha\beta}{\alpha}=\lim\left(\frac{1}{\alpha}\right)\cdot(\alpha\beta)=0.$$

例 3. 求曲线 $y=\dfrac{x^2}{x+1}$ 的渐近线.

解 因为
$$\lim_{x\to -1}\frac{x^2}{x+1}=\infty$$
所以 $x=-1$ 为曲线的一条垂直渐近线.

又因为
$$\lim_{x\to\infty}\frac{f(x)}{x}=\lim_{x\to\infty}\frac{x^2}{x(x+1)}=1,$$
$$\lim_{x\to\infty}[f(x)-ax]=\lim_{x\to\infty}\left(\frac{x^2}{x+1}-x\right)=\lim_{x\to\infty}-\frac{x}{x+1}=-1.$$
所以,曲线有一条斜渐近线 $y=x-1$,如图 5-26 所示.

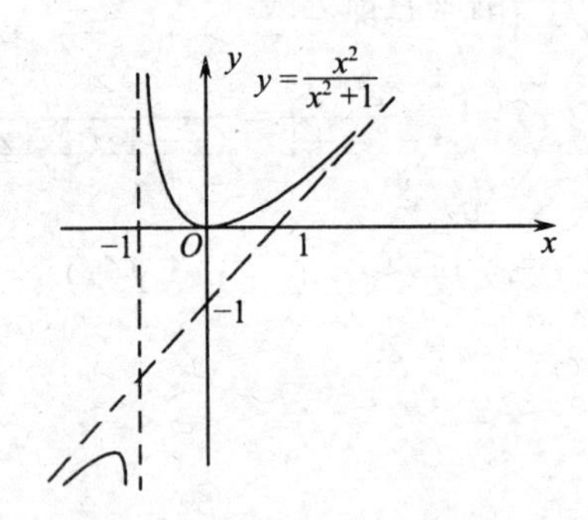

图 5-26

例 4 求曲线 $y=\dfrac{x^3}{2x^2-3x+1}$ 的斜渐近线.

解 因为
$$\lim_{x\to\infty}\frac{f(x)}{x}=\lim_{x\to\infty}\frac{x^3}{x(2x^2-3x+1)}=\frac{1}{2}$$
$$\lim_{x\to\infty}[f(x)-ax]=\lim_{x\to\infty}\left[\frac{x^3}{2x^2-3x+1}-\frac{x}{2}\right]=\frac{3}{4}$$
故得斜渐近线
$$y=\frac{x}{2}+\frac{3}{4}.$$

§5.8 函数的作图

借助于函数的一阶导数、二阶导数,我们研究了函数的单调性、极值、凹性、拐点及渐近线等.将这些关于函数的特性综合起来,就可以相对准确地作出函数的图形来.当然,为了使函数的图形作得更准确,可以再适当地描出一些特殊的点,如曲线与坐标轴的交点以及容易计算函数值的一些点.

作图的主要步骤为:

(1)确定函数的定义域;

(2)确定函数是否具有某些特性,如奇偶性,周期性,对称性等;

(3)求出函数 $f(x)$ 的一阶导数 $f'(x)$ 与使 $f'(x)$ 不存在的点,以确定函数的单调区间与极值；

(4)求出函数 $f(x)$的二阶导数 $f''(x)$与使 $f''(x)$不存在的点，以确定函数的凹性区间与拐点坐标；

(5)讨论函数的渐近线；

(6)将以上(1)～(5)所讨论的结果列表综合.

例 1　作出函数 $y=\dfrac{4(x+1)}{x^2}-2$ 的图形.

解　(1)函数的定义域为$(-\infty,0)\cup(0,+\infty)$；

(2)函数不具备上述中的那些特殊性质；

(3)$y'=-\dfrac{4(x+2)}{x^3}$，$y''=\dfrac{8(x+3)}{x^4}$.

令　$y'=0$，得 $x_1=-2$

$y''=0$，得 $x_2=-3$

当　$x=0$ 时，$y'=\infty$，$y''=\infty$.

(4)因为$\lim\limits_{x\to 0}\left[\dfrac{4(x+1)}{x^2}-2\right]=\infty$

所以　$x=0$ 为函数的一条垂直渐近线.

$$\lim_{x\to\pm\infty}\left[\frac{4(x+1)}{x^2}-2\right]=-2$$

所以，$y=-2$ 是函数的一条水平渐近线.

(5)描出特殊的几个点，如 $A(-1,-2)$，$B(1,6)$，$C(2,1)$，$D\left(3,-\dfrac{2}{9}\right)$.

(6)列表综合函数特性(见表 5-6).

表 5-6

x	$(-\infty,-3)$	-3	$(-3,-2)$	-2	$(-2,0)$	0	$(0,+\infty)$
y'	$-$		$-$	0	$+$	∞	$-$
y''	$-$	0	$+$		$+$	∞	$+$
y	↘	$-\frac{26}{9}$	↘	-3	↗	∞	↘

从表 5-6 中可以看到，点$\left(-3,-\dfrac{26}{9}\right)$为曲线的拐点；函数在点 $x=-2$处取得极小值-3；在点 $x=0$ 处出现无穷间断.

根据以上分析，作出函数的图形如图 5-27 所示.

例 2　作函数 $\phi(x)=\dfrac{1}{\sqrt{2\pi}}e^{-\frac{x^2}{2}}$的图形.

解　(1)函数定义域为$(-\infty,+\infty)$；

(2)由于 $\phi(-x)=\phi(x)$，故 $\phi(x)$ 的图形关于 Oy 轴对称；

(3)$\phi'(x)=-\dfrac{x}{\sqrt{2\pi}}e^{-\frac{x^2}{2}}$，$\phi''(x)=\dfrac{(x+1)(x-1)}{\sqrt{2\pi}}e^{-\frac{x^2}{2}}$.

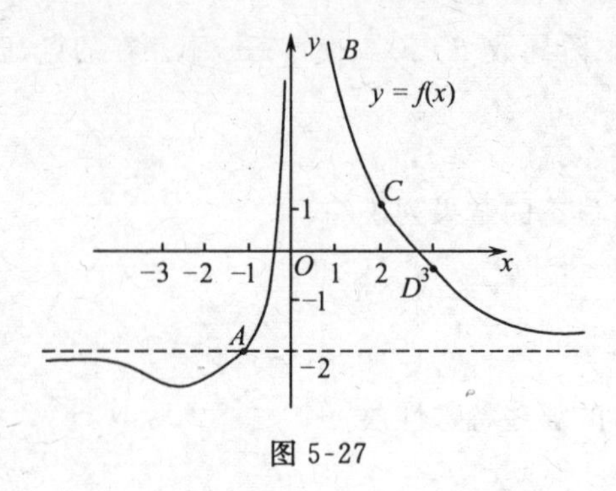

图 5-27

令 $\phi'(x)=0$,得 $x=0$;

$\phi''(x)=0$,得 $x=-1,x=1$.

(4) $\lim\limits_{x\to\pm\infty}\phi(x)=\lim\limits_{x\to\pm\infty}\dfrac{1}{\sqrt{2\pi}}e^{-\frac{x^2}{2}}=0.$

所以 $y=0$ 是函数的一条水平渐近线.除此之外,无其他渐近线.

(5)将以上结果列表综合函数特性(见表 5-7).

表 5-7

x	$(-\infty,-1)$	-1	$(-1,0)$	0	$(0,1)$	1	$(1,+\infty)$
y'	$+$		$+$	0	$-$		$-$
y''	$+$	0	$-$		$-$	0	$+$
y	↗	$\frac{1}{\sqrt{2\pi e}}$	↗	$\frac{1}{\sqrt{2\pi}}$	↘	$\frac{1}{\sqrt{2\pi e}}$	↘

由表 5-7 可以看出,点$\left(-1,\dfrac{1}{\sqrt{2\pi e}}\right)$与点$\left(1,\dfrac{1}{\sqrt{2\pi e}}\right)$为函数的两个拐点;函数在点 $x=0$ 处取得极大值$\dfrac{1}{\sqrt{2\pi}}$.

(6)作出函数的图形(注意函数的对称性),如图 5-28 所示.

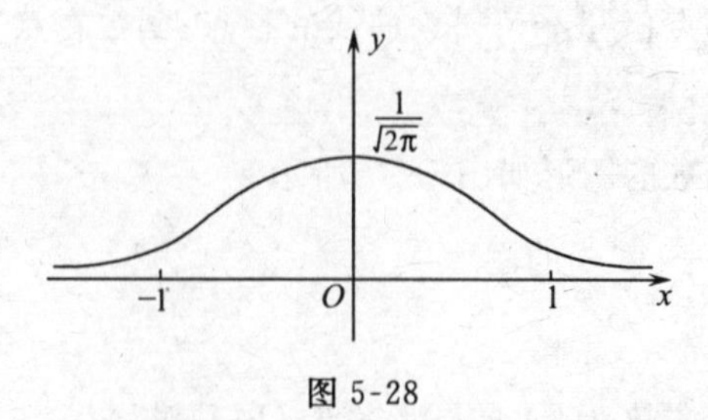

图 5-28

概率论中，将以函数 $\phi(x)=\frac{1}{\sqrt{2\pi}}e^{-\frac{x^2}{2}}$ 为密度的分布，称为正态分布. 正态分布是概率论中最重要的一种分布. 这是一个很有用的函数，请读者注意.

例 3　作函数 $y=\frac{c}{1+be^{-ax}}$（a,b,c 均为大于 0 的常数）的图形.

解　(1)函数的定义域为$(-\infty,+\infty)$；

(2)$y'=\frac{abce^{-ax}}{(1+be^{-ax})^2}>0$，

可见，函数在$(-\infty,+\infty)$上单调递增，故无极值.

$$y''=\frac{a^2bce^{-ax}(be^{-ax}-1)}{(1+be^{-ax})^3},$$

令 $y''=0$，得 $e^{-ax}=\frac{1}{b}$，即 $ax=\ln b$，所以 $x=\frac{\ln b}{a}$.

当 $x<\frac{\ln b}{a}$时，$y''>0$，曲线向上凹；

当 $x>\frac{\ln b}{a}$时，$y''<0$，曲线向下凹；

当 $x=\frac{\ln b}{a}$时，$y=\frac{c}{2}$，显然，点$\left(\frac{\ln b}{a},\frac{c}{2}\right)$为曲线的拐点.

(3) $\lim\limits_{x\to+\infty}\frac{c}{1+be^{-ax}}=c$，$\lim\limits_{x\to-\infty}\frac{c}{1+be^{-ax}}=0$.

所以，$y=0$ 及 $y=c$ 为曲线的两条水平渐近线.

(4)作出函数的图形如图 5-29 所示.

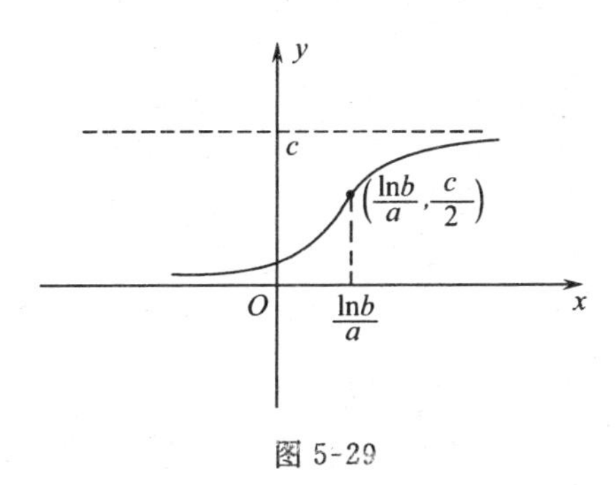

图 5-29

这条曲线称为罗吉斯蒂曲线. 该曲线所表示的函数是微分方程$dP=KP(N-P)dt$（$N,K>0$为常数）的解函数. 这个方程称为罗吉斯蒂曲线方程. 该方程表示变量的增长率$\frac{dP}{dt}$与其现时值 P，以及饱和值 N 与现时值 P 之差 $N-P$ 都成正比. 这种变量是按罗吉斯蒂曲线方程变化的. 在生物学、经济学等学科中常常可以见到这种数学模型.

§5.9 变化率与相对变化率在经济学中的应用——边际分析与弹性分析

5.9.1 边际分析法——边际函数

边际分析法是管理经济学中最常用的分析方法之一.边际分析法基于各种经济现象之间存在一定的函数关系.最常用到的函数,如成本函数、需求函数、收益函数,等等.

“边际”一词含有边缘、额外、追加的意思.在管理经济学中被用于揭示两个具有因果关系或相关关系的经济变量之间的动态函数关系.从数学的角度诠释,边际是连续函数的导数,这个导数反映自变量微小变化对因变量的影响.

我们已经知道,函数 $f(x)$ 的导数 $f'(x_0)$ 表示 $f(x)$ 在点 x_0 处的变化率,亦即因变量 y 随自变量 x 变化的“瞬时”速度.另一方面,由微分近似计算公式

$$f(x_0+1)-f(x_0)\approx f'(x_0)\cdot 1=f'(x_0)$$

表明在点 x_0 处,当自变量 x 产生 1 个单位的增量时,相应的函数近似改变了 $f'(x_0)$ 个单位.故 $f'(x_0)$ 也称为 $f(x)$ 在点 x_0 处的边际函数值.在管理经济学中,我们称导函数 $f'(x)$ 为边际函数.

例 1 函数 $y=x^2$,$y'=2x$.在点 $x=10$ 处的边际函数值 $y'(10)=20$,它表示当 $x=10$ 时,x 改变 1 个单位,y 近似改变了 20 个单位.

例 2 设某商品成本函数 $C=C(Q)$(C 为总成本,Q 为产量),其变化率 $C'=C'(Q)$ 称为边际成本.$C'(Q_0)$ 称为当产量为 Q_0 时的边际成本,通常解释为当产量达到 Q_0 时再生产一个单位产品所增添的成本.

比如,设生产某产品 Q 个单位的总成本为

$$C(Q)=1\,000+0.012Q^2\text{(元)}$$

其边际成本为

$$C'(Q)=0.024Q\text{(元)}$$

$$C'(1\,000)=24\text{(元)}$$

上式表示当产量达到 1 000 个单位时,再增加一个单位产品,则增加 24 元的成本.

例 3 某商品的总收益函数为

$$R(Q)=10Q-\frac{Q^2}{5}\quad (Q\text{ 为销售量})$$

边际收益

$$R'(Q)=10-\frac{2}{5}Q$$

$$R'(30)=10-\frac{2}{5}\times 30=-2$$

上式表示当销售量为 30 个单位时,再售出 1 个单位产品,总收益反而减少 2 个单位收益.

5.9.2 成 本

成本是企业为获得所需要的各项资源而付出的代价.成本由固定成本与可变成本组成.

在生产技术水平和生产要素的价格固定不变的条件下,产品的总成本、平均成本与边际

成本都是产量的函数.

设 C 为总成本. C_1 为固定成本,C_2 为可变成本,$\overline{C}$ 为平均成本,C' 为边际成本,Q 为产量,则有:

总成本函数 $C=C(Q)=C_1+C_2(Q)$

平均成本函数 $\overline{C}=\overline{C}(Q)=\dfrac{C(Q)}{Q}=\dfrac{C_1}{Q}+\dfrac{C_2(Q)}{Q}$

边际成本函数 $C'=C'(Q)$.

若已知总成本 $C(Q)$,通过除法可以求出平均成本 $\overline{C}(Q)=\dfrac{C(Q)}{Q}$;

若已知平均成本 $\overline{C}(Q)$,通过乘法可以求出总成本 $C(Q)=\overline{C}(Q)\cdot Q$;

例 1 已知某商品的总成本函数为

$$C=C(Q)=100+\frac{Q^2}{4}$$

求当 $Q=10$ 时的总成本、平均成本与边际成本.

解 因为 $$C=100+\frac{Q^2}{4}$$

有 $$\overline{C}=\frac{C}{Q}=\frac{100}{Q}+\frac{Q}{4},C'=\frac{Q}{2}$$

当 $Q=10$ 时,总成本 $$C(10)=100+\frac{100}{4}=125$$

平均成本 $$\overline{C}(10)=\frac{100}{10}+\frac{10}{4}=12.5$$

边际成本 $$C'(10)=\frac{10}{2}=5.$$

例 2 例1中的商品,当产量 Q 为多少时,平均成本最小?

解 $$\overline{C}=\frac{C}{Q}=\frac{100}{Q}+\frac{Q}{4}$$

$$\overline{C}'=-\frac{100}{Q^2}+\frac{1}{4},\overline{C}''=\frac{200}{Q^3}$$

令 $\overline{C}'=0$,得 $Q^2=400$,$Q=20$(只取正值),又 $\overline{C}''(20)>0$,所以当 $Q=20$ 时,平均成本最小.

5.9.3 收 益

总收益是生产者出售一定量产品所得到的全部收入. 平均收益是生产者出售一定量产品,平均每出售单位产品所得到的收入,即单位商品的价格.

边际收益为总收益的变化率. 总收益、平均收益与边际收益均为产量的函数.

设 P 为商品价格,Q 为商品量,R 为收益,$\overline{R}$ 为平均收益,$R'(Q)$为边际收益,则有:

需求函数 $P=P(Q)$ (或 $Q=Q(P)$)

总收益函数 $R(Q)=P\cdot Q$

平均收益函数 $\overline{R}=\overline{R}(Q)=\dfrac{R(Q)}{Q}$

边际收益函数 $R'=R'(Q)$.

总收益与平均收益的关系为

$$\overline{R}(Q)=\frac{R(Q)}{Q}=\frac{Q\cdot P(Q)}{Q}=P(Q)$$

$$R(Q)=\overline{R}(Q)\cdot Q.$$

总收益与边际收益的关系为

$$R'(Q)=[Q\cdot P(Q)]'=P(Q)+Q\cdot P'(Q)$$

例 1 设某商品的价格与销售量的关系为 $P=10-\frac{Q}{5}$,求销售量为 30 时的总收益、平均收益与边际收益.

解 $R(Q)=Q\cdot P(Q)=10Q-\frac{Q^2}{5}$, $R(30)=120$

$\overline{R}(Q)=P(Q)=10-\frac{Q}{5}$, $\overline{R}(30)=4$

$R'(Q)=10-\frac{2Q}{5}$, $R'(30)=-2$.

下面我们利用边际概念讨论一类经济问题最优化原则——最大利润原则.

设总收益为 $R(Q)$,总成本为 $C(Q)$,其中 Q 为产量(或销量),则总利润为

$$L(Q)=R(Q)-C(Q)$$

$$L'(Q)=R'(Q)-C'(Q)$$

$L(Q)$取得最大值的必要条件为

$$L'(Q)=0,\text{ 即 } R'(Q)=C'(Q).$$

即最优产量必是利润函数的驻点,所以利润最大化的必要条件是:边际收益等于边际成本.

$L(Q)$取得最大值的充分条件为

$$L''(Q)<0,\text{ 即 } R''(Q)<C''(Q).$$

于是可以取得最大利润的充分条件是:边际收益的变化率小于边际成本的变化率.

例 2 设某产品的价格函数为 $P=60-\frac{Q}{1\,000}(Q\geqslant 10^4)$,其中 Q 为销售量(件),又设生产这种产品 Q 件的总成本为 $C(Q)=60\,000+20Q$,试求收益函数,并求产量 Q 为多少时利润 L 最大,验证最大利润原则.

解 收益函数为

$$R(Q)=P(Q)\cdot Q=60Q-\frac{Q^2}{1\,000}\quad(Q\geqslant 10^4)$$

所以 $L(Q)=R(Q)-C(Q)$

$$=60Q-\frac{Q^2}{1\,000}-60\,000-20Q=40Q-\frac{Q^2}{1\,000}-60\,000$$

令 $L'(Q)=0$,得 $\frac{Q}{500}=40$,所以 $Q=20\,000$(件).

$L''(Q)=-\frac{1}{500}<0$,故当产量 $Q=20\,000$ 件时利润最大.此时

$$R'(20\ 000)=60-\frac{20\ 000}{500}=20$$

$$C'(20\ 000)=20$$

即
$$R'(20\ 000)=C'(20\ 000).$$

又
$$R''(20\ 000)=-\frac{1}{500}$$

$$C''(20\ 000)=0$$

即有　$R''(20\ 000)<C''(20\ 000)$，显然符合利润最大原则.

例 3　某工厂生产某种产品，固定成本为 20 000 元，每生产一单位产品，成本增加 100 元. 又已知总收益 R 是年产量 Q 的函数

$$R=R(Q)=\begin{cases}400Q-\dfrac{1}{2}Q^2, & 0\leqslant Q\leqslant 400\\ 80\ 000, & Q>400\end{cases}$$

试问每年生产多少产品时，总利润最大？此时利润是多少？

解　总成本函数为

$$C=C(Q)=20\ 000+100Q$$

从而总利润函数为

$$\begin{aligned}L(Q)&=R(Q)-C(Q)\\&=\begin{cases}300Q-\dfrac{Q^2}{2}-20\ 000, & 0\leqslant Q\leqslant 400\\ 60\ 000-100Q, & Q>400\end{cases}\end{aligned}$$

$$L'(Q)=\begin{cases}300-Q, & 0\leqslant Q\leqslant 400\\ -100, & Q>400\end{cases}$$

令 $L'(Q)=0$，得 $Q=300$，$L''(300)<0$，所以 $Q=300$ 时 L 最大，此时

$$L(300)=25\ 000.$$

即当年产量为 300 个单位时总利润最大，此时总利润为 25 000 元.

5.9.4　函数的相对变化率——函数的弹性与灵敏度分析

函数的导数或变化率是将自变量与因变量的绝对改变量进行比较，以刻画因变量随自变量变化的快慢程度. 在经济活动分析中，往往需要对两个变量的相对改变量进行比较，以反映变化的本质及因变量对自变量反应的灵敏度.

例如，甲商品每单位价格 10 元，涨价 1 元，乙商品每单位价格 100 元，也涨价 1 元. 它们的绝对改变量都是 1 元. 提价虽然一样，但其本质却是前者提价 10%，后者仅提价 1%，其变化程度有显著差异.

再如，一般来说，价格与销售量是反向变化的. 设某商品从 10 元涨至 12 元时，销售量从 100 件降至 66 件. 简单地将二者的绝对改变量进行比较不能深入地反映销量对于价格的依赖关系. 事实上，由价格上涨 20% 导致销量下降 34%，可以说明，当价格水平达到 10 元时，每涨价 1% 时，销量下降 1.7%，即 $\dfrac{34\%}{20\%}=1.7$. 这样将二者的相对改变量进行比较后便能反映出销量对于价格变化的反应灵敏度. 因此我们有必要研究函数的相对改变量与相对变化率. 本例中

的 20%与 34%就是两个相对改变量,而$\frac{34\%}{20\%}=1.7$,就是相对变化率.

定义 5.5 设函数 $y=f(x)$在点 $x=x_0$ 处可导,函数的相对改变量

$$\frac{\Delta y}{y_0}=\frac{f(x_0+\Delta x)-f(x_0)}{f(x_0)}$$

与自变量的相对改变量$\frac{\Delta x}{x_0}$之比$\frac{\Delta y/y_0}{\Delta x/x_0}$,称为函数 $f(x)$从 $x=x_0$ 到 $x=x_0+\Delta x$ 两点间的相对变化率,或称两点间的弹性. 当 $\Delta x\to 0$ 时,$\frac{\Delta y/y_0}{\Delta x/x_0}$的极限称为 $f(x)$在$x=x_0$处的相对变化率,也就是相对导数,或称弹性. 记做

$$\left.\frac{Ey}{Ex}\right|_{x=x_0}\quad ,或\frac{E}{Ex}f(x_0)$$

即
$$\left.\frac{Ey}{Ex}\right|_{x=x_0}=\lim_{\Delta x\to 0}\frac{\Delta y/y_0}{\Delta x/x_0}=\lim_{\Delta x\to 0}\frac{\Delta y}{\Delta x}\cdot\frac{x_0}{y_0}=f'(x_0)\frac{x_0}{f(x_0)}.$$

当 x_0 为定值时,$\left.\frac{Ey}{Ex}\right|_{x=x_0}$为定值.

对一般的变量 x,若 $f(x)$可导,则有

$$\frac{Ey}{Ex}=\lim_{\Delta x\to 0}\frac{\Delta y/y}{\Delta x/x}=\lim_{\Delta x\to 0}\frac{\Delta y}{\Delta x}\cdot\frac{x}{y}=y'\frac{x}{y}$$

是 x 的函数,称为 $f(x)$的弹性函数.

函数 $f(x)$在点 x 的弹性$\frac{E}{Ex}f(x)$反映随 x 的变化 $f(x)$变化幅度的大小,也就是 $f(x)$对 x 变化反应的强烈程度或灵敏度.

$\frac{E}{Ex}f(x_0)$表示在点 $x=x_0$ 处,当 x 产生 1%的改变时,$f(x)$近似地改变$\frac{E}{Ex}f(x_0)\%$,在实际应用问题中解释弹性的具体意义时,常略去“近似”两字.

注意:两点间的弹性是有方向性的,这是因为“相对性”是对初始值相对而言的.

弹性的本质是函数的相对变化率,表现因变量对自变量的相对变化所作出的反应即灵敏度. 例如,设$\left.\frac{Ey}{Ex}\right|_{x=x_0}=a$,即

$$\lim_{\Delta x\to 0}\frac{\Delta y/y_0}{\Delta x/x_0}=\frac{dy}{dx}\cdot\frac{x_0}{y_0}=\frac{dy/y_0}{dx/x_0}=a$$

若$\frac{\Delta x}{x_0}=1\%$,即$\frac{dx}{x_0}=1\%$,则$\frac{dy}{y_0}=a\times 1\%$,又因 $dy\approx\Delta y$,故$\frac{\Delta y}{y_0}\approx a\%$,这就是说,当 x 在 x_0 处变化(上升或下降)1%时,y 近似变化(上升或下降)$a\%$,所以弹性是 $f(x)$对 x 变化反应的灵敏度.

例 1 求函数 $y=3+2x$ 在 $x=3$ 处的弹性.

解
$$\frac{Ey}{Ex}=y'\cdot\frac{x}{y}=\frac{2x}{3+2x}$$

因此
$$\left.\frac{Ey}{Ex}\right|_{x=3}=\frac{6}{9}=\frac{2}{3}.$$

例 2 求函数 $y=100e^{3x}$的弹性函数及$\left.\frac{Ey}{Ex}\right|_{x=2}$.

解
$$\frac{Ey}{Ex}=y'\cdot\frac{x}{y}=\frac{300e^{3x}\cdot x}{100e^{3x}}=3x$$
$$\left.\frac{Ey}{Ex}\right|_{x=2}=3\times2=6.$$

例3 求幂函数 $y=x^{\mu}$（μ 为实数）的弹性函数.

解
$$\frac{Ey}{Ex}=y'\frac{x}{y}=\mu x^{\mu-1}\cdot\frac{x}{x^{\mu}}=\mu.$$

例3表明，幂函数的弹性函数为一常数，即在任意点处弹性不变，所以称为不变弹性函数.

5.9.5 需求函数与供给函数

1. 需求函数

“需求”是指在一定价格条件下，消费者愿意并且有能力购买的某种商品或服务的数量.

影响需求的因素是多种的，而商品的价格是影响需求的一个主要因素. 此外，消费者的经济收入的增减，其他代用品的价格等都会影响需求. 我们现在略去价格以外的其他因素，只研究需求与价格的关系.

设 P 表示商品价格，Q 表示需求量，则有
$$Q=f(P)\quad (P\text{ 为自变量},Q\text{ 为因变量})$$
称为需求函数. 通常情况下，需求函数为一单调减少函数.

因为 $Q=f(P)$ 为单调减少函数，故存在反函数 $P=f^{-1}(Q)$，也称为需求函数.

由于影响需求的因素较多，因此要准确地给出需求量与影响这一数量的诸因素之间的数学表达式是困难的. 在实践中，常用一些简单的初等函数来拟合需求函数，建立需求经验曲线. 如：

线性函数 $Q=b-aP,\quad a,b>0$

反比函数 $Q=\dfrac{k}{P},\quad k>0,P\neq0$

幂函数 $Q=\dfrac{k}{P^{\mu}},\quad \mu,k>0,P\neq0$

指数函数 $Q=ae^{-bP},\quad a,b>0.$

需求函数 $Q=f(P)$ 的边际函数 $Q'=f'(Q)$，称为边际需求.

例如，若已知需求函数 $Q=12-\dfrac{P^2}{4}$，则边际需求函数为
$$Q'=-\frac{P}{2}.$$

当 $P=8$ 时，$Q'(8)=-4$ 称为 $P=8$ 时的边际需求. Q' 表示：当 $P=8$，价格上涨（下跌）1个单位时，需求将减少（增加）4个单位.

2. 供给函数

“供给”是指在一定价格条件下，生产者愿意出售并且有能力出售的商品量.

供给也是由多种因素决定的. 同样，我们略去价格以外的其他因素，只讨论供给与价格的关系.

设 P 表示商品的价格，Q 表示供给量，则有

$$Q=\phi(P)\quad (P\text{ 为自变量}, Q\text{ 为因变量})$$

称为供给函数.不难理解,供给函数在一般情况下为一单调增加函数.如同需求函数一样,在实际问题中也通常用一些简单的初等函数来近似(拟合)表示,建立供给函数的经验曲线.如

线性函数 $Q=aP-b,\quad a,b>0$

幂函数 $Q=kP^{\mu},\quad k,\mu>0$

指数函数 $Q=ae^{bP},\quad a,b>0.$

3. 均衡价格

均衡价格是市场上需求量与供给量相等时的价格.在图 5-30 中,以 D 表示需求函数曲线 $Q=f(P)$,S 表示供给函数曲线 $Q=\phi(P)$,在两曲线交点 E 处的横坐标为 $P=P_0$.在 P_0 处,需求量与供给量均为 $Q_0=Q(P_0)$,称为均衡商品量.

当 $P<P_0$ 时,如图 5-31 中的 $P=P_1$ 处,此时消费者希望购买的商品量为 $Q(D)$,生产者愿意出售的商品量为 $Q(S)$,$Q(D)>Q(S)$.市场上商品出现“供不应求”,商品短缺必然出现抢购、黑市等情况,这种情况不会持久,必然导致价格上扬,P 增大.

当 $P>P_0$ 时,如图 5-31 中的 $P=P_2$ 处,此时 $Q(D)<Q(S)$,市场上出现供大于求,商品滞销.这种情况也不会持久,必然导致价格下跌,P 减少.

总之,市场上的商品价格将围绕均衡价格波动.

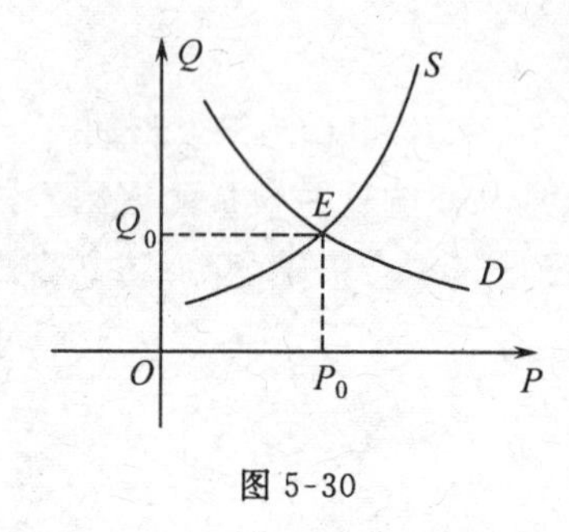

图 5-30

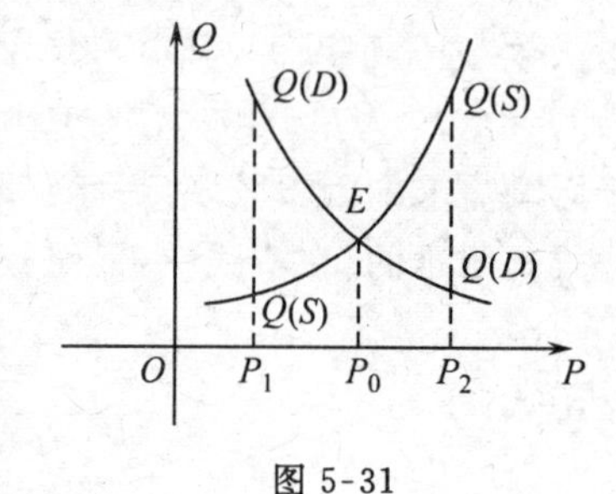

图 5-31

例 1 设某商品的需求函数为 $Q=b-aP$,$(a,b>0)$,供给函数为 $Q=cP-d(c,d>0)$,求均衡价格 P_0.

解

$$b-aP_0=cP_0-d$$

$$(a+c)P_0=b+d$$

$$P_0=\frac{b+d}{a+c}.$$

5.9.6 需求弹性与供给弹性

需求弹性是刻画当商品价格变动时需求变动的强弱.由于需求函数 $Q=f(P)$ 为单调减少函数,ΔP 与 ΔQ 异号,P_0,Q_0 为正数.于是,$\dfrac{\Delta Q/Q_0}{\Delta P/P_0}$ 与 $f'(P_0)\dfrac{P_0}{Q_0}$ 皆为负数.为了用正数表示需求弹性,于是采用需求函数相对变化率的反号函数来定义需求弹性.

定义 5.6 设某商品需求函数 $Q=f(P)$ 在 $P=P_0$ 处可导,$-\dfrac{\Delta Q/Q_0}{\Delta P/P_0}$ 称为该商品在 $P=$

P_0 与 $P=P_0+\Delta P$ 两点间的需求弹性. 记做

$$\bar{\eta}(P_0, P_0+\Delta P)=-\frac{\Delta Q}{\Delta P}\cdot\frac{P_0}{Q_0}$$

而

$$\lim_{\Delta P\to 0}\left(-\frac{\Delta Q/Q_0}{\Delta P/P_0}\right)=-f'(P_0)\frac{P_0}{f(P_0)}$$

称为该商品在 $P=P_0$ 处的需求弹性. 记做

$$\eta\big|_{P=P_0}=\eta(P_0)=-f'(P_0)\frac{P_0}{f(P_0)}.$$

例 1　已知某商品需求函数为 $Q=\frac{1\,200}{P}$,试求:

(1)从 $P=30$ 到 $P=20$、25、32、50 各点间的需求弹性;

(2)$P=30$ 时的需求弹性.

解　(1)列表如表 5-8 所示.

表 5-8

P	20	25	30	32	50
Q	60	48	40	37.5	24
ΔP	-10	-5		2	20
ΔQ	20	8		-2.5	-16
$\frac{\Delta P}{P}$	$-\frac{10}{30}\approx-0.33$	$-\frac{5}{30}\approx-0.17$		$\frac{2}{30}\approx0.067$	$\frac{20}{30}\approx0.67$
$\frac{\Delta Q}{Q}$	$\frac{20}{40}=0.5$	$\frac{8}{40}=0.2$		$-\frac{2.5}{4.0}=-0.062\,5$	$-\frac{16}{40}=-0.4$
$\bar{\eta}$	1.5	1.2		0.93	0.6

举两个例子说明其经济意义.

$\bar{\eta}(30,20)=1.5$,说明当商品价格从 30 降至 20 时,在这一区间内,P 从 30 每降低 1%,需求从 40 平均增加 1.5%.

$\bar{\eta}(30,50)=0.6$,说明当商品价格 P 从 30 涨至 50 时,在这一区间内 P 从 30 每上涨 1%,需求从 40 平均减少 0.6%.

(2)

$$Q'=-\frac{1\,200}{P^2}$$

$$\eta(P)=\frac{1\,200}{P^2}\cdot\frac{P}{\frac{1\,200}{P}}=\frac{1\,200}{P^2}\cdot\frac{P^2}{1\,200}=1$$

$$\eta(30)=1.$$

这说明在 $P=30$ 时,价格上涨 1%,需求则减少 1%;价格下跌 1%,需求则增加 1%. 该需求函数为幂函数,是不变弹性函数,即 P 为任何值时均有 $\eta=1$.

例 2　设某商品需求函数为 $Q=e^{-\frac{P}{5}}$,试求:

(1)需求弹性函数;

(2)$P=3,P=5,P=6$ 时的需求弹性.

解(1)
$$Q'=-\frac{1}{5}e^{-\frac{P}{5}}$$

$$\eta(P)=\frac{1}{5}e^{-\frac{P}{5}}\cdot\frac{P}{e^{-\frac{P}{5}}}=\frac{P}{5}$$

(2)
$$\eta(3)=\frac{3}{5}=0.6$$

$$\eta(5)=\frac{5}{5}=1$$

$$\eta(6)=\frac{6}{5}=1.2$$

$\eta(5)=1$,说明当 $P=5$ 时,价格与需求变动的幅度相同.

$\eta(3)=0.6<1$,说明当 $P=3$ 时,需求变动的幅度小于价格变动的幅度.即当 $P=3$ 时,价格上涨1%,需求只减少0.6%.

$\eta(6)=1.2>1$,说明当 $P=6$ 时,需求变动的幅度大于价格变动的幅度.即当 $P=6$ 时,价格上涨1%,需求减少1.2%.

定义5.7 某商品供给函数 $Q=Q(P)$ 在 $P=P_0$ 处可导,$\frac{\Delta Q/Q_0}{\Delta P/P_0}$称为该商品在 $P=P_0$ 与 $P=P_0+\Delta P$ 两点间的供给弹性.记做

$$\bar{\varepsilon}(P_0,P_0+\Delta P)=\frac{\Delta Q}{\Delta P}\cdot\frac{P_0}{Q_0}$$

而
$$\lim_{\Delta P\to 0}\frac{\Delta Q/Q_0}{\Delta P/P_0}=Q'(P_0)\cdot\frac{P_0}{Q_0}$$

称为该商品在 $P=P_0$ 处的供给弹性.记做

$$\varepsilon\big|_{P=P_0}=\varepsilon(P_0)=Q'(P_0)\frac{P_0}{Q(P_0)}.$$

5.9.7 需求价格弹性与总收益的关系

假设某商品的需求函数为 $Q=f(P)$,其中 Q 为需求量,P 为价格.则总收益函数

$$R=P\cdot Q=P\cdot f(P)$$

边际收益

$$\begin{aligned}R'&=[P\cdot f(P)]'=f(P)+Pf'(P)\\&=f(P)\left[1+f'(P)\cdot\frac{P}{f(P)}\right]=f(P)(1-\eta).\end{aligned}$$

由此,我们有下列结论:

(1)当 $\eta<1$ 时,需求变动的幅度小于价格变动的幅度,也称需求对价格缺乏弹性.因为 $R'>0$,意味着总收益与价格同向变化.当价格上涨时总收益也增加,价格下跌时,总收益减少.

(2)当 $\eta>1$ 时,需求变动的幅度大于价格变动的幅度,也称需求对价格富有弹性.因为 $R'<0$,意味着总收益与价格异向变化.故当价格上涨时总收益下降,而当价格下跌时,总收

益增加.

(3)当 $\eta=1$ 时,需求变动的幅度与价格变动的幅度相同,有时也称需求对价格有单位弹性.因为 $R'=0$,说明总收益不随价格的变动而变动.此时,总收益达到最大.

可见,总收益的变化受需求弹性的制约,随商品需求弹性的变化而变化,其关系如图5-32所示.

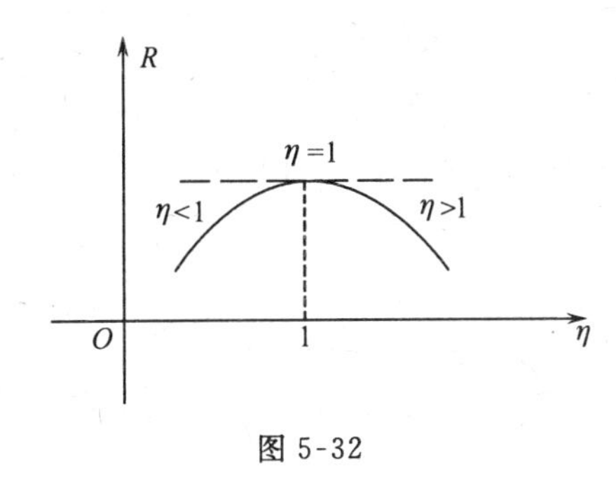

图 5-32

例 1　设某商品需求函数为 $Q=Q(P)=75-P^2$,试求:

(1)$P=4$ 时的边际需求,并说明其经济意义;

(2)$P=4$ 时的弹性需求,并说明其经济意义;

(3)当 $P=4$ 时,若价格上涨 1%,总收益将变化多少? 是增加还是减少?

(4)当 $P=6$ 时,若价格上涨 1%,总收益将变化多少? 是增加还是减少?

(5)P 为多大时,总收益最大?

解　(1)边际需求函数 $Q'=-2P$

$$Q'(4)=-8$$

当价格为 4 个单位时,若价格再增加 1 个单位,需求将减少 8 个单位.

(2)需求弹性函数

$$\eta=-Q'(P)\cdot\frac{P}{Q}=2P\cdot\frac{P}{75-P^2}=\frac{2P^2}{75-P^2}$$

$$\eta\big|_{P=4}=\frac{2\times16}{75-16}=\frac{32}{59}$$

因为 $\eta=\frac{32}{59}<1$,说明需求变动的幅度小于价格变动的幅度.由于$R'>0$,所以 R 递增,即价格上涨,总收益增加,价格下跌,总收益减少.

(3)总收益函数

$$R=P\cdot Q=75P-P^3$$

收益弹性函数

$$\frac{ER}{EP}=R'\cdot\frac{P}{R}=\frac{(75-3P^2)P}{75P-P^3}$$

$$\left.\frac{ER}{EP}\right|_{P=4}=\frac{(75-3\times16)\times4}{75\times4-4^3}=\frac{108}{300-64}\approx0.46$$

所以当价格上涨 1%时,总收益将增加 0.46%.

(4)
$$\left.\frac{ER}{EP}\right|_{P=6}=\frac{(75-3\times 36)\times 6}{75\times 6-6^3}=-\frac{198}{234}\approx -0.85$$

所以当价格 P 上涨 1%时,总收益将减少 0.85%.

(5)令 $R'=0$,得 $75-3P^2=0$

解之得
$$P=5\quad(\text{舍去 } P=-5)$$
$$R(5)=250$$
$$R''(5)=-6\times 5=-30<0$$

当价格 $P=5$ 时总收益最大,最大收益为 250.

习 题 5

1. 验证罗尔定理对函数 $y=\ln\sin x$ 在区间 $\left[\frac{\pi}{6},\frac{5\pi}{6}\right]$ 上的正确性,并求 ξ.
2. 验证拉格朗日中值定理对函数 $y=4x^3-5x^2+x-2$ 在区间 $[0,1]$ 上的正确性,并求 ξ.
3. 对函数 $f(x)=\sin x$ 及 $F(x)=x+\cos x$ 在区间 $\left[0,\frac{\pi}{2}\right]$ 上验证柯西中值定理的正确性.
4. 按下述方法证明柯西中值定理是否正确?并说明其理由.
   "因为 $f(x)$,$F(x)$ 均在 $[a,b]$ 上满足拉格朗日定理的条件,从而由拉格朗日中值定理,存在 $\xi\in(a,b)$ 使得
   $$f'(\xi)=[f(b)-f(a)]/(b-a),\quad F'(\xi)=[F(b)-F(a)]/(b-a)$$
   因 $F'(\xi)\neq 0$,$F(b)-F(a)\neq 0$. 将上述两式相除即得定理结论".
5. 不用求出函数 $f(x)=(x-1)(x-2)(x-3)(x-4)$ 的导数,说明方程 $f'(x)=0$ 有几个实根,并指出根所在的区间.
6. 证明方程 $x^3-3x+c=0$ 在开区间 $(0,1)$ 内不含两个相异的实根,其中 c 为常数.
7. 设 $\frac{a_0}{n+1}+\frac{a_1}{n}+\cdots+\frac{a_{n-1}}{2}+a_n=0$,证明:方程 $a_0x^n+a_1x^{n-1}+\cdots+a_{n-1}x+a_n=0$ 在 $(0,1)$ 内至少有一个根.
8. 若函数 $f(x)$ 在 (a,b) 内具有二阶导数,且 $f(x_1)=f(x_2)=f(x_3)$,其中 $a<x_1<x_2<x_3<b$. 证明:在 (x_1,x_3) 内至少有一点 ξ,使得 $f''(\xi)=0$.
9. 设 $f(x)$ 在 $[0,1]$ 上连续,在 $(0,1)$ 内可导,且 $f(0)=f(1)=0$,$f\left(\frac{1}{2}\right)=\frac{1}{2}$. 证明:在 $(0,1)$ 内至少存在一点 ξ,使 $f'(\xi)=\eta$,其中 $0<\eta<1$.
10. 设 $f(x)$,$g(x)$ 在 $[a,b]$ 上连续,在 (a,b) 内可导,证明在 (a,b) 内存在一点 ξ,使
    $$\begin{vmatrix} f(a) & f(b) \\ g(a) & g(b) \end{vmatrix}=(b-a)\begin{vmatrix} f(a) & f'(\xi) \\ g(a) & g'(\xi) \end{vmatrix}.$$
11. 证明:若函数 $f(x)$ 在 $(-\infty,+\infty)$ 内满足关系式 $f'(x)=f(x)$,且 $f(0)=1$,则
    $$f(x)=e^x.$$
12. 证明下列不等式
    (1) $|\arctan a-\arctan b|\leqslant|a-b|$;
    (2) $\frac{a-b}{a}<\ln\frac{a}{b}<\frac{a-b}{b}$, $(a>b>0)$;

(3) 当 $a>b>0,n>1$ 时，$nb^{n-1}(a-b)<a^n-b^n<na^{n-1}(a-b)$.

13. 证明恒等式：$\arcsin x+\arccos x=\frac{\pi}{2}$，$(-1\leqslant x\leqslant 1)$.

14. 求下列极限

(1) $\lim\limits_{x\to 0}\frac{\ln\cos ax}{x^2}$；　(2) $\lim\limits_{x\to 0}\frac{\ln(1+x)-x}{\tan^2 x}$；

(3) $\lim\limits_{x\to\frac{\pi}{2}}\frac{\ln\sin x}{(\pi-2x)^2}$；　(4) $\lim\limits_{x\to 0}\left(\frac{1}{x}-\frac{1}{e^x-1}\right)$；

(5) $\lim\limits_{x\to+\infty}\frac{\ln\left(1+\frac{1}{x}\right)}{\operatorname{arccot}x}$；　(6) $\lim\limits_{x\to 0}\frac{\ln(1+x^2)}{\sec x-\cos x}$；

(7) $\lim\limits_{x\to+\infty}x\left(\ln\frac{2}{\pi}\arctan x\right)$；　(8) $\lim\limits_{x\to 0^+}(e^x-1)\ln x$；

(9) $\lim\limits_{x\to 1}(2-x)^{\tan\frac{\pi x}{2}}$；　(10) $\lim\limits_{x\to 0^+}\left(\frac{1}{x}\right)^{\sin x}$.

15. 验证下列极限存在，但不能用洛必达法则得出

(1) $\lim\limits_{x\to 0}\frac{x^3\sin\frac{1}{x}}{\sin^2 x}$；　(2) $\lim\limits_{x\to\infty}\frac{x+\cos x}{x-\cos x}$；　(3) $\lim\limits_{x\to 1}\frac{2\sin^2\frac{\pi x}{2}}{\pi(2-x)}$.

16. 用泰勒公式求极限

(1) $\lim\limits_{x\to 0}\frac{\cos x-e^{-\frac{x^2}{2}}}{x^4}$；　(2) $\lim\limits_{x\to\infty}\left[x-x^2\ln\left(1+\frac{1}{x}\right)\right]$；

(3) $\lim\limits_{x\to 0}\frac{\tan x\arctan x-x^2}{x^6}$；　(4) $\lim\limits_{x\to\infty}\left(\sqrt[6]{x^6+x^5}-\sqrt[6]{x^6-x^5}\right)$.

17. 用适当的方法求下列极限

(1) $\lim\limits_{x\to\infty}\frac{x^2\sin\frac{1}{x}}{2x-1}$；　(2) $\lim\limits_{x\to 0}\frac{(1+x)^{\frac{1}{x}}-e}{x}$；

(3) $\lim\limits_{x\to 0}\frac{e^x-e^{\sin x}}{x-\sin x}$；　(4) $\lim\limits_{x\to 0}\frac{1-\cos x^2}{x^3\sin x}$；

(5) $\lim\limits_{n\to\infty}(3^n+2^n+1)^{\frac{1}{n}}$；　(6) 已知 $\lim\limits_{x\to 0}\frac{\sin 6x+xf(x)}{x^3}=0$，求 $\lim\limits_{x\to 0}\frac{6+f(x)}{x^2}$.

18. 讨论函数

$$f(x)=\begin{cases}\left[\frac{(1+x)^{\frac{1}{x}}}{e}\right]^{\frac{1}{x}}, & x>0\\ e^{-\frac{1}{2}}, & x\leqslant 0\end{cases}$$

在点 $x=0$ 处的连续性.

19. 单调函数的导函数是否必为单调函数？研究例子：$f(x)=x+\sin x$.

20. 证明方程 $\sin x=x$ 只有一个实根.

21. 讨论方程 $\ln x=ax\,(a>0)$ 有几个实根.

22. 确定下列函数的单调区间

(1) $f(x)=2x^2-\ln x$；　(2) $f(x)=x-2\sin x\quad(0\leqslant x\leqslant 2\pi)$；

(3) $f(x)=2x^3-6x^2-18x-7$；　　(4) $f(x)=(x-1)(x+1)^3$；

(5) $f(x)=x^n e^{-x}\quad(n>0,x\geqslant 0)$；　(6) $f(x)=x\sqrt{(x+1)^3}$.

23. 证明下列不等式

(1) 当 $x>0$ 时，$1+\frac{1}{2}x>\sqrt{1+x}$；

(2) 当 $x>0$ 时，$1+x\ln(x+\sqrt{1+x^2})>\sqrt{1+x^2}$；

(3) 当 $0<x<\frac{\pi}{2}$ 时，$\sin x+\tan x>2x$；

(4) 当 $0<x<\frac{\pi}{2}$ 时，$\tan x>x+\frac{x^3}{3}$；

(5) 当 $x>4$ 时，$2^x>x^2$.

24. 求下列函数的极值点与极值

(1) $f(x)=(x-3)^2(x+1)^3$；

(2) $f(x)=\arctan x-\frac{1}{2}\ln(1+x^2)$；

(3) $f(x)=\frac{2x}{1+x^2}$；　　(4) $f(x)=2-(x-1)^{\frac{2}{3}}$；

(5) $y=x^{\frac{1}{x}}$；　　(6) $y=x+\tan x$.

25. 证明：如果函数 $f(x)=ax^3+bx^2+cx+d$ 满足条件 $b^2-3ac<0$，那么该函数没有极值.

26. 试问 a 为何值时，函数 $f(x)=a\sin x+\frac{1}{3}\sin 3x$ 在 $x=\frac{\pi}{3}$ 处取得极值？这个极值是极大值还是极小值？并求该极值.

27. 求下列函数在给定区间上的最大值与最小值

(1) $y=2x^3-3x^2,\quad -1\leqslant x\leqslant 4$；

(2) $y=x^4-8x^2+2,\quad -1\leqslant x\leqslant 3$；

(3) $y=x+\sqrt{1-x},\quad -5\leqslant x\leqslant 1$；

(4) $y=\frac{x^2}{1+x},\quad -\frac{1}{2}\leqslant x\leqslant 1$.

28. 求数列 $\left\{\frac{\sqrt{n}}{n+10\,000}\right\}$ 的最大项.

29. 讨论方程 $x^3+px+q=0$ 有唯一实根和有三个相异实根的条件.

30. 欲做一个容积为 $300\mathrm{m}^3$ 的无盖圆柱形水箱，已知箱底单位造价为周围单位造价的两倍. 试问应如何设计，可以使总造价最低？

31. 用汽船拖载重相等的小船若干只，在两港之间来回运送货物. 已知每次拖 4 只小船一日能来回 16 次，每次拖 7 只则一日能来回 10 次，如果小船增多的只数与来回减少的次数成正比，试问每日来回多少次，每次拖多少只小船能使运货总量达到最大？

32. 甲船以每小时 20km 的速度向东行驶，同一时间乙船在甲船正北 82km 处以每小时 16km 的速度向南行驶，试问经过多少时间两船距离最近？

33. 对物体的长度进行了 n 次测量，得 n 个数 $x_1,x_2,\cdots,x_n$，现在要确定一个量 x，使得它与测得的数值之差的平方和为最小，x 应是多少？

34. 某工厂生产某种商品，其年销售量为 100 万件，每批生产需增加准备费 1 000 元，而每件的库存费为 0.05 元. 如果年销售率是均匀的，且上批销售完后，立即再生产下一批(此时商品库存量为批量的一半)，试问应分几批生产，能使生产准备费及库存费之和最小？

35. 某商店每年销售某种商品 a 件，每次购进的手续费为 b 元，而每件的库存费为 c 元/年. 若该商品均匀销售，且上批销售完后，立即进下一批货，试问商店应分几批购进这种商品，能使所用的手续费及库存费总和最少？

36. 判定下列曲线的凹凸性及拐点

(1) $y=x+\frac{1}{x}$；　(2) $y=x\arctan x$；

(3) $y=\ln(1+x^2)$；　(4) $y=\frac{2x}{1+x^2}$；

(5) $y=xe^{-x}$；　(6) $y=x^4(12\ln x-7)$.

37. 利用函数图形的凸凹性，证明不等式

(1) $\frac{1}{2}(x^n+y^n)>\left(\frac{x+y}{2}\right)^n \quad (x>0,y>0,x\neq y,n>1)$；

(2) $\frac{e^x+e^y}{2}>e^{\frac{x+y}{2}} \quad (x\neq y)$.

38. 证明曲线 $y=\frac{x-1}{x^2+1}$ 有三个拐点位于同一直线上.

39. 试问 a,b 为何值时，点(1,3)为曲线 $y=ax^3+bx^2$ 的拐点？

40. 试决定曲线 $y=ax^3+bx^2+cx+d$ 中的 a,b,c,d，使得点(−2,44)为驻点，点(1,−10)为拐点.

41. 试决定 $y=k(x^2-3)^2$ 中 k 的值，使曲线的拐点处的法线通过原点.

42. 设 $y=f(x)$ 在 $x=x_0$ 的某邻域内具有三阶连续导数，如果 $f'(x_0)=f''(x_0)=0$，$f'''(x_0)\neq 0$. 试问 $x=x_0$ 是否为极值点？为什么？又 $(x_0,f(x_0))$ 是否为拐点？为什么？

43. 作出下列函数的图形

(1) $f(x)=1+\frac{36x}{(x+3)^2}$；　(2) $f(x)=\frac{x^3}{(x-1)^2}$.

44. 某商店以每件 100 元的进价购进一批衣服，设这种商品的需求函数为 $Q=400-2P$(其中 Q 为需求量，单位为件；P 为销售价格，单位为元). 试问应将售价定为多少才可以获得最大利润？最大利润是多少？

45. 某化工厂日产能力最高为 1 000t，每日产品的总成本 C(单位:元)是日产量 x(单位:t)的函数

$$C=C(x)=1\,000+7x+50\sqrt{x} \quad x\in[0,1\,000]$$

(1)试求当日产量为 100t 时的边际成本；

(2)试求当日产量为 100t 时的平均单位成本.

46. 某产品生产 x 单位的总成本 C 为 x 的函数

$$C=C(x)=1\,100+\frac{1}{1\,200}x^2$$

试求：(1)生产 900 单位时的总成本和平均单位成本；

(2)生产 900～1 000 单位时总成本的平均变化率；

(3)生产 900 单位和 1 000 单位时的边际成本.

47. 设某产品生产 x 单位的总收益 R 为 x 的函数

$$R=R(x)=200x-0.01x^2$$

试求:生产 50 单位产品时的总收益及平均单位产品的收益和边际收益.

48. 生产某种商品 x 单位的利润是

$$L(x)=5\,000+x-0.000\,01x^2(\text{元})$$

试问生产多少单位时获得的利润最大?

49. 某工厂每批生产某种商品 x 单位的费用为

$$C(x)=5x+200(\text{元})$$

得到的收益是

$$R(x)=10x-0.01x^2(\text{元})$$

试问每批应生产多少单位时才能使利润最大?

50. 某商品的价格 P 与需求量 Q 的关系为

$$P=10-\frac{Q}{5}$$

(1)试求需求量为 20 与 30 时的总收益 R,平均收益 $\overline{R}$ 及边际收益 R'；

(2)Q 为多少时总收益最大?

51. 某工厂生产某产品,日总成本为 C 元,其中固定成本为 200 元,每多生产一单位产品,成本增加 10 元.该商品的需求函数为$Q=50-2P$,试求 Q 为多少时工厂日总利润 L 最大.

52. 设某商品需求量 Q 对价格 P 的函数关系为

$$Q=f(P)=1\,600\left(\frac{1}{4}\right)^P$$

试求需求量 Q 对于价格 P 的弹性函数.

53. 设某商品需求函数为 $Q=e^{-\frac{P}{4}}$,试求需求弹性函数及 $P=3,P=4,P=5$时的需求弹性.

54. 某商品的需求函数为 $Q=Q(P)=75-P^2$.

(1)试求 $P=4$ 时的边际需求、弹性需求,并分别说明其经济意义；

(2)当 $P=4$ 及 $P=6$ 时,若价格上涨 1%,总收益将变化多少？是增加还是减少?

(3)P 为多少时,总收益最大?

55. 设某产品的总成本(单位:万元)是产量 Q(单位:台)的函数

$$C=C(Q)=0.4Q^2+3.8Q+38.4$$

试求使平均成本最低的产量及最低平均成本.

56. 某商品,若定价每件 5 元,可以卖出 1 000 件,假若每件降低 0.01 元,估计可以多卖出 10 件,试问在此情形下,每件售价为多少时可以获最大收益,最大收益是多少?

57. 厂商的总收益函数和总成本函数分别为

$$R(Q)=30Q-3Q^2$$

$$C(Q)=Q^2+2Q+2$$

厂商追求最大利润,政府对产品征税,试求:

(1)厂商纳税前的最大利润及此时的产量和价格；

(2)征税收益最大值及此时的税率 t(单位产品的税收金额)；

(3)厂商纳税后的最大利润及此时产品的价格；

(4)税率 t 由消费者和厂商承担,试确定各承担多少.

综合练习五

一、选择题

1. 下列函数中在给定的区间上满足罗尔中值定理条件的是____.

A. $f(x)=(x-1)^{\frac{2}{3}}$　$[0,2]$

B. $f(x)=x^2-4x+3$　$[1,3]$

C. $f(x)=x\cos x$　$[0,\pi]$

D. $f(x)=\begin{cases}x+1, & x<3\\ 1, & x\geqslant 3\end{cases}$　$[0,3]$

2. 函数 $f(x)=x^2-2x$ 在$[0,4]$上满足拉格朗日中值定理条件的点 $\xi=$____.

A. 1　　B. 2　　C. 3　　D. $\frac{5}{2}$

3. 若 $f(x)$在$[a,b]$上连续,在(a,b)内可导,但 $f(a)\neq f(b)$,则____.

A. 一定不存在点 $\xi\in(a,b)$,使 $f'(\xi)=0$

B. 至少存在一点 $\xi\in(a,b)$,使 $f'(\xi)=0$

C. 最多存在一点 $\xi\in(a,b)$,使 $f'(\xi)=0$

D. 可能存在一点 $\xi\in(a,b)$,使 $f'(\xi)=0$

4. 设 $f(x)$在$[a,b]$上连续,在(a,b)内可导,且 $f'(x)>0$. 如果$f(b)<0$,则在(a,b)内 $f(x)$____.

A. <0　　B. >0　　C. $\geqslant 0$　　D. $=0$

5. 对任意 x,下列不等式正确的是____.

A. $e^{-x}\leqslant 1-x$　　B. $e^{-x}\leqslant 1+x$

C. $e^{-x}\geqslant 1-x$　　D. $e^{-x}\geqslant 1+x$

6. 设$\lim\limits_{x\to a}\dfrac{f(x)-f(a)}{(x-a)^2}=-2$,则在 $x=a$ 处 $f(x)$____.

A. 可导且 $f'(a)=-2$　　B. 不可导

C. 取得极小值　　D. 取得极大值

7. 设 $f(x)$在(a,b)内可导,x_1,x_2是(a,b)内任意两点,则必有____.

A. $f(x_2)-f(x_1)=f'(\xi)(x_2-x_1)$,　$x_1\leqslant\xi\leqslant x_2$

B. $f(x_2)-f(x_1)=f'(\xi)(x_2-x_1)$,　$\xi\in[a,x_1]$或$\xi\in[x_2,b]$

C. $f(x_2)-f(x_1)=f'(\xi)(x_2-x_1)$　$\xi\in(x_1,x_2)$

D. $f(x_2)-f(x_1)=f'(\xi)(x_1-x_2)$　$\xi\in(x_1,x_2)$

8. 设 $f(x)$在$[a,b]$上连续,在(a,b)内可导,且 $f'(x)>0$,$f(b)<0$,则在(a,b)内,$f(x)$ ____.

A. >0　　B. <0　　C. $\geqslant 0$　　D. $\leqslant 0$

9. 设函数 $y=f(x)$满足方程 $f''(x)-2f'(x)+f(x)=0$. 如果$f(x_0)>0$,且 $f'(x_0)=0$,则函数 $f(x)$在点 x_0 处____.

A. 有极大值　　B. 有极小值

C. 某邻域内单调增加　　D. 某邻域内单调减少

10. 下列求极限问题能使用洛必达法则的是____.

A. $\lim\limits_{x\to 0}\dfrac{x^2\sin\dfrac{1}{x}}{\sin x}$　　B. $\lim\limits_{x\to\frac{\pi}{2}}\dfrac{\sec x}{\tan x}$

C. $\lim\limits_{x\to 0}(1-3x)^{\frac{1}{2x}}$　　D. $\lim\limits_{x\to+\infty}\dfrac{x}{\sqrt{x^2+1}}$

11. 设 $f(x)$在(a,b)内二次可导,且 $xf''(x)-f'(x)<0$,则在(a,b)内$\dfrac{f'(x)}{x}$是____.

A. 单调增加　　B. 单调减少

C. 有增有减　　D. 有界函数

12. 设函数 $y=f(x)$在点 x_0 处满足条件 $f'(x_0)=f''(x_0)=0$, $f'''(x_0)>0$,则下述结论中正确的是____.

A. $f(x_0)$是 $f(x)$的极大值

B. $f(x_0)$是 $f(x)$的极小值

C. $f'(x_0)$是 $f'(x)$的极大值

D. $(x_0,f(x_0))$是曲线 $y=f(x)$的拐点

二、填空题

1. 设某种产品的需求函数为 $Q=\mathrm{e}^{-\frac{P}{4}}$,则当 $P=4$ 时的需求弹性为________.

2. 设 $f(x)=bx^3-6bx^2+c$ 在区间$[-1,2]$上的最大值为 3,最小值为 -29,又 $b>0$,则 $b=$________, $c=$________.

3. 曲线 $f(x)=\dfrac{x^2-1}{x(2x+1)}$的垂直渐近线是________,水平渐近线是________.

4. 设 $f(x)$二次可微,且 $f(0)=0$, $f'(0)=1$, $f''(0)=2$,则$\lim\limits_{x\to 0}\dfrac{f(x)-x}{x^2}=$________.

5. 函数 $f(x)=\dfrac{1}{3}x^3+\dfrac{1}{2}x^2-6x+100$ 的单调减少区间为________.

6. 对函数 $f(x)=\ln(1+x)$在区间$[0,x]$上应用拉格朗日中值定理,得

$$\ln(1+x)-\ln 1=\frac{1}{1+\theta x}\cdot x$$

式中 $0<\theta<1$.

则$\lim\limits_{x\to 0}\theta=$________.

7. 曲线 $y=2x^3+3x^2-12x+14$ 的拐点为____.

8. 平面上通过一个已知点 $P(1,4)$引一条直线,使它在两个坐标轴上截距都为正,且使两截距之和为最小,则该直线的方程为________.

三、计算下列各题

1. $\lim\limits_{x\to+\infty} x^2\left(1-x\sin\dfrac{1}{x}\right)$.

2. 设 $f(t)=\lim\limits_{x\to\infty}\left(\dfrac{x+t}{x-t}\right)^x$，试求 $f'(t)$.

3. 设 $y=(\ln x)^x$，试求 $\mathrm{d}y$.

4. 曲线 $y=(ax-b)^3$ 在点 $(1,(a-b)^3)$ 处有拐点，试确定 a 与 b 的关系.

四、应用题

设商品的平均收益与总成本函数分别为

$$\overline{R}=\frac{R(Q)}{Q}=a-bQ \quad (a>0,b>0)$$

$$C(Q)=\frac{1}{3}Q^3-7Q^2+100Q+500$$

当边际收益 $R'(Q)=67$，需求价格弹性 $\eta=\dfrac{89}{22}$ 时，其利润最大. 试求：

(1)利润最大时的产量；

(2)确定 a,b 的值.

五、证明题

1. 设函数 $f(x),g(x)$ 在区间 $[a,b]$ 上连续、可导，(a,b) 内有 $f'(x)<g'(x)$，且 $f(b)=g(b)$，证明在 (a,b) 内一定有 $f(x)>g(x)$.

2. 设 $f(x)$ 二阶连续可导，且 $\lim\limits_{x\to0}\dfrac{f(x)}{x}=0$，$f(1)=0$，证明 $\exists\,\xi\in(0,1)$，使 $f''(\xi)=0$.

3. 设 $f(x)$ 在 $[0,1]$ 上连续，在 $(0,1)$ 内可导，且 $f(0)=0$，$f(1)=1$，试证：对任意给定的正数 a,b，在 $(0,1)$ 内存在不同的 ξ,η，使

$$\frac{a}{f'(\xi)}+\frac{b}{f'(\eta)}=a+b.$$

六、综合题

试求一个在 $x=1$ 时取极大值 6，$x=3$ 时取极小值 2 的次数最低的多项式.

第6章　不定积分

在微分学中,我们讨论了求一个已知函数的导数(或微分)的问题.本章讨论它的逆问题,即要寻求一个可导函数,使它的导函数等于这个已知函数.这是积分学的基本问题之一.

§6.1　不定积分的概念与基本性质

6.1.1　原函数与不定积分

定义 6.1　设 $f(x)$是定义在某区间上的已知函数,如果存在一个函数 $F(x)$,对于该区间上每一点都满足

$$F'(x)=f(x) \text{ 或 } \mathrm{d}F(x)=f(x)\mathrm{d}x$$

则称函数 $F(x)$是已知函数 $f(x)$在该区间上的一个原函数.

例如,　因为当 $x\in(-\infty,+\infty)$时,$(\sin x)'=\cos x$,所以 $\sin x$ 是 $\cos x$ 在$(-\infty,+\infty)$上的一个原函数.

因为当 $x\in(0,+\infty)$时,$(\ln x)'=\frac{1}{x}$,所以 $\ln x$ 是$\frac{1}{x}$在$(0,+\infty)$上的一个原函数.

现在的问题是:

(1)任给一个函数 $f(x)$,它是否一定有原函数?进一步说,函数 $f(x)$应具备什么条件,才有原函数?

这个问题将在第 7 章(定积分)中讨论.这里先给出结论:

如果函数 $f(x)$在某区间上连续,则在该区间上 $f(x)$的原函数一定存在.由于初等函数在其定义区间内都是连续的,所以初等函数在其定义区间上原函数一定存在.

(2)如果函数 $f(x)$有原函数,那么原函数共有几个?

设函数 $F(x)$是 $f(x)$的一个原函数,即

$$F'(x)=f(x)$$

因为$[F(x)+C]'=F'(x)=f(x)$,C 为任意常数,因此 $F(x)+C$ 也是 $f(x)$的原函数.又由于 C 的任意性,所以 $f(x)$有无穷多个原函数 $F(x)+C$.

(3)函数族 $F(x)+C$ 是否包含了 $f(x)$的原函数的全部?回答是肯定的.因为:

设 $\phi(x)$也是 $f(x)$的一个原函数,即 $\phi'(x)=f(x)$.这时因为

$$[F(x)-\phi(x)]'=F'(x)-\phi'(x)=f(x)-f(x)=0$$

所以 $F(x)-\phi(x)=C$,这就说明函数 $f(x)$的任意两个原函数之间只相差一个常数,亦即说明函数族 $F(x)+C$ 的确包含了 $f(x)$的全部原函数.

定义 6.2　函数 $f(x)$的所有原函数,称为 $f(x)$的不定积分.记做

$$\int f(x)\mathrm{d}x$$

其中记号$\int$称为积分号，$f(x)$称为被积函数，$f(x)\mathrm{d}x$称为被积表达式，x称为积分变量.

由不定积分的定义，如果$F(x)$是$f(x)$在某一区间上的一个原函数，那么$F(x)+C$就是$f(x)$的不定积分，即

$$\int f(x)\mathrm{d}x = F(x) + C \tag{6.1}$$

请注意，假如将$\cos x$的不定积分表示成$\int \cos x\mathrm{d}x = \sin x$，那就不完整. 因为$\sin x$只是$\cos x$的一个原函数，而$\sin x+C$才是$\cos x$的全部原函数，即

$$\int \cos x\mathrm{d}x = \sin x + C.$$

例1 求$\int x^2\mathrm{d}x$.

解 因为$\left(\frac{x^3}{3}\right)'=x^2$，所以$\frac{x^3}{3}$是$x^2$的一个原函数，故

$$\int x^2\mathrm{d}x = \frac{x^3}{3} + C.$$

例2 求$\int \frac{1}{x}\mathrm{d}x$.

解 当$x>0$时，由于$(\ln x)'=\frac{1}{x}$，所以$\ln x$是$\frac{1}{x}$在$(0,+\infty)$内的一个原函数，因此在$(0,+\infty)$内，$\int \frac{1}{x}\mathrm{d}x = \ln x + C$.

当$x<0$时，由于$[\ln(-x)]'=\frac{-1}{-x}=\frac{1}{x}$，所以$\ln(-x)$是$\frac{1}{x}$在$(-\infty,0)$内的一个原函数，因此在$(-\infty,0)$内，$\int \frac{1}{x}\mathrm{d}x = \ln(-x) + C$.

将$x>0$及$x<0$的结果合并起来，可以表示成

$$\int \frac{1}{x}\mathrm{d}x = \ln|x| + C.$$

6.1.2 不定积分的几何意义

设$F(x)+C$是函数$f(x)$的不定积分，$F(x)+C$在几何上代表着一簇曲线. 这簇曲线的特点是，对应于同一点x，曲线簇上相应点处的切线的斜率都等于$f(x)$，因此这些切线彼此互相平行. 基于此，我们也说这曲线簇中的任意两条曲线都是互相平行的. 事实上，这曲线簇可以由曲线簇中任一条曲线沿着y轴平移得到. 为了确切地得到曲线簇中的某一条曲线，必须预先给予约束条件. 这种条件称为初始条件. 例如已知曲线过点$(x_0,f(x_0))$，这样就确定了$F(x)+C$中的常数C. 于是曲线就被唯一地确定下来了. 通常把这簇曲线称为$f(x)$的积分曲线. 如图6-1所示.

例1 设平面上一曲线过点(1,2)，且曲线上任一点处的切线斜率等于这点对应的横坐标的两倍，试求该曲线方程.

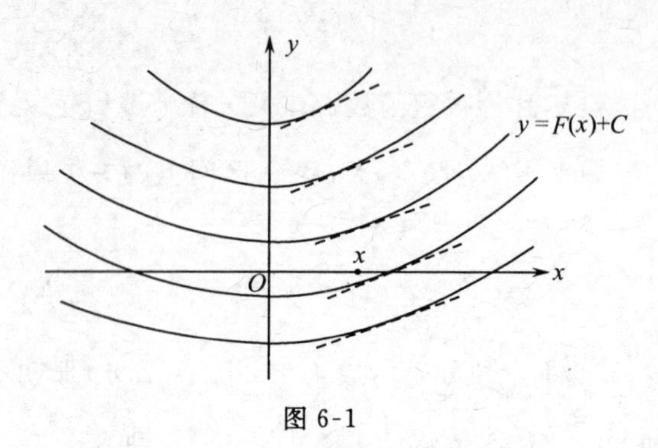

图 6-1

解　设所求的曲线方程为 $y=f(x)$,按题设,曲线上任一点(x,y)处的切线斜率为

$$\frac{dy}{dx}=2x$$

即 $f(x)$是 $2x$ 的一个原函数.

因为 $\int 2x\,dx=x^2+C$,得到曲线簇 $f(x)=x^2+C$. 由初始条件 $y|_{x=1}=2$,得

$$2=1+C, \qquad C=1$$

则所求的平面曲线为 $f(x)=x^2+1$.

例 2　一质点作直线运动,已知其速度为 $V(t)=\sin 2t$,且在初始时刻 $t=0$ 时的位置为 S_0,求质点运动规律.

解　因为 $S'(t)=V(t)=\sin 2t$,所以

$$S(t)=\int \sin 2t\,dt=-\frac{1}{2}\cos 2t+C$$

将 $t=0$ 时 $S(0)=S_0$ 代入上式,得

$$S_0=-1+C, \qquad C=S_0+1$$

因此

$$S(t)=-\cos t+1+S_0.$$

6.1.3　不定积分的性质

从不定积分的定义,可知下述关系

1. 求不定积分与求导数(或微分)互为逆运算,即

$$\frac{d}{dx}\left[\int f(x)\,dx\right]=f(x) \tag{6.2}$$

或

$$d\left[\int f(x)\,dx\right]=f(x)\,dx \tag{6.2$'$}$$

$$\int F'(x)\,dx=F(x)+C \tag{6.3}$$

或

$$\int dF(x)=F(x)+C \tag{6.3$'$}$$

2. 不为零的常数因子可以提到积分号前面,即

$$\int kf(x)\,dx=k\int f(x)\,dx \quad (k\neq 0) \tag{6.4}$$

3. 两个函数的代数和的积分等于积分的代数和，即

$$\int[f(x)\pm g(x)]\mathrm{d}x=\int f(x)\mathrm{d}x\pm\int g(x)\mathrm{d}x \tag{6.5}$$

式(6.5)可以推广到有限个函数的代数和的情形.

6.1.4 基本积分公式

既然积分运算是微分运算的逆运算，自然地，我们可以从导数公式得到相应的积分公式.

例如，因为$\left(\frac{x^{\mu+1}}{\mu+1}\right)'=x^{\mu}$，所以$\frac{x^{\mu+1}}{\mu+1}$是 x^{μ} 的一个原函数，于是有

$$\int x^{\mu}\mathrm{d}x=\frac{x^{\mu+1}}{\mu+1}+C.$$

为了方便，我们将一些基本的积分公式罗列于下：

(1) $\int 0\mathrm{d}x=C$

(2) $\int k\mathrm{d}x=kx+C$

(3) $\int x^{\mu}\mathrm{d}x=\frac{1}{\mu+1}x^{\mu+1}+C \quad (\mu\neq -1)$

(4) $\int \frac{1}{x}\mathrm{d}x=\ln|x|+C$

(5) $\int a^{x}\mathrm{d}x=\frac{a^{x}}{\ln a}+C \quad (a>0,a\neq 1)$

(6) $\int \mathrm{e}^{x}\mathrm{d}x=\mathrm{e}^{x}+C$

(7) $\int \sin x\mathrm{d}x=-\cos x+C$

(8) $\int \cos x\mathrm{d}x=\sin x+C$

(9) $\int \frac{1}{\cos^{2}x}\mathrm{d}x=\tan x+C$

(10) $\int \frac{1}{\sin^{2}x}\mathrm{d}x=-\cot x+C$

(11) $\int \sec x\tan x\mathrm{d}x=\sec x+C$

(12) $\int \csc x\cot x\mathrm{d}x=-\csc x+C$

(13) $\int \frac{\mathrm{d}x}{\sqrt{1-x^{2}}}=\arcsin x+C$

(14) $\int \frac{\mathrm{d}x}{1+x^{2}}=\arctan x+C$

例 1 求$\int \sqrt{x}(x^{2}-5)\mathrm{d}x$.

解 $\int \sqrt{x}(x^{2}-5)\mathrm{d}x=\int(x^{\frac{5}{2}}-5x^{\frac{1}{2}})\mathrm{d}x$

$$=\int x^{\frac{5}{2}}\mathrm{d}x-5\int x^{\frac{1}{2}}\mathrm{d}x=\frac{2}{7}x^{\frac{7}{2}}-\frac{10}{3}x^{\frac{3}{2}}+C.$$

例 2 求$\int\frac{x^4}{1+x^2}\mathrm{d}x$.

解 $\int\frac{x^4}{1+x^2}\mathrm{d}x=\int\frac{x^4-1+1}{1+x^2}\mathrm{d}x=\int\left[(x^2-1)+\frac{1}{1+x^2}\right]\mathrm{d}x$

$$=\int x^2\mathrm{d}x-\int\mathrm{d}x+\int\frac{\mathrm{d}x}{1+x^2}=\frac{1}{3}x^3-x+\arctan x+C.$$

例 3 求$\int\frac{(x-1)^3}{x^2}\mathrm{d}x$.

解 $\int\frac{(x-1)^3}{x^2}\mathrm{d}x=\int\left(x-3+\frac{3}{x}-\frac{1}{x^2}\right)\mathrm{d}x$

$$=\int x\mathrm{d}x-3\int\mathrm{d}x+3\int\frac{1}{x}\mathrm{d}x-\int\frac{1}{x^2}\mathrm{d}x$$

$$=\frac{1}{2}x^2-3x+3\ln|x|+\frac{1}{x}+C.$$

例 4 求$\int\frac{1+x+x^2}{x(1+x^2)}\mathrm{d}x$.

解 $\int\frac{1+x+x^2}{x(1+x^2)}\mathrm{d}x=\int\left(\frac{1}{x}+\frac{1}{1+x^2}\right)\mathrm{d}x$

$$=\int\frac{1}{x}\mathrm{d}x+\int\frac{1}{1+x^2}\mathrm{d}x=\ln|x|+\arctan x+C.$$

例 5 求$\int\sin^2\frac{x}{2}\mathrm{d}x$.

解 $\int\sin^2\frac{x}{2}\mathrm{d}x=\int\frac{1}{2}(1-\cos x)\mathrm{d}x=\frac{1}{2}\int\mathrm{d}x-\frac{1}{2}\int\cos x\mathrm{d}x$

$$=\frac{x}{2}-\frac{\sin x}{2}+C=\frac{1}{2}(x-\sin x)+C.$$

例 6 求$\int\frac{\mathrm{d}x}{\sin^2x\cos^2x}$.

解 $\int\frac{\mathrm{d}x}{\sin^2x\cos^2x}=\int\frac{\sin^2x+\cos^2x}{\sin^2x\cos^2x}\mathrm{d}x$

$$=\int\left(\frac{1}{\cos^2x}+\frac{1}{\sin^2x}\right)\mathrm{d}x=\tan x-\cot x+C.$$

例 7 求$\int\frac{\mathrm{d}x}{\sin^2\frac{x}{2}\cos^2\frac{x}{2}}$.

解 原式$=\int\frac{4}{\sin^2x}\mathrm{d}x=-4\cot x+C.$

例 8 某化工厂生产某种产品,每日生产的产品的总成本 C 的变化率(即边际成本)是生产量 Q 的函数

$$C'=C'(Q)=7+\frac{25}{\sqrt{Q}}.$$

已知固定成本为 1 000 元,试求总成本与日产量之间的函数关系.

解 因为总成本是边际成本的原函数，所以有

$$C(Q)=\int\left(7+\frac{25}{\sqrt{Q}}\right)dQ=7Q+50\sqrt{Q}+C_1$$

初始条件为 $Q=0$ 时 $C(0)=1\ 000$，代入上式得

$$1\ 000=C_1$$

所以总成本 $C(Q)$ 与日产量 Q 的函数关系为

$$C(Q)=70Q+50\sqrt{Q}+1000.$$

§6.2 换元积分法

6.2.1 第一类换元法

定理 6.1 设函数 $f(u)$ 具有原函数 $F(u)$，$u=\varphi(x)$ 可导，则 $F[\varphi(x)]$ 是 $f[\varphi(x)]\varphi'(x)$ 的原函数，即

$$\int f[\varphi(x)]\varphi'(x)dx=F[\varphi(x)]+C \tag{6.6}$$

证明 事实上，若令 $u=\varphi(x)$，则 $\varphi'(x)dx=du$ 于是

$$f[\varphi(x)]\varphi'(x)dx=f(u)du.$$

由题设，得

$$\int f[\varphi(x)]\varphi'(x)dx=\int f(u)du=F(u)+C=F[\varphi(x)]+C.$$

例 1 求 $\int(2x+1)^9dx$.

解 令 $u=2x+1$，则 $du=2dx$，得

$$\int(2x+1)^9dx=\frac{1}{2}\int u^9du=\frac{1}{20}u^{10}+C$$

将 $u=2x+1$ 回代，即得

$$\int(2x+1)^9dx=\frac{1}{20}(2x+10)^{10}+C.$$

例 2 求 $\int\frac{dx}{2x+3}$.

解 令 $u=2x+3$，$du=2dx$，于是

$$\int\frac{dx}{2x+3}=\frac{1}{2}\int\frac{du}{u}=\frac{1}{2}\ln|u|+C$$

将 $u=2x+3$ 代入上式，得

$$\int\frac{dx}{2x+3}=\frac{1}{2}\ln|2x+3|+C.$$

例 3 求 $\int 2xe^{x^2}dx$.

解 令 $u=x^2$，$du=2xdx$，于是

$$\int 2xe^{x^2}dx=\int e^u du=e^u+C$$

将 $u=x^2$ 回代,得

$$\int 2xe^{x^2}dx=e^{x^2}+C.$$

当运算熟练之后,中间变量 u 不必写出,直接计算就可以了.

例 4 求 $\int x\sqrt{1-x^2}\,dx$.

解
$$\begin{aligned}&\int x\sqrt{1-x^2}\,dx\\&=\frac{1}{2}\int(1-x^2)^{\frac{1}{2}}dx^2=-\frac{1}{2}\int(1-x^2)^{\frac{1}{2}}d(1-x^2)\\&=-\frac{1}{2}\cdot\frac{2}{3}(1-x^2)^{\frac{3}{2}}+C=-\frac{1}{3}(1-x^2)^{\frac{3}{2}}+C.\end{aligned}$$

例 5 求 $\int\cos 2x\,dx$.

解 $\int\cos 2x\,dx=\frac{1}{2}\int\cos 2x\,d(2x)=\frac{1}{2}\sin 2x+C.$

例 6 求 $\int\tan x\,dx$.

解 $\int\tan x\,dx=\int\frac{\sin x}{\cos x}dx=-\int\frac{d\cos x}{\cos x}=-\ln|\cos x|+C.$

例 7 求 $\int\frac{dx}{a^2-x^2}\quad(a>0)$.

解
$$\begin{aligned}\int\frac{dx}{a^2-x^2}&=\frac{1}{2a}\int\left(\frac{1}{a+x}+\frac{1}{a-x}\right)dx\\&=\frac{1}{2a}[\ln|a+x|-\ln|a-x|]+C\\&=\frac{1}{2a}\ln\left|\frac{a+x}{a-x}\right|+C\quad(a>0).\end{aligned}$$

例 8 求 $\int\csc x\,dx$.

解
$$\begin{aligned}\int\csc x\,dx&=\int\frac{dx}{\sin x}=\int\frac{dx}{2\sin\frac{x}{2}\cos\frac{x}{2}}\\&=\int\frac{d\frac{x}{2}}{\tan\frac{x}{2}\cos^2\frac{x}{2}}=\int\frac{d\tan\frac{x}{2}}{\tan\frac{x}{2}}=\ln\left|\tan\frac{x}{2}\right|+C.\end{aligned}$$

注:本题可以用多种方法求积分,读者不妨试试,总结一下.

因为
$$\ln\left|\tan\frac{x}{2}\right|=\ln|\csc x-\cot x|$$

所以
$$\int\csc x\,dx=\ln|\csc x-\cot x|+C.$$

利用这一结果,可以简便求得 $\int\sec x\,dx$.

因为
$$\int\frac{\mathrm{d}x}{\cos x}=\int\frac{\mathrm{d}x}{\sin\left(x+\frac{\pi}{2}\right)}=\int\frac{\mathrm{d}\left(x+\frac{\pi}{2}\right)}{\sin\left(x+\frac{\pi}{2}\right)}$$
$$=\ln\left|\csc\left(x+\frac{\pi}{2}\right)-\cot\left(x+\frac{\pi}{2}\right)\right|+C$$
$$=\ln|\sec x+\tan x|+C.$$

例 9　求 $\int\cos^4x\mathrm{d}x$.

解
$$\int\cos^4x\mathrm{d}x=\int(\cos^2x)^2\mathrm{d}x=\int\left(\frac{1+\cos2x}{2}\right)^2\mathrm{d}x$$

其结果为
$$\int\cos^4x\mathrm{d}x=\frac{3}{8}x+\frac{1}{4}\sin2x+\frac{1}{32}\sin4x+C.$$

例 10　求 $I_n=\int\tan^nx\mathrm{d}x\quad(n\in\mathbf{N})$.

解
$$I_n=\int\tan^{n-2}x\cdot\frac{\sin^2x}{\cos^2x}\mathrm{d}x=\int\tan^{n-2}x(1-\cos^2x)\mathrm{d}\tan x$$
$$=\int\tan^{n-2}x\mathrm{d}\tan x-\int\tan^{n-2}x\cos^2x\mathrm{d}\tan x$$
$$=\frac{1}{n-1}\tan^{n-1}x-\int\tan^{n-2}x\mathrm{d}x=\frac{1}{n-1}\tan^{n-1}x-I_{n-2}$$

这是一个递推公式. 利用这个递推公式可以求出 I_n. 例如当 $n=2$ 时
$$\int\tan^2x\mathrm{d}x=\tan x-I_0$$
$$I_0=\int\mathrm{d}x=x+C$$

于是
$$\int\tan^2x\mathrm{d}x=\tan x-x+C.$$

6.2.2　第二类换元法

第一类换元法是通过变量代换：$u=\varphi(x)$将积分$\int f[\varphi(x)]\varphi'(x)\mathrm{d}x$ 化为积分$\int f(u)\mathrm{d}u$ 的形式. 而第二类换元法是通过适当地选择变量代换 $x=\psi(t)$ 将积分$\int f(x)\mathrm{d}x$ 化为积分 $\int f[\psi(t)]\psi'(t)\mathrm{d}t$，这是另一种形式的变量代换，这种换元公式可以表示为
$$\int f(x)\mathrm{d}x=\int f[\psi(t)]\psi'(t)\mathrm{d}t.$$

这公式的成立是需要一定条件的. 首先，等式右边的不定积分要存在，即 $f[\psi(t)]\psi'(t)$ 有原函数；其次，$\int f[\psi(t)]\psi'(t)\mathrm{d}t$ 求出后必须用 $x=\psi(t)$ 的反函数 $t=\psi^{-1}(x)$代回去. 为了保证这反函数存在而且是单调可导的，就必须假定直接函数 $x=\psi(t)$在 t 的某一个区间（与 x 的积分区间相对应）上是单调的、可导的，并且 $\psi'(t)\neq0$ 才行.

定理 6.2　设 $x=\psi(t)$是单调、可导的函数，且 $\psi'(t)\neq0$，又设$f[\psi(t)]\psi'(t)$具有原函数，则有换元公式

$$\int f(x)\mathrm{d}x=\left\{\int f[\psi(t)]\psi'(t)\mathrm{d}t\right\}\Big|_{t=\psi^{-1}(x)} \tag{6.7}$$

其中 $\psi^{-1}(x)$是 $x=\psi(t)$的反函数.

证 设 $f[\psi(t)]\psi'(t)$的原函数为 $\phi(t)$. 记为 $\phi[\psi^{-1}(x)]=F(x)$. 利用复合函数的求导法则及反函数的导数公式,得到

$$F'(x)=\frac{\mathrm{d}\phi}{\mathrm{d}t}\cdot\frac{\mathrm{d}t}{\mathrm{d}x}=f[\psi(t)]\psi'(t)\frac{1}{\psi'(t)}=f[\psi(t)]=f(x),$$

即 $F(x)$是 $f(x)$的原函数,所以有

$$\int f(x)\mathrm{d}x=F(x)+C=\phi[\psi^{-1}(x)]+C=\left\{\int f[\psi(t)]\psi'(t)\mathrm{d}t\right\}\Big|_{t=\psi^{-1}(x)}.$$

例 1 求 $\int\frac{x\mathrm{d}x}{\sqrt{x-3}}$.

解 令 $t=\sqrt{x-3}$, $x=t^2+3$ $(t>0)$,故 $\mathrm{d}x=2t\mathrm{d}t$,于是

$$\int\frac{x\mathrm{d}x}{\sqrt{x-3}}=\int\frac{t^2+3}{t}\cdot 2t\mathrm{d}t=2\int(t^2+3)\mathrm{d}t=2\left(\frac{1}{3}t^3+3t\right)+C$$

将 $t=\sqrt{x-3}$代回上式并整理,得

$$\int\frac{x\mathrm{d}x}{\sqrt{x-3}}=\frac{2}{3}(x+6)(x-3)^{\frac{1}{2}}+C.$$

当被积表达式中含有$\sqrt{a^2-x^2}$,$\sqrt{a^2+x^2}$以及$\sqrt{x^2-a^2}$等项时,可以作如下代换:

(1)含有$\sqrt{a^2-x^2}$ 令 $x=a\sin t$ 或 $x=a\cos t$.

(2)含$\sqrt{a^2+x^2}$ 令 $x=a\tan t$ 或 $x=a\cot t$.

(3)含$\sqrt{x^2-a^2}$ 令 $x=a\sec t$ 或 $x=a\csc t$.

例 2 求 $\int\sqrt{a^2-x^2}\mathrm{d}x$ $(a>0)$.

解 令 $x=a\sin t, t\in\left(-\frac{\pi}{2},\frac{\pi}{2}\right)$,则 $\mathrm{d}x=a\cos t\mathrm{d}t$

于是
$$\int\sqrt{a^2-x^2}\mathrm{d}x=\int a\cos t\cdot a\cos t\mathrm{d}t$$
$$=a^2\int\frac{1+\cos 2t}{2}\mathrm{d}t=\frac{a^2}{2}\left[t+\frac{\sin 2t}{2}\right]+C$$

由 $x=a\sin t$ 得 $\cos t=\sqrt{1-\frac{x^2}{a^2}}=\frac{1}{a}\sqrt{a^2-x^2}$

$$\sin 2t=2\sin t\cos t=\frac{2}{a}\sqrt{a^2-x^2}\cdot\frac{x}{a}=\frac{2x}{a^2}\sqrt{a^2-x^2}$$

最后有
$$\int\sqrt{a^2-x^2}\mathrm{d}x=\frac{a^2}{2}\left[\arcsin\frac{x}{a}+\frac{2x}{a^2}\sqrt{a^2-x^2}\right]+C$$
$$=\frac{x}{2}\sqrt{a^2-x^2}+\frac{a^2}{2}\arcsin\frac{x}{a}+C \tag{6.8}$$

例 3 求 $\int\frac{\mathrm{d}x}{\sqrt{x^2+a^2}}$ $(a>0)$.

解 令 $x=a\tan t, t\in\left(-\frac{\pi}{2},\frac{\pi}{2}\right)$, $\mathrm{d}x=a\sec^2 t\mathrm{d}t$,

于是
$$\int \frac{dx}{\sqrt{x^2+a^2}}=\int \frac{a\sec^2 t}{a\sec t}dt=\int \sec t dt$$

利用上节例8的结果,有
$$\int \frac{dx}{\sqrt{x^2+a^2}}=\ln|\sec t+\tan t|+C.$$

因为 $\tan t=\frac{x}{a}$,可以求得 $\sec t=\frac{\sqrt{x^2+a^2}}{a}$,最后得
$$\int \frac{dx}{\sqrt{x^2+a^2}}=\ln\left[\frac{x}{a}+\frac{\sqrt{x^2+a^2}}{a}\right]+C=\ln|x+\sqrt{x^2+a^2}|+C_1 \tag{6.9}$$

其中
$$C_1=C-\ln a.$$

例4 求 $\int \frac{dx}{\sqrt{x^2-a^2}}\quad (a>0)$.

解 令 $x=a\sec t$, $dx=a\sec t\cdot\tan t dt$, $\sqrt{x^2-a^2}=a\tan t$,于是
$$\int \frac{dx}{\sqrt{x^2-a^2}}=\int \frac{1}{a\tan t}\cdot a\sec t\cdot\tan t dt=\int \sec t dt$$
$$=\ln|\sec t+\tan t|+C.$$

因为 $\sec t=\frac{x}{a}$, $\tan t=\frac{\sqrt{x^2-a^2}}{a}$,代入上式得
$$\int \frac{dx}{\sqrt{x^2-a^2}}=\ln\left|\frac{x}{a}+\frac{\sqrt{x^2-a^2}}{a}\right|+C=\ln|x+\sqrt{x^2-a^2}|+C_1 \tag{6.10}$$

其中
$$C_1=C-\ln a.$$

合并例3及例4,得
$$\int \frac{dx}{\sqrt{x^2\pm a^2}}=\ln|x+\sqrt{x^2\pm a^2}|+C \tag{6.11}$$

当被积表达式中含有根号,且被积函数为偶函数时,常可以采用一种特殊的代换——倒代换,即令 $x=\frac{1}{t}$.利用这种倒代换,通常可以消去在被积函数的分母中的变量因子 x.这种方法属于一种积分技巧.

例5 求 $\int \frac{\sqrt{a^2-x^2}}{x^4}dx$.

解 令 $x=\frac{1}{t}$,则 $dx=-\frac{1}{t^2}dt$,于是
$$\int \frac{\sqrt{a^2-x^2}}{x^4}dx=\int \frac{\sqrt{a^2-\frac{1}{t^2}}\cdot\left(-\frac{1}{t^2}\right)dt}{\frac{1}{t^4}}=-\int (a^2t^2-1)^{\frac{1}{2}}|t|dt$$

当 $x>0$ 时,$t>0$,有
$$\int \frac{\sqrt{a^2-x^2}}{x^4}dx=-\frac{1}{2a^2}\int (a^2t^2-1)^{\frac{1}{2}}d(a^2t^2-1)$$
$$=-\frac{(a^2t^2-1)^{\frac{3}{2}}}{3a^2}+C=-\frac{(a^2-x^2)^{\frac{3}{2}}}{3a^2x^3}+C.$$

当 $x<0$ 时,$t<0$,有相同的结果.

下面再举几例:

例 6 求 $\int \frac{\mathrm{d}x}{x^2+2x+3}$.

解
$$\int \frac{\mathrm{d}x}{x^2+2x+3} = \int \frac{\mathrm{d}x}{(x+1)^2+2}$$
$$= \int \frac{\mathrm{d}(x+1)}{(x+1)^2+(\sqrt{2})^2} = \frac{1}{\sqrt{2}}\arctan\frac{x+1}{\sqrt{2}} + C.$$

例 7 求 $\int \frac{\mathrm{d}x}{\sqrt{4x^2+9}}$.

解 $\int \frac{\mathrm{d}x}{\sqrt{4x^2+9}} = \int \frac{\mathrm{d}x}{\sqrt{(2x^2)+3^2}} = \frac{1}{2}\int \frac{\mathrm{d}(2x)}{\sqrt{(2x)^2+3^2}}$

利用式(6.9),有
$$\int \frac{\mathrm{d}x}{\sqrt{4x^2+9}} = \frac{1}{2}\ln(2x+\sqrt{4x^2+9}) + C.$$

求不定积分的方法多种多样,即使求同一个函数的原函数也可以有多种做法.读者宜通过多做练习,总结经验,力求用最简单的方法解决问题.

§6.3 分部积分法

由两个函数乘积的求导公式,可以得到分部积分公式.

定理 6.3 设函数 $u(x)$,$v(x)$可导,若 $\int u'(x)v(x)\mathrm{d}x$ 存在,则
$$\int u(x)v'(x)\mathrm{d}x = u(x)v(x) - \int u'(x)v(x)\mathrm{d}x \tag{6.12}$$
式(6.12)称为分部积分公式,常写成如下形式
$$\int u\mathrm{d}v = uv - \int v\mathrm{d}u \tag{6.13}$$
定理的证明是简单的,请读者自己作为练习.

分部积分公式是说,当积分 $\int u\mathrm{d}v$ 不易计算而积分 $\int v\mathrm{d}u$ 比较容易计算时,就可以采用这个公式.

例 1 求 $\int x\ln x\mathrm{d}x$.

解 令 $u=\ln x$,$\mathrm{d}v=x\mathrm{d}x$,则
$$\mathrm{d}u = \frac{\mathrm{d}u}{x}, \quad \mathrm{d}v = \frac{1}{2}\mathrm{d}x^2$$
由式(6.13)得
$$\int x\ln x\mathrm{d}x = \int \ln x\mathrm{d}\left(\frac{x^2}{2}\right) = \frac{x^2}{2}\ln x - \int \frac{x^2}{2}\cdot\frac{1}{x}\mathrm{d}x = \frac{x^2}{2}\ln x - \frac{x^2}{4} + C.$$

例 2 求 $\int x\cos x\mathrm{d}x$.

解　令 $u=x,\mathrm{d}v=\cos x\mathrm{d}x$，则 $\mathrm{d}u=\mathrm{d}x,\mathrm{d}v=\mathrm{d}\sin x$，于是

$$\int x\cos x\mathrm{d}x=\int x\mathrm{d}\sin x=x\sin x-\int \sin x\mathrm{d}x=x\sin x+\cos x+C.$$

在计算方法熟练以后，分部积分法的替换过程不必写出.

例 3　求 $\int x\mathrm{e}^x\mathrm{d}x$.

解

$$\begin{aligned}\int x\mathrm{e}^x\mathrm{d}x&=\int x\mathrm{d}\mathrm{e}^x=x\mathrm{e}^x-\int \mathrm{e}^x\mathrm{d}x\\&=x\mathrm{e}^x-\mathrm{e}^x+C=(x-1)\mathrm{e}^x+C.\end{aligned}$$

例 4　求 $\int x\arctan x\mathrm{d}x$.

解

$$\begin{aligned}\int x\arctan x\mathrm{d}x&=\int \arctan x\mathrm{d}\left(\frac{x^2}{2}\right)\\&=\frac{x^2}{2}\arctan x-\frac{1}{2}\int\frac{x^2}{1+x^2}\mathrm{d}x\\&=\frac{x^2}{2}\arctan x-\frac{1}{2}\int\left(1-\frac{1}{1+x^2}\right)\mathrm{d}x\\&=\frac{x^2}{2}\arctan x-\frac{x}{2}+\frac{1}{2}\arctan x+C\\&=\frac{1+x^2}{2}\arctan x-\frac{x}{2}+C.\end{aligned}$$

有些积分需要连续应用几次分部积分才能完成.

例 5　求 $\int x^2\sin x\mathrm{d}x$.

解

$$\begin{aligned}\int x^2\sin x\mathrm{d}x&=\int x^2\mathrm{d}(-\cos x)\\&=-x^2\cos x+2\int x\cos x\mathrm{d}x\\&=-x^2\cos x+2\int x\mathrm{d}\sin x\\&=-x^2\cos x+2x\sin x-2\int\sin x\mathrm{d}x\\&=-x^2\cos x+2x\sin x+2\cos x+C.\end{aligned}$$

例 6　求 $I=\int \mathrm{e}^{ax}\sin bx\mathrm{d}x$.

解　$I=\int \mathrm{e}^{ax}\mathrm{d}\left(-\frac{\cos bx}{b}\right)=-\frac{\mathrm{e}^{ax}}{b}\cos bx+\frac{a}{b}\int\mathrm{e}^{ax}\cos bx\mathrm{d}x$

$$=-\frac{\mathrm{e}^{ax}}{b}\cos bx+\frac{a}{b}\int\mathrm{e}^{ax}\mathrm{d}\frac{\sin bx}{b}=-\frac{\mathrm{e}^{ax}}{b}\cos bx+\frac{a}{b^2}\mathrm{e}^{ax}\sin bx-\frac{a^2}{b^2}\int\mathrm{e}^{ax}\sin bx\mathrm{d}x$$

$$=-\frac{\mathrm{e}^{ax}}{b}\cos bx+\frac{a}{b^2}\mathrm{e}^{ax}\sin bx-\frac{a^2}{b^2}I$$

移项整理得

$$\left(1+\frac{a^2}{b^2}\right)I=\frac{(a\sin bx-b\cos bx)}{b^2}\mathrm{e}^{ax}$$

因此
$$I=\frac{(a\sin bx-b\cos bx)}{a^2+b^2}\mathrm{e}^{ax}+C$$

即
$$\int \mathrm{e}^{ax}\sin bx\,\mathrm{d}x=\frac{(a\sin bx-b\cos bx)}{a^2+b^2}\mathrm{e}^{ax}+C \tag{6.14}$$

同样的方法,可以求得

$$\int \mathrm{e}^{ax}\cos bx\,\mathrm{d}x=\frac{(a\cos bx+b\sin bx)}{a^2+b^2}\mathrm{e}^{ax}+C \tag{6.15}$$

例 7 建立递推公式,求 $I_n=\int\frac{\mathrm{d}x}{(x^2+a^2)^n}\quad(n\in\mathbf{Z},a\neq 0)$.

解

$$\begin{aligned}
I_n&=\frac{1}{a^2}\int\frac{x^2+a^2-x^2}{(x^2+a^2)^n}\mathrm{d}x\\
&=\frac{1}{a^2}\int\frac{\mathrm{d}x}{(x^2+a^2)^{n-1}}-\frac{1}{a^2}\int\frac{x^2}{(x^2+a^2)^n}\mathrm{d}x\\
&=\frac{1}{a^2}I_{n-1}-\frac{1}{2a^2}\int x\frac{\mathrm{d}(x^2+a^2)}{(x^2+a^2)^n}\\
&=\frac{1}{a^2}I_{n-1}+\frac{1}{2(n-1)a^2}\int x\,\mathrm{d}\left[\frac{1}{(x^2+a^2)^{n-1}}\right]\\
&=\frac{1}{a^2}I_{n-1}+\frac{x}{2(n-1)a^2(x^2+a^2)^{n-1}}\\
&\quad-\frac{1}{2(n-1)a^2}\int\frac{1}{(x^2+a^2)^{n-1}}\mathrm{d}x\\
&=\frac{1}{a^2}I_{n-1}+\frac{x}{2(n-1)a^2(x^2+a^2)^{n-1}}-\frac{1}{2(n-1)a^2}I_{n-1}\\
&=\frac{x}{2(n-1)a^2(x^2+a^2)^{n-1}}+\frac{2(n-1)-1}{2(n-1)a^2}I_{n-1}+C
\end{aligned} \tag{6.16}$$

其中 $I_{n-1}=\int\frac{\mathrm{d}x}{(x^2+a^2)^{n-1}}$.

当 $n=1$ 时,$I_1=\int\frac{\mathrm{d}x}{x^2+a^2}=\frac{1}{a}\arctan\frac{x}{a}+C$,则

$$\begin{aligned}
I_2&=\frac{x}{2(2-1)a^2(x^2+a^2)}+\frac{2(2-1)-1}{2(2-1)a^2}I_1+C\\
&=\frac{x}{2a^2(x^2+a^2)}+\frac{1}{2a^3}\arctan\frac{x}{a}+C.
\end{aligned}$$

由 I_2 可得 I_3,由 I_3 可得 I_4,逐次向上递推.

在应用分部积分法求原函数时,正确选取 u 和 $\mathrm{d}v$,可以使计算简化.如下列积分

$$\int x^m\mathrm{e}^{ax}\,\mathrm{d}x,\int x^m\cos ax\,\mathrm{d}x,\int x^m\sin ax\,\mathrm{d}x\quad(m\text{ 为正整数})$$

可以取 $x^m=u$,其余部分为 $\mathrm{d}v$;

对下列积分

$$\int x^m\ln x\mathrm{d}x,\int x^m\arcsin x\mathrm{d}x$$

$$\int x^m\arccos x\mathrm{d}x,\int x^m\arctan x\mathrm{d}x$$

均可以设 $x^m\mathrm{d}x=\mathrm{d}v$,其余部分为 u.如此分部即可以求出原函数.

§6.4　有理函数的积分*

6.4.1　有理函数

由两个多项式的商所表示的函数,即具有如下形式的函数

$$\frac{P(x)}{Q(x)}=\frac{a_0x^n+a_1x^{n-1}+\cdots+a_{n-1}x+a_n}{b_0x^m+b_1x^{m-1}+\cdots+b_{m-1}x+b_m} \tag{6.17}$$

其中 m,n 都是非负整数;$a_0,a_1,a_2,\cdots,a_n;b_0,b_1,b_2,\cdots,b_m$ 都是实常数且 $a_0\neq0,b_0\neq0$,称为有理函数.

我们总假定在分子多项式 $P(x)$ 与分母多项式 $Q(x)$ 之间是没有公因式的. 当有理函数(6.17)的分子多项式 $P(x)$ 的次数 n 小于其分母多项式 $Q(x)$ 的次数 m,即 $n<m$ 时,称有理函数(6.17)是真分式,而当 $n\geqslant m$ 时称这有理函数是假分式.

利用多项式的除法,总可以将一个假分式化为一个多项式与一个真分式之和的形式. 例如

$$\frac{x^3+x+1}{x^2+1}=x+\frac{1}{x^2+1}$$

由于多项式的积分容易求得,因此有理函数的积分着重要解决的是真分式的积分.

下面介绍关于真分式分解的两个定理. 设 $\frac{P(x)}{Q(x)}$ 是真分式,我们有以下定理.

定理 6.4　设 $x=a$ 是多项式 $Q(x)$ 的 k 重根,即设 $Q(x)=(x-a)^kQ_1(x)\quad(Q_1(a)\neq0)$,则有分解式

$$\frac{P(x)}{(x-a)^kQ_1(x)}=\frac{A_1}{(x-a)^k}+\frac{P_1(x)}{(x-a)^{k-1}Q_1(x)} \tag{6.18}$$

式(6.18)右边第一项中 A_1 是常数,第二项是真分式,$P_1(x)$ 是多项式.

证　对于任意常数 A_1,差式

$$\frac{P(x)}{(x-a)^kQ_1(x)}-\frac{A_1}{(x-a)^k}\equiv\frac{P(x)-A_1Q_1(x)}{(x-a)^kQ_1(x)} \tag{6.19}$$

是两个真分式之差,显然是真分式. 现确定 A_1 使得 $P(a)-A_1Q_1(a)=0$,即使得多项式 $P(x)-A_1Q_1(x)$ 含有因子 $(x-a)$,于是

$$A_1=\frac{P(a)}{Q_1(a)}.$$

分出 $P(x)-A_1Q_1(x)$ 的因子 $(x-a)$,得到

$$P(x)-A_1Q_1(x)=(x-a)P_1(x) \tag{6.20}$$

其中 $P_1(x)$ 是多项式;将式(6.20)代入式(6.19)即证得恒等式(6.18).

如果对式(6.18)中的真分式 $\frac{P_1(x)}{(x-a)^{k-1}Q_1(x)}$ 再应用分解定理 6.4,可得

$$\frac{P_1(x)}{(x-a)^{k-1}Q_1(x)}=\frac{A_2}{(x-a)^{k-1}}+\frac{P_2(x)}{(x-a)^{k-2}Q_1(x)}.$$

不难知道,我们将上面的过程重复 k 次,就得分解式

$$\frac{P(x)}{(x-a)^k Q_1(x)}=\frac{A_1}{(x-a)^k}+\frac{A_2}{(x-a)^{k-1}}+\cdots+\frac{A_k}{x-a}+\frac{P_k(x)}{Q_1(x)} \tag{6.21}$$

式中 $A_1,A_2,\cdots,A_k$ 都是常数，$P_k(x)$是多项式，$\frac{P_k(x)}{Q_1(x)}$是真分式.

定理 6.5 设复数 $x=a+b\mathrm{i}(b\neq0)$是多项式 $Q(x)$的 k 重根，(其共轭复数 $a-b\mathrm{i}$)也应是 $Q(x)$的 k 重根)，并记

$$(x-a-b\mathrm{i})(x-a+b\mathrm{i})=x^2+px+q$$

其中 $p^2-4q<0$，即设 $Q(x)=(x^2+px+q)^k Q_1(x)(Q_1(a\pm b\mathrm{i})\neq0)$，则有分解式

$$\frac{P(x)}{(x^2+px+q)^k Q_1(x)}=\frac{M_1x+N_1}{(x^2+px+q)^k}+\frac{P_1(x)}{(x^2+px+q)^{k-1}Q_1(x)} \tag{6.22}$$

式(6.22)右边第一项中的 M_1 和 N_1 都是常数，第二项是真分式，$P_1(x)$是多项式.

证 完全类似于定理 6.4 的证法.事实上，对于任意常数 M_1 和 N_1，差式

$$\frac{P(x)}{(x^2+px+q)^k Q_1(x)}-\frac{M_1x+N_1}{(x^2+px+q)^k}\equiv\frac{P(x)-(M_1x+N_1)Q_1(x)}{(x^2+px+q)^k Q_1(x)} \tag{6.23}$$

是真分式.现确定常数 M_1 和 N_1，使得

$$P(a+b\mathrm{i})-[M_1\cdot(a+b\mathrm{i})+N_1]Q_1(a+b\mathrm{i})=0$$

即使得多项式 $P(x)-(M_1x+N_1)\cdot Q_1(x)$含有因子$(x-a-b\mathrm{i})$(自然也应含有因子$(x-a+b\mathrm{i})$)，从而含有因子$(x^2+px+q)$，于是

$$M_1(a+b\mathrm{i})+N_1=\frac{P(a+b\mathrm{i})}{Q_1(a+b\mathrm{i})}$$

把右边的复数写成 $c+d\mathrm{i}$，并比较两边的实部与虚部，就有

$$aM_1+N_1=c,\qquad bM_1=d$$

因为 $b\neq0$，所以我们得到

$$M_1=\frac{d}{b} \text{ 及 } N_1=\frac{bc-ad}{b}.$$

分出 $P(x)-(M_1x+N_1)Q_1(x)$的因子(x^2+px+q)，得到

$$P(x)-(M_1x+N_1)Q_1(x)=(x^2+px+q)\cdot P_1(x) \tag{6.24}$$

其中 $P_1(x)$是多项式；将式(6.24)代入式(6.23)即证得恒等式(6.22).

如果我们对式(6.23)中的真分式$\frac{P_1(x)}{(x^2+px+q)^{k-1}Q_1(x)}$再应用分解定理 6.5，可得

$$\frac{P_1(x)}{(x^2+px+q)^{k-1}Q_1(x)}=\frac{M_2x+N_2}{(x^2+px+q)^{k-1}}+\frac{P_2(x)}{(x^2+px+q)^{k-2}Q_1(x)}.$$

将上面的过程重复 k 次，就得

$$\begin{aligned}&\frac{P(x)}{(x^2+px+q)^k Q_1(x)}\\&=\frac{M_1x+N_1}{(x^2+px+q)^k}+\frac{M_2x+N_2}{(x^2+px+q)^{k-1}}+\cdots+\frac{M_kx+N_k}{x^2+px+q}+\frac{P_k(x)}{Q_1(x)}\end{aligned} \tag{6.25}$$

式(6.25)中 $M_1,M_2,\cdots,M_k;N_1,N_2,\cdots,N_k$ 都是常数，$P_k(x)$是多项式，$\frac{P_k(x)}{Q_1(x)}$是真分式.

将上述两个分解定理归结成下面的结论：

设多项式

$$Q(x)=b_0(x-a)^{\alpha}\cdots(x-b)^{\beta}(x^2+px+q)^{\lambda}\cdots(x^2+rx+s)^{\mu}$$

则真分式$\frac{P(x)}{Q(x)}$可以唯一地分解成所谓部分分式

$$\begin{aligned}\frac{P(x)}{Q(x)}=&\frac{A_1}{(x-a)^{\alpha}}+\frac{A_2}{(x-a)^{\alpha-1}}+\cdots+\frac{A_{\alpha}}{x-a}+\cdots+\\&\frac{B_1}{(x-b)^{\beta}}+\frac{B_2}{(x-b)^{\beta-1}}+\cdots+\frac{B_{\beta}}{x-b}+\\&\frac{M_1x+N_1}{(x^2+px+q)^{\lambda}}+\frac{M_2x+N_2}{(x^2+px+q)^{\lambda-1}}+\cdots+\\&\frac{M_{\lambda}x+N_{\lambda}}{x^2+px+q}+\cdots+\frac{R_1x+S_1}{(x^2+rx+s)^{\mu}}+\\&\frac{R_2x+S_2}{(x^2+rx+s)^{\mu-1}}+\cdots+\frac{R_{\mu}x+S_{\mu}}{x^2+rx+s}\end{aligned}\tag{6.26}$$

式中诸如A_i,B_i,M_i,N_i,R_i及S_i等都是常数.

我们从上面的定理中注意到两点:

(1)分母$Q(x)$中如果有因子$(x-a)^k$,则分解后有下列k个部分分式之和

$$\frac{A_1}{(x-a)^k}+\frac{A_2}{(x-a)^{k-1}}+\cdots+\frac{A_k}{x-a}$$

其中$A_1,A_2,\cdots,A_k$都是常数.特别地,如果$k=1$,则分解后有$\frac{A}{x-a}$.

(2)分母$Q(x)$中如果有因子$(x^2+px+q)^k$,其中$p^2-4q<0$,则分解后有下列k个部分分式之和

$$\frac{M_1x+N_1}{(x^2+px+q)^k}+\frac{M_2x+N_2}{(x^2+px+q)^{k-1}}+\cdots+\frac{M_kx+N_k}{x^2+px+q}$$

其中M_i,N_i都是常数.特别地,如果$k=1$,则分解后有$\frac{Mx+N}{x^2+px+q}$.

例如,因为真分式

$$\frac{3x^2+1}{x^2(x-1)(x+2)^3(x^2-2x+2)^2}$$

的分母中含有因子x^2,$(x-1)$,$(x+2)^3$及$(x^2-2x+2)^2$,故其分解式为下列八个部分分式之和

$$\frac{A_1}{x^2}+\frac{A_2}{x}+\frac{B}{x-1}+\frac{C_1}{(x+2)^3}+\frac{C_2}{(x+2)^2}+\frac{C_3}{(x+2)}+\frac{D_1x+E_1}{(x^2-2x+2)^2}+\frac{D_2x+E_2}{x^2-2x+2}.$$

在实际求积分时,我们不是用证明定理的方法,而是用待定系数法来确定式(6.26)中的那些未知常数.

例1 将真分式$\frac{x^2+2x-1}{(x-1)(x^2-x+1)}$分解成部分分式.

解 因为分母中含有因子$(x-1)$与(x^2-x+1),所以有

$$\frac{x^2+2x-1}{(x-1)(x^2-x+1)}=\frac{A}{x-1}+\frac{Bx+C}{x^2-x+1}$$

式中A,B,C为待定常数.

6.4.2 待定系数的确定

确定待定系数通常有两种方法.一种方法是将分式两端消去分母,得到一个关于 x 的恒等式,比较恒等式两端 x 同次幂的系数,可以得到一关于待定系数的线性方程组.该方程组的解即为待定系数.另一种方法是将两端消去分母后,给 x 以适当的值代入恒等式,从而可以得到一组线性方程.解该方程组,即可以求得待定系数.

例 1 将$\frac{x+3}{x^2-5x+6}$分解为部分分式.

解 方法(1)

$$\frac{x+3}{x^2-5x+6}=\frac{x+3}{(x-2)(x-3)}=\frac{A}{x-2}+\frac{B}{x-3}$$

去分母得

$$x+3=(A+B)x-(3A+2B)$$

比较两端同次项系数,得

$$\begin{cases}A+B=1\\-(3A+2B)=3\end{cases}$$

解之得

$$A=-5,\quad B=6$$

因此

$$\frac{x+3}{x^2-5x+6}=-\frac{5}{x-2}+\frac{6}{x-3}.$$

方法(2) 由

$$x+3=(A+B)x-(3A+2B)$$

令 $x=2$,得 $A=-5$

令 $x=3$,得 $B=6$.

显然两种解法结果一致.

例 2 将$\frac{x^2+2x-1}{(x-1)(x^2-x+1)}$分解为部分分式.

解

$$\frac{x^2+2x-1}{(x-1)(x^2-x+1)}=\frac{A}{x-1}+\frac{Bx+C}{x^2-x+1}$$

去分母,得

$$x^2+2x-1=A(x^2-x+1)+(Bx+C)(x-1)$$

令 $x=1$,得 $A=2$

令 $x=0$,得 $-1=A-C$,所以 $C=3$

令 $x=2$,得 $7=3A+2B+C$,所以 $B=-1$

因此

$$\frac{x^2+2x-1}{(x-1)(x^2-x+1)}=\frac{2}{x-1}-\frac{x-3}{x^2-x+1}.$$

例 3 将$\frac{x^2+1}{x(x-1)^2}$分解为部分分式.

解

$$\frac{x^2+1}{x(x-1)^2}=\frac{A}{x}+\frac{B}{x-1}+\frac{C}{(x-1)^2}$$

去分母得

$$x^2+1=A(x-1)^2+Bx(x-1)+Cx$$

令 $x=0$,得 $A=1$

令 $x=1$,得 $C=2$

令 $x=2$,得 $5=A+2B+2C$,所以 $B=0$

因此

$$\frac{x^2+1}{x(x-1)^2}=\frac{1}{x}+\frac{2}{(x-1)^2}.$$

6.4.3 有理真分式的积分

有理真分式经分解为部分分式,因此有理真分式的积分可以归结为下述四个最简单的有理真分式的积分:

(1) $\int \frac{A}{x-a}\mathrm{d}x$，　　(2) $\int \frac{A\mathrm{d}x}{(x-a)^k}$,$(k>1)$，

(3) $\int \frac{Mx+N}{x^2+px+q}\mathrm{d}x$，　　(4) $\int \frac{Mx+N}{(x^2+px+q)^k}\mathrm{d}x$，$(k>1)$.

积分(3),(4)中的 p,q 满足 $p^2<4q$. 对于积分(1),(2),可以立刻求得

$$\int \frac{A}{x-a}\mathrm{d}x = A\ln|x-a|+C$$

$$\int \frac{A}{(x-a)^k}\mathrm{d}x = \frac{A}{1-k}\cdot\frac{1}{(x-a)^{k-1}}+C,(k>1)$$

关于积分(3),可以用配方的方法. 注意到 $p^2<4q$

$$\begin{aligned}\int \frac{Mx+N}{x^2+px+q}\mathrm{d}x &= \frac{M}{2}\int \frac{2x+p-p}{x^2+px+q}\mathrm{d}x + N\int \frac{\mathrm{d}x}{x^2+px+q}\\ &= \frac{M}{2}\int \frac{2x+p}{x^2+px+q}\mathrm{d}x + \left(N-\frac{Mp}{2}\right)\int \frac{\mathrm{d}x}{x^2+px+q}\\ &= \frac{M}{2}\ln(x^2+px+q) + \left(N-\frac{Mp}{2}\right)\int \frac{\mathrm{d}x}{x^2+px+q}\end{aligned}$$

而积分

$$\begin{aligned}\int \frac{\mathrm{d}x}{x^2+px+q} &= \int \frac{\mathrm{d}x}{\left(x+\frac{p}{2}\right)^2+\left(\sqrt{\frac{4q-p^2}{4}}\right)^2}\\ &\xlongequal{\text{记 } t=x+\frac{p}{2},a=\sqrt{\frac{4q-1}{4}}} \int \frac{\mathrm{d}t}{t^2+a^2}\\ &= \frac{1}{a}\arctan\frac{t}{a}+C\end{aligned}$$

所以

$$\int \frac{Mx+N}{x^2+px+q}\mathrm{d}x = \frac{M}{2}\ln(x^2+px+q) + \frac{2N-Mp}{\sqrt{4q-p^2}}\arctan\frac{2x+p}{\sqrt{4q-p^2}}+C.$$

最后,对于积分 $\int \frac{Mx+N}{(x^2+px+q)^k}\mathrm{d}x$，可以用类似积分(3)的方法进行计算

$$\int \frac{Mx+N}{(x^2+px+q)^k}\mathrm{d}x = \frac{M}{2}\int \frac{2x+p}{(x^2+px+q)^k}\mathrm{d}x + \left(N-\frac{Mp}{2}\right)\int \frac{\mathrm{d}x}{(x^2+px+q)^k}$$

(1)
$$\begin{aligned}\int \frac{2x+p}{(x^2+px+q)^k}\mathrm{d}x &= \int \frac{\mathrm{d}(x^2+px+q)}{(x^2+px+q)^k}\\ &= \frac{1}{1-k}\,\frac{1}{(x^2+px+q)^{k-1}}+C\end{aligned}$$

(2)
$$\int \frac{\mathrm{d}x}{(x^2+px+q)^k} \xlongequal{\text{记 } t=x+\frac{p}{2},a=\sqrt{\frac{4q-p^2}{4}}} \int \frac{\mathrm{d}t}{(t^2+a^2)^k}$$

利用递推公式(6.16)可以求得结果.

例 1 求$\int\frac{1}{(1+2x)(1+x^2)}\mathrm{d}x$.

解
$$\begin{aligned}&\int\frac{\mathrm{d}x}{(1+2x)(1+x^2)}\\&=\int\left(\frac{4}{5}\cdot\frac{1}{1+2x}-\frac{2}{5}\cdot\frac{x}{1+x^2}+\frac{1}{5}\cdot\frac{1}{1+x^2}\right)\mathrm{d}x\\&=\frac{2}{5}\int\frac{\mathrm{d}(2x+1)}{2x+1}-\frac{1}{5}\int\frac{\mathrm{d}(x^2+1)}{x^2+1}+\frac{1}{5}\int\frac{\mathrm{d}x}{1+x^2}\\&=\frac{2}{5}\ln|2x+1|-\frac{1}{5}\ln(x^2+1)+\frac{1}{5}\arctan x+C.\end{aligned}$$

例 2 求$\int\frac{x^5}{1+x^3}\mathrm{d}x$.

解
$$\begin{aligned}\int\frac{x^5}{1+x^3}\mathrm{d}x&=\int\frac{x^3\cdot x^2}{1+x^3}\mathrm{d}x=\frac{1}{3}\int\frac{x^3\mathrm{d}(x^3)}{1+x^3}\\&=\frac{1}{3}\int\frac{x^3+1-1}{1+x^3}\mathrm{d}(x^3)\\&=\frac{1}{3}\int\mathrm{d}(x^3)-\frac{1}{3}\int\frac{\mathrm{d}(x^3+1)}{x^3+1}\\&=\frac{x^3}{3}-\frac{1}{3}\ln|1+x^3|+C.\end{aligned}$$

例 3 求$\int\frac{x^2+2x-1}{(x-1)(x^2-x+1)}\mathrm{d}x$.

解 由 6.4.2 节中的例 2 知
$$\begin{aligned}&\int\frac{x^2+2x-1}{(x-1)(x^2-x+1)}\mathrm{d}x=\int\frac{2}{x-1}\mathrm{d}x-\int\frac{x-3}{x^2-x+1}\mathrm{d}x\\&=2\ln|x-1|-\frac{1}{2}\left[\int\frac{2x-1}{x^2-x+1}\mathrm{d}x-5\int\frac{\mathrm{d}x}{x^2-x+\frac{1}{4}+\frac{3}{4}}\right]\\&=2\ln|x-1|-\frac{1}{2}\int\frac{\mathrm{d}(x^2-x+1)}{x^2-x+1}+\frac{5}{2}\int\frac{\mathrm{d}\left(x-\frac{1}{2}\right)}{\left(x-\frac{1}{2}\right)^2+\frac{3}{4}}\\&=2\ln|x-1|-\frac{1}{2}\ln(x^2-x+1)+\frac{5}{2}\cdot\frac{2}{\sqrt{3}}\arctan\frac{x-\frac{1}{2}}{\frac{\sqrt{3}}{2}}+C\\&=\ln\frac{(x-1)^2}{\sqrt{x^2-x+1}}+\frac{5}{\sqrt{3}}\arctan\frac{2x-1}{\sqrt{3}}+C.\end{aligned}$$

例 4 求$\int\frac{3x^4+x^3+4x^2+1}{x^5+2x^3+x}\mathrm{d}x$.

解
$$\begin{aligned}\int\frac{3x^4+x^3+4x^2+1}{x^5+2x^3+x}\mathrm{d}x&=\int\frac{3x^4+x^3+4x^2+1}{x(x^2+1)^2}\mathrm{d}x\\&=\int\left[\frac{1}{x}+\frac{2x+1}{x^2+1}-\frac{1}{(x^2+1)^2}\right]\mathrm{d}x\end{aligned}$$

$$=\int\frac{dx}{x}+\int\frac{2x}{x^2+1}dx+\int\frac{dx}{x^2+1}-\int\frac{dx}{(x^2+1)^2}$$

$$=\ln|x|+\ln(x^2+1)+\arctan x-\int\frac{dx}{(x^2+1)^2}$$

由递推公式(6.16),得

$$\int\frac{dx}{(x^2+1)^2}=\frac{x}{2(x^2+1)}+\frac{1}{2}\arctan x+C$$

于是最后有

$$\int\frac{3x^4+x^3+4x^2+1}{x^5+2x^3+x}dx$$

$$=\ln|x(x^2+1)|-\frac{x}{2(x^2+1)}+\frac{1}{2}\arctan x+C.$$

§6.5 简单无理函数与三角函数有理式的积分

1. 被积函数含$\sqrt[n]{ax+b}$的积分

可以作代换令$t=\sqrt[n]{ax+b}$,从而$x=\frac{t^n-b}{a}$,$dx=\frac{n}{a}t^{n-1}dt$,这样将无理函数的积分化为关于新变量t的有理函数的积分.

例1 求$\int\frac{\sqrt{x-1}}{x}dx$.

解 令$t=\sqrt{x-1}$,$x=t^2+1$,$dx=2tdt$,所以

$$\int\frac{\sqrt{x-1}}{x}dx=\int\frac{t}{t^2+1}\cdot 2tdt=2\int\frac{t^2}{t^2+1}dt$$

$$=2\int\frac{t^2+1-1}{t^2+1}dt=2\int dt-2\int\frac{dt}{t^2+1}=2t-2\arctan t+C$$

$$=2(\sqrt{x-1}-\arctan\sqrt{x-1})+C.$$

例2 求$\int\frac{dx}{1+\sqrt[3]{x+2}}$.

解 令$t=\sqrt[3]{x+2}$,$x=t^3-2$,$dx=3t^2dt$,所以

$$\int\frac{dx}{1+\sqrt[3]{x+2}}=\int\frac{3t^2}{1+t}dt=3\int\frac{t^2-1+1}{1+t}dt$$

$$=3\int\left(t-1+\frac{1}{1+t}\right)dt$$

$$=3\left(\frac{t^2}{2}-t+\ln|1+t|\right)+C$$

$$=\frac{3}{2}(x+2)^{\frac{2}{3}}-3(x+2)^{\frac{1}{3}}+3\ln|1+(x+2)^{\frac{1}{3}}|+C.$$

例3 求$\int\frac{dx}{\sqrt{x}(1+\sqrt[3]{x})}$.

解 令$t=\sqrt[6]{x}$,$x=t^6$,$dx=6t^5dt$,所以

$$\int \frac{dx}{\sqrt{x}(1+\sqrt[3]{x})}=\int \frac{6t^5}{t^3(1+t^2)}dt=6\int \frac{t^2}{1+t^2}dt=6\int\left(1-\frac{1}{1+t^2}\right)dt$$
$$=6(t-\arctan t)+C=6(\sqrt[6]{x}-\arctan\sqrt[6]{x})+C.$$

2. 被积函数含 $\sqrt[n]{\dfrac{ax+b}{cx+d}}$ 的积分

作代换,令 $t=\sqrt[n]{\dfrac{ax+b}{cx+d}}$,从中解出 x,可以将关于 x 的无理函数的积分化为关于 t 的有理函数的积分.

例 4 求 $\int \frac{1}{x}\sqrt{\frac{1+x}{x}}dx$.

解 令 $t=\sqrt{\dfrac{1+x}{x}}$,于是 $x=\dfrac{1}{t^2-1}$,$dx=-\dfrac{2tdt}{(t^2-1)^2}$,所以

$$\int \frac{1}{x}\sqrt{\frac{1+x}{x}}dx=\int(t^2-1)t\cdot\frac{-2t}{(t^2-1)^2}dt$$
$$=-2\int\frac{t^2}{t^2-1}dt=-2\int\left(1+\frac{1}{t^2-1}\right)dt$$
$$=-2t-\ln\left|\frac{t-1}{t+1}\right|+C$$
$$=-2t+2\ln|t+1|-\ln|t^2-1|+C$$
$$=-2\sqrt{\frac{1+x}{x}}+2\ln\left(\sqrt{\frac{1+x}{x}}+1\right)+\ln|x|+C.$$

3. 三角函数有理式的积分

可以作代换令 $t=\tan\dfrac{x}{2}$,则有 $x=2\arctan t$,$dx=\dfrac{2dt}{1+t^2}$,$\sin x=\dfrac{2t}{1+t^2}$,$\cos x=\dfrac{1-t^2}{1+t^2}$,从而化三角函数有理式为关于新变量 t 的有理函数的积分. 习惯称代换 $t=\tan\dfrac{x}{2}$ 为"万能代换".

例 5 求 $\int\frac{dx}{5+4\sin x}$.

解 令 $t=\tan\dfrac{x}{2}$,则

$$\int\frac{dx}{5+4\sin x}=\int\frac{\frac{2}{1+t^2}}{5+4\frac{2t}{1+t^2}}dt=\int\frac{2dt}{5t^2+8t+5}$$
$$=\frac{2}{5}\int\frac{dt}{t^2+\frac{8}{5}t+1}=\frac{2}{5}\int\frac{dt}{\left(t+\frac{4}{5}\right)^2+\frac{9}{25}}$$
$$=\frac{2}{5}\cdot\frac{5}{3}\arctan\left(\frac{t+\frac{4}{5}}{\frac{3}{5}}\right)+C=\frac{2}{3}\arctan\left(\frac{5t+4}{3}\right)+C$$
$$=\frac{2}{3}\arctan\left(\frac{5\tan\frac{x}{2}+4}{3}\right)+C.$$

例6 求$\int \frac{dx}{\sin x}$.

解 方法(1)

$$\begin{aligned}\int \frac{dx}{\sin x}&=\int \frac{\sin x}{\sin^2 x}dx=-\int \frac{d\cos x}{1-\cos^2 x}\\&=-\frac{1}{2}\int\left(\frac{1}{1-\cos x}+\frac{1}{1+\cos x}\right)\ d\cos x\\&=-\frac{1}{2}[\ln(1+\cos x)-\ln(1-\cos x)]+C\\&=\frac{1}{2}\ln\frac{1-\cos x}{1+\cos x}+C=\frac{1}{2}\ln\left|\tan\frac{x}{2}\right|+C.\end{aligned}$$

方法(2)

$$\begin{aligned}\int \frac{dx}{\sin x}&=\int \frac{\cos^2\frac{x}{2}+\sin^2\frac{x}{2}}{2\sin\frac{x}{2}\cos\frac{x}{2}}dx=\int\left(\cot\frac{x}{2}+\tan\frac{x}{2}\right)\cdot d\left(\frac{x}{2}\right)\\&=\ln\left|\sin\frac{x}{2}\right|-\ln\left|\cos\frac{x}{2}\right|+C=\ln\left|\tan\frac{x}{2}\right|+C.\end{aligned}$$

方法(3)

$$\begin{aligned}\int \frac{dx}{\sin x}&=\int \frac{d\left(\frac{x}{2}\right)}{\sin\frac{x}{2}\cos\frac{x}{2}}=\int\frac{\frac{1}{\cos^2\frac{x}{2}}}{\frac{\sin\frac{x}{2}\cos\frac{x}{2}}{\cos^2\frac{x}{2}}}d\left(\frac{x}{2}\right)\\&=\int\frac{d\left(\tan\frac{x}{2}\right)}{\tan\frac{x}{2}}=\ln\left|\tan\frac{x}{2}\right|+C.\end{aligned}$$

方法(4) 令$t=\tan\frac{x}{2}$,则

$$\int\frac{dx}{\sin x}=\int\frac{\frac{2}{1+t^2}}{\frac{2t}{1+t^2}}dt=\int\frac{1}{t}dt=\ln|t|+C=\ln\left|\tan\frac{x}{2}\right|+C.$$

在结束本章之前,有一点必须说明:前面说过,对于初等函数,在其有定义的区间上原函数一定存在.但是,原函数存在是一回事,原函数能否用初等函数表示出来又是一回事.事实上的确有这样的初等函数,它的原函数是存在的,但这原函数却无法用初等函数来表示.如果初等函数$f(x)$的原函数不是初等函数,我们就说$\int f(x)dx$不能表示为有限形式,通俗地说,$f(x)$的原函数"积不出来".例如

$$\int\sin x^2 dx,\quad \int\frac{dx}{\sqrt{1+x^3}},\quad \int e^{-x^2}dx,\quad \int\frac{dx}{\ln x},\quad \int\frac{\sin x}{x}dx$$

等,看起来很简单,但实际上它们都不能表示为有限形式.为了更好地了解这一点,我们不妨用类比的方法来说明.如果我们研究的范围仅限于有理函数,则对于$\int\frac{1}{x}dx$,$\int\frac{dx}{1+x^2}$等很简单的有理函数的积分,就已经不能把它们表示为有理函数了.为了表示它们,就必须超出

有理函数的范围而引入超越函数 $\ln x$ 和 $\arctan x$ 等. 同样的道理,初等函数的原函数也就不一定是初等函数了.

习 题 6

1. 已知一物体自由下落,$t=0$ 时的位置为 S_0,初速度为 v_0,试求物体下落的规律.
2. 试求一曲线 $y=f(x)$,使它在点$(x,f(x))$处的切线斜率为 $2x$,且通过点(2,5).
3. 某静止物体以速度 $v=at$($a>0$ 是常数)作匀加速运动,且已知 $s_0=s|_{t=t_0}$,试求该物体的运动规律.
4. 已知某产品产量的变化率是时间 t 的函数 $f(t)=at+b$(a,b 为常数). 设该产品 t 的产量函数为 $P(t)$,已知 $P(0)=0$,试求 $P(t)$.
5. 求下列不定积分

(1) $\int \frac{1}{x^3}dx$;　　(2) $\int x\sqrt{x}\,dx$;

(3) $\int \frac{1}{\sqrt{2gh}}dh$;　　(4) $\int \sqrt[m]{t^n}\,dt$;

(5) $\int (a-bx^2)^3dx$;　　(6) $\int \frac{(1-x)^2}{\sqrt[3]{x}}dx$;

(7) $\int (\sqrt{x}+1)(\sqrt{x^3}-\sqrt{x}+1)dx$;

(8) $\int \frac{x^2}{x^2+1}dx$;　　(9) $\int \frac{x^2+\sqrt{x^3}+3}{\sqrt{x}}dx$;

(10) $\int \sin^2\frac{x}{2}dx$;　　(11) $\int \cot^2 x\,dx$;

(12) $\int \sqrt{x\sqrt{x\sqrt{x}}}\,dx$;　　(13) $\int \frac{e^{2x}-1}{e^x-1}dx$;

(14) $\int \frac{\cos 2x}{\cos x+\sin x}dx$;　　(15) $\int \frac{dx}{x^2(1+x^2)}$;

(16) $\int (e^x-3\cos x)dx$;　　(17) $\int 2^x e^x dx$;

(18) $\int \frac{x^4}{1+x^2}dx$;　　(19) $\int \frac{1+x+x^2}{x(1+x^2)}dx$;

(20) $\int \tan^2 x\,dx$;　　(21) $\int \sin^2\frac{x}{2}dx$;

(22) $\int \frac{dx}{\sin^2\frac{x}{2}\cos^2\frac{x}{2}}$;　　(23) $\int \frac{1}{\cos^2 x\sin^2 x}dx$.

6. 求下列不定积分

(1) $\int \frac{3}{(1-2x)^2}dx$;　　(2) $\int \frac{dx}{\sqrt[3]{3-2x}}$;

(3) $\int a^{3x}dx$;　　(4) $\int \frac{2x}{1+x^2}dx$;

(5) $\int t\cdot\sqrt{t^2-5}\,dt$； (6) $\int \frac{e^{\frac{1}{x}}}{x^2}dx$；

(7) $\int \frac{x^2}{\sqrt[3]{(x^3-5)^2}}dx$； (8) $\int (\ln x)^2\cdot\frac{dx}{x}$；

(9) $\int \frac{2x-1}{x^2-x+3}dx$； (10) $\int \frac{dx}{x\ln x}$；

(11) $\int \frac{e^x}{1+e^x}dx$； (12) $\int \frac{x-1}{x^2+1}dx$；

(13) $\int \frac{dx}{4+9x^2}$； (14) $\int \frac{dx}{4x^2+4x+5}$；

(15) $\int \frac{dx}{4-9x^2}$； (16) $\int \frac{dx}{x^2-x-6}$；

(17) $\int \frac{dx}{\sqrt{4-9x^2}}$； (18) $\int \frac{dx}{\sqrt{5-2x-x^2}}$；

(19) $\int \sin 3x\,dx$； (20) $\int \sin^2 3x\,dx$；

(21) $\int e^{\sin x}\cos x\,dx$； (22) $\int e^x\cos e^x\,dx$；

(23) $\int \sin^3 x\,dx$； (24) $\int \sin^4 x\,dx$；

(25) $\int \sin^2 x\cos^5 x\,dx$； (26) $\int \tan^4 x\,dx$；

(27) $\int \frac{dx}{\sin^4 x}$； (28) $\int x^3(1+x^2)^{\frac{1}{2}}dx$；

(29) $\int \frac{dx}{x(x^6+4)}$ $\left[提示:\int \frac{dx}{x(x^6+4)}=\frac{1}{4}\int \frac{(4+x^6)-x^6}{x(x^6+4)}dx\right]$；

(30) $\int \tan^3 x\,dx$； (31) $\int \frac{dx}{e^x+e^{-x}}$.

7. 求下列不定积分

(1) $\int \sqrt[3]{x+a}\,dx$； (2) $\int x\sqrt{x+1}\,dx$；

(3) $\int x\sqrt[4]{2x+3}\,dx$； (4) $\int \frac{dx}{\sqrt{2x-3}+1}$；

(5) $\int \frac{dx}{\sqrt{x}+\sqrt[3]{x^2}}$； (6) $\int (1-x^2)^{-\frac{3}{2}}dx$；

(7) $\int \frac{dx}{(1+x^2)^2}$； (8) $\int \frac{dx}{(a^2+x^2)^{\frac{3}{2}}}$；

(9) $\int \frac{dx}{x\sqrt{x^2-1}}$； (10) $\int \frac{\sqrt{x^2-a^2}}{x}dx$；

(11) $\int \frac{x^2}{\sqrt{1-x^2}}dx$； (12) $\int \frac{dx}{\sqrt{9x^2-4}}$；

(13) $\int \frac{dx}{\sqrt{9x^2-6x+7}}$； (14) $\int \frac{dx}{\sqrt{1+e^x}}$.

8. 求下列不定积分

(1) $\int \ln(x^2+1)\mathrm{d}x$；　(2) $\int \arctan x\mathrm{d}x$；

(3) $\int x\mathrm{e}^x\mathrm{d}x$；　(4) $\int x\sin x\mathrm{d}x$；

(5) $\int \frac{\ln x}{x^2}\mathrm{d}x$；　(6) $\int x^n\ln x\mathrm{d}x\ (n\neq -1)$；

(7) $\int x^2\mathrm{e}^{-x}\mathrm{d}x$；　(8) $\int x^3(\ln x)^2\mathrm{d}x$；

(9) $\int \mathrm{e}^{ax}\cos bx\mathrm{d}x$；　(10) $\int \frac{x+\sin x}{1+\cos x}\mathrm{d}x$；

(11) $\int \mathrm{e}^{\sqrt{x}}\mathrm{d}x$；　(12) $\int \frac{x\mathrm{e}^x}{\sqrt{1+\mathrm{e}^x}}\mathrm{d}x$.

9. 求下列不定积分

(1) $\int \frac{\mathrm{d}x}{1+x^3}$；　(2) $\int \frac{x+1}{(x-1)^3}\mathrm{d}x$；

(3) $\int \frac{3x+2}{(x+2)(x+3)^2}\mathrm{d}x$；　(4) $\int \frac{\mathrm{d}x}{(x^2+1)(x^2+4)}$；

(5) $\int \frac{\mathrm{d}x}{1+\sin x}$；　(6) $\int \frac{\mathrm{d}x}{1+\mathrm{e}^x}$；

(7) $\int \frac{\mathrm{d}x}{1+\tan x}$；　(8) $\int \frac{x^3\mathrm{d}x}{\sqrt{1+x^2}}$；

(9) $\int \frac{\mathrm{d}x}{x\sqrt{x^2-1}}$；　(10) $\int \sqrt{\frac{a+x}{a-x}}\mathrm{d}x$；

(11) $\int \frac{\mathrm{d}x}{x^4-1}$；　(12) $\int \frac{x\mathrm{d}x}{\sqrt{1+\sqrt[3]{x^2}}}$；

(13) $\int \frac{\sin x}{1+\sin x}\mathrm{d}x$；　(14) $\int \frac{\mathrm{d}x}{2+5\cos x}$；

(15) $\int f'(ax+b)\mathrm{d}x$；　(16) $\int xf''(x)\mathrm{d}x$；

(17) $\int \frac{x\arctan x}{\sqrt{1+x^2}}\mathrm{d}x$；　(18) $\int \frac{\ln\tan x}{\sin x\cos x}\mathrm{d}x$.

10. 设某商品的需求量 Q 是价格 P 的函数，该商品的最大需求量为1 000(即 $P=0$ 时，$Q=1\ 000$)，已知需求量的变化率(边际需求)为 $Q'(P)=-1\ 000\ln 3\cdot\left(\frac{1}{3}\right)^P$，试求需求量 Q 与价格 P 的函数关系.

11. 设生产某产品 x 单位的总成本 C 是 x 的函数 $C(x)$，固定成本(即 $C(0)$)为 20 元，边际成本函数为 $C'(x)=2x+10$(元/单位)，试求总成本函数 $C(x)$.

12. 一只空的盛水桶，当盛水的高度为 x 时，水的体积 V 满足关系 $\frac{\mathrm{d}V}{\mathrm{d}x}=\pi(3+2x)^2$. 试求 V 关于 x 的表达式；当 $x=3$ 时，V 的值是多少？

13. $\int \frac{\cos x}{\sin x}\mathrm{d}x=\int \frac{1}{\sin x}\mathrm{d}(\sin x)=\frac{\sin x}{\sin x}-\int \sin x\mathrm{d}\left(\frac{1}{\sin x}\right)=1+\int \frac{\cos x}{\sin x}\mathrm{d}x$

从而得出 0=1. 说明上述运算错在哪里?

综合练习六

一、选择题

1. 如果 $F(x)$是 $f(x)$的一个原函数,C 为常数,那么____也是$f(x)$的原函数.

   A. $F(Cx)$　B. $F\left(\frac{x}{C}\right)$　C. $CF(x)$　D. $C+F(x)$

2. 函数$\frac{1}{\sqrt{x^2-1}}$的原函数是____.

   A. $\arcsin x$　B. $-\arcsin x$

   C. $\ln|x+\sqrt{x^2-1}|+C$　D. $\ln|x-\sqrt{x^2-1}|$

3. 若 $f(x)$为连续函数,且 $\int f(x)\mathrm{d}x=F(x)+C$,则下列各式中正确的是____.

   A. $\int f(ax+b)\mathrm{d}x=F(ax+b)+C$

   B. $\int f(x^n)x^{n-1}\mathrm{d}x=F(x^n)+C$

   C. $\int f(\ln ax)\frac{1}{x}\mathrm{d}x=F(\ln ax)+C,\quad a>0$

   D. $\int f(\mathrm{e}^{-x})\mathrm{e}^{-x}\mathrm{d}x=F(\mathrm{e}^{-x})+C$

4. 设函数 $f(x)$可导,则下列各式中正确的是____.

   A. $\int f'(x)\mathrm{d}x=f(x)$　B. $\frac{\mathrm{d}}{\mathrm{d}x}\int f(x)\mathrm{d}x=f(x)$

   C. $\mathrm{d}\int f'(x)\mathrm{d}x=f'(x)$　D. $\int f'(2x)\mathrm{d}x=f(2x)+C$

5. 下列函数中是函数 $2(\mathrm{e}^{2x}-\mathrm{e}^{-2x})$的原函数的是____.

   A. $(\mathrm{e}^{x}+\mathrm{e}^{-x})^2$　B. $4(\mathrm{e}^{2x}+\mathrm{e}^{-2x})$

   C. $2(\mathrm{e}^{2x}-\mathrm{e}^{-2x})$　D. $\mathrm{e}^{2x}+\mathrm{e}^{-2x}$

6. 设 $f'(\ln x)=\frac{1}{x}\quad(x>0)$,则 $f(x)=$____.

   A. $\ln x+C$　B. $\mathrm{e}^{x}+C$　C. $-\mathrm{e}^{-x}+C$　D. $\mathrm{e}^{-x}+C$

7. 设 $\int f(x)\mathrm{d}x=\frac{1}{x^2}+C$,则 $\int f(\sin x)\cos x\mathrm{d}x=$____.

   A. $-\frac{1}{\sin^2 x}+C$　B. $\frac{1}{\cos^2 x}+C$

   C. $\frac{1}{\sin^2 x}+C$　D. $-\frac{1}{\cos^2 x}+C$

8. 若 $\int \mathrm{d}f(x)=\int \mathrm{d}g(x)$,则下列各式中不成立的是____.

A. $f(x)=g(x)$　　　B. $f'(x)=g'(x)$

C. $\mathrm{d}f(x)=\mathrm{d}g(x)$　　　D. $\mathrm{d}\int f'(x)\mathrm{d}x=\mathrm{d}\int g'(x)\mathrm{d}x$

9. 若 $f(x)=\mathrm{e}^{-2x}$,则 $\int \frac{f'(\ln x)}{x}\mathrm{d}x=$____.

A. $\frac{1}{x^2}+C$　　　B. $-\frac{1}{x^2}+C$

C. $-\ln x+C$　　　D. $\ln x+C$

10. 设一个三次函数的导数为 x^2-2x-8,则该函数的极大值与极小值之差为____.

A. -36　　B. 12　　C. 36　　D. $-17\frac{1}{3}$

二、填空题

1. 设 $\sin x$ 是 $f(x)$的一个原函数,则 $\int xf(x)\mathrm{d}x=$________.

2. 设 $\int f(x)\mathrm{d}x=F(x)+C$,则 $\int \mathrm{e}^{-x}f(\mathrm{e}^{-x})\mathrm{d}x=$________.

3. 已知 e^{-x^2} 是 $f(x)$ 的一个原函数,则 $\int f(\tan x)\sec^2 x\mathrm{d}x=$________.

4. 设 $\int f(x)\mathrm{d}x=\frac{1-x}{1+x}+C$,则 $f(x)=$________.

5. 若 $f'(x^2)=\frac{1}{x}\quad(x>0)$,则 $f(x)=$________.

6. 设 $f(x)=\cos x$,则 $\int \frac{f'\left(\frac{1}{x}\right)}{x^2}\mathrm{d}x=$________.

7. 已知 $\frac{x}{\ln x}$ 是 $f(x)$ 的一个原函数,则 $\int xf'(x)\mathrm{d}x=$________.

8. 若 $f'(\cos x)=\sin x$, $|x|\leqslant 1$, $f(1)=\frac{\pi}{4}$,则 $f(x)$ ________.

9. 若 $\int f(x)\mathrm{d}x=x^2+C$,则 $\int xf(1-x^2)\mathrm{d}x=$________.

10. 在积分曲线族 $\int \frac{2}{x\sqrt{x}}\mathrm{d}x$ 中,过(1,0)点的积分曲线的方程是________.

三、计算下列各题

1. $\int \frac{\arcsin\sqrt{x}}{\sqrt{x(1-x)}}\mathrm{d}x$;　　2. $\int \frac{\mathrm{d}x}{\sqrt{x+1}+\sqrt{x-1}}$;

3. $\int \frac{x^5}{x^6-x^3-2}\mathrm{d}x$;　　4. $\int \frac{\ln\tan x}{\sin x\cos x}\mathrm{d}x$;

5. $\int \frac{1+\sin x}{\sin x(1+\cos x)}\mathrm{d}x$;　　6. $\int (\arcsin x)^2\mathrm{d}x$;

7. $\int \frac{1+x}{x(1+x\mathrm{e}^x)}\mathrm{d}x$;　　8. $\int \frac{\ln(1+x)-\ln x}{x(1+x)}\mathrm{d}x$.

四、证明题

如果 $f(x)$的一个原函数是$\frac{\sin x}{x}$，证明

$$\int x f'(x)\mathrm{d}x=\cos x-\frac{2\sin x}{x}+C.$$

五、应用题

一物体由静止开始运动，经 t s 后的速度为 $3t^2$ (m/s)，试问：

(1)经过 3 s 后物体离开出发点的距离是多少？

(2)物体离开出发点的距离为 1000 m 时，经过了多少时间？

六、综合题

设函数 $f(x)$满足下列条件，试求 $f(x)$.

1. $f(0)=2, f(-2)=0$；
2. $f(x)$在 $x=-1$、$x=5$ 处有极值；
3. $f(x)$的导函数是 x 的二次函数 .

第7章 定 积 分

如同引进导数的概念一样,积分学的另一个基本问题——定积分问题,也是由于实际问题的需要而引进的.本章将介绍定积分的概念、性质、计算方法及其应用.

§7.1 定积分的概念与性质

7.1.1 引进定积分概念的两个实际例子

1.曲边梯形的面积

在平面直角坐标系中,由非负连续曲线 $y=f(x)$,直线 $x=a$,$x=b$及 Ox 轴所围成的图形 $AabB$,沿用平面几何的叫法,称为曲边梯形.如图 7-1 所示.

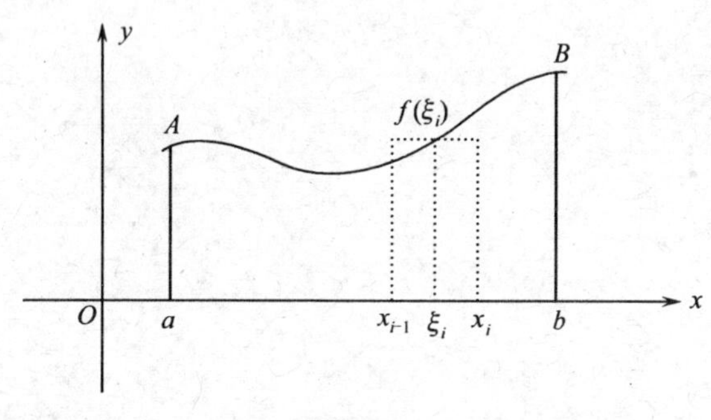

图 7-1

关于曲边梯形的面积问题,显然是不能用初等数学的方法来解决的.初等几何中解决圆的面积问题所用的方法是用内接多边形及外切多边形的面积作为圆的面积的近似值,再经过极限步骤确定圆的面积.现在我们也用类似的方法来计算曲边梯形的面积.

将图 7-1 所表示的曲边梯形的底边所在的区间$[a,b]$用分点 $x_0=a,x_1,x_2,\cdots,x_{n-1},x_n=b$分为 n 个部分区间$[x_0,x_1],[x_1,x_2],\cdots,[x_{i-1},x_i],\cdots,[x_{n-1},x_n]$.在各分点作 Ox 轴的垂线,这样将原来的曲边梯形分为 n 个小曲边梯形.

在每一个小区间$[x_{i-1},x_i]$$(i=1,2,\cdots,n)$上任取一点 ξ_i,即$x_{i-1}\leqslant\xi_i\leqslant x_i$,以 ξ_i所对应的函数值 $f(\xi_i)$作高,以区间$[x_{i-1},x_i]$的长度 $\Delta x_i=x_i-x_{i-1}$为底作小矩形,这个小矩形的面积为 $f(\xi_i)\Delta x_i$,如此,我们便得到了 n 个这样的小矩形.当然,每一个小矩形的面积与其相应的小曲边梯形的面积是有误差的,因此 n 个小矩形面积之和 $\sum\limits_{i=1}^{n}f(\xi_i)\Delta x_i$ 与曲边梯形 $AabB$ 的面积之间也是有误差的.为了缩小这一误差,我们将区间$[a,b]$不断地插进分点,即将区间$[a,b]$不断

地细分,以 λ 表示这一切小区间长度中的最大者,即 $\lambda=\max\limits_{1\leqslant i\leqslant n}\{\Delta x_i\}$,则“将区间不断地细分”意味着 $\lambda\to 0$.“$\lambda\to 0$”刻画了区间无限细分的过程,而 $\sum\limits_{i=1}^{n} f(\xi_i)\Delta x_i$ 在此过程中的极限就是曲边梯形的面积,即

$$S=\lim_{\lambda\to 0}\sum_{i=1}^{n} f(\xi_i)\Delta x_i.$$

显然,这一极限的存在与将区间$[a,b]$采用何种方式细分是无关的.无论采用何种方法细分,均需保证 $\lambda\to 0$.

求曲边梯形 $AabB$ 的面积的过程概括起来分三个步骤:

第一步,将区间$[a,b]$细分,因此也将曲边梯形化整为零;

第二步,作一个小矩形,其面积为 $f(\xi_i)\Delta x_i$,称为微面积元素.将所有这些小矩形的面积求和即 $\sum\limits_{i=1}^{n} f(\xi_i)\Delta x_i$.这一过程是积零为整的过程.

第三步,令 $\lambda\to 0$(此时必定 $n\to\infty$)取极限得到了曲边梯形的面积.即

$$\lim_{\lambda\to 0}\sum_{i=1}^{n} f(\xi_i)\Delta x_i=S.$$

$\sum\limits_{i=1}^{n} f(\xi_i)\Delta x_i$ 是无穷多个小矩形中 n 个面积的和,亦称“部分和”,所以上述极限也可以称做“对部分和取极限”.

例 1 利用“对部分和取极限”的方法,求由抛物线 $y=x^2$,直线$x=1$和 Ox 轴所围成的曲边梯形 OAB 的面积.如图 7-2 所示.

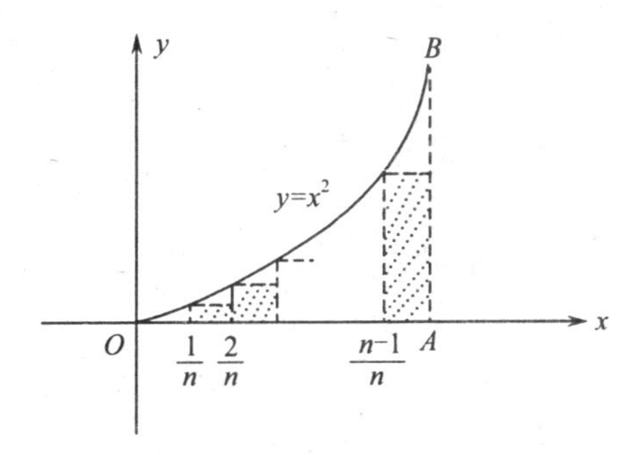

图 7-2

解 用下列分点

$$0,\frac{1}{n},\frac{2}{n},\cdots,\frac{n-1}{n},1$$

将区间$[0,1]$分成 n 个相等的小区间.取一微面积元素$\left(\frac{i}{n}\right)^2\cdot\frac{1}{n}$,则小阴影矩形面积的总和(部分和)为

$$S_n=0\cdot\frac{1}{n}+\left(\frac{1}{n}\right)^2\cdot\frac{1}{n}+\left(\frac{2}{n}\right)^2\cdot\frac{1}{n}+\cdots+\left(\frac{n-1}{n}\right)^2\cdot\frac{1}{n}$$

$$=\frac{1}{n^3}[1^2+2^2+\cdots+(n-1)^2]=\frac{1}{n^3}\frac{(n-1)\cdot n\cdot(2n-1)}{6}$$

$$=\frac{1}{3}\left(1-\frac{1}{n}\right)\left(1-\frac{1}{2n}\right).$$

为了得到精确的曲边梯形 OAB 的面积，我们将区间[0,1]不断地细分，因为采用等分，所以当 $n\to\infty$ 时，$\lambda\to0$，取极限

$$\lim_{n\to\infty}S_n=\lim_{n\to\infty}\frac{1}{3}\left(1-\frac{1}{n}\right)\left(1-\frac{1}{2n}\right)=\frac{1}{3}$$

这就是所求的面积.

2. 变速直线运动的距离

当物体作匀速直线运动时，其运动的距离等于速度乘以时间. 现设物体作变速运动，即运动的速度 v 随时间 t 而变化，v 是时间 t 的函数 $v=v(t)$. 求物体在时间间隔 $[a,b]$ 内运动的距离.

仿照求曲边梯形面积的方法，我们也分三个步骤来求运动的距离.

(1)用分点

$$a=t_0<t_1<t_2<\cdots<t_{n-1}<t_n=b$$

将时间区间 $[a,b]$ 分成 n 个小区间

$$[t_0,t_1],[t_1,t_2],\cdots,[t_{i-1},t_i],\cdots,[t_{n-1},t_n]$$

则每个小区间的长度分别为

$$\Delta t_1=t_1-t_0,\Delta t_2=t_2-t_1,\cdots,\Delta t_i=t_i-t_{i-1},\cdots,\Delta t_n=t_n-t_{n-1}$$

这些区间长度可以相等，也可以不相等.

(2)在每个小区间 $[t_{i-1},t_i]$ $(i=1,2,\cdots,n)$ 上任取一点 τ_i $(t_{i-1}\leqslant\tau_i\leqslant t_i)$，以 $v(\tau_i)\Delta t_i$ 作为物体在小时间区间 $[t_{i-1},t_i]$ 上运动的距离 Δs_i 的近似值，即微距离元素，于是

$$\Delta s_i\approx v(\tau_i)\Delta t_i\quad(i=1,2,\cdots,n)$$

那么物体在时间区间 $[a,b]$ 上运动的距离 s 的近似值(部分和)为

$$s_n=v(\tau_1)\Delta t_1+v(\tau_2)\Delta t_2+\cdots+v(\tau_n)\Delta t_n=\sum_{i=1}^{n}v(\tau_i)\Delta t_i$$

(3)当分点数 n 无限增大而小时间区间中最大的一个的长度 Δt 趋于 $0(n\to\infty)$ 时，则部分和 s_n 的极限就是物体以变速度 $v(t)$ 从时刻 a 到时刻 b 这段时间内运动的距离 s，即

$$s=\lim_{\Delta t\to0}\sum_{i=1}^{n}v(\tau_i)\Delta t_i.$$

几何学中求曲边梯形的面积与物理学中求变速运动的距离是两类属性完全不同的问题，但解决问题的方法却是相同的，都归结为求同一结构的总和的极限，即对部分和求极限. 还有大量的实际问题的解决也是归结为求这类部分和的极限，如质量分布不均匀的细棒的质量，变力所做的功，不同深度的水压力，非均匀变化的总产量，等等. 因此我们有必要在抽象的形式下，抓住它们在数量上共同的本质与特性加以分析，这样就引进了数学上的定积分概念.

7.1.2 定积分的概念

定义 7.1 设有界函数 $f(x)$ 在区间 $[a,b]$ 上有定义，用分点

$$a = x_0 < x_1 < x_2 < \cdots < x_{n-1} < x_n = b$$

将区间$[a,b]$分成 n 个小区间$[x_{i-1},x_i](i=1,2,\cdots,n)$，其长度为 $\Delta x_i = x_i - x_{i-1}(i=1,2,\cdots,n)$.

记$\lambda = \max\limits_{1\leqslant i\leqslant n}\{\Delta x_i\}$，在每个小区间$[x_{i-1},x_i](i=1,2,\cdots,n)$上任取一点$\xi_i(x_{i-1}\leqslant\xi_i\leqslant x_i)$，作和

$$S_n = \sum_{i=1}^{n} f(\xi_i)\Delta x_i$$

称这个和为$f(x)$在$[a,b]$上的一个部分和.令$\lambda\to 0$，如果部分和S_n的极限存在，且该极限与$[a,b]$的分法及ξ_i的取法无关，则称该极限为函数$f(x)$在区间$[a,b]$上的定积分，记做

$$\int_a^b f(x)\mathrm{d}x$$

即

$$\int_a^b f(x)\mathrm{d}x = \lim_{\substack{\lambda\to 0\\(n\to\infty)}} \sum_{i=1}^{n} f(\xi_i)\Delta x_i.$$

其中，$f(x)$称为被积函数，x称为积分变量，$f(x)\mathrm{d}x$称为被积表达式，$[a,b]$称为积分区间，a称为积分下限，b称为积分上限.

有了定积分的定义后，关于曲边梯形的面积问题以及物理学中变速运动的距离问题可以表述如下：

(1)曲边梯形的面积是曲线方程$y=f(x)$在区间$[a,b]$上的定积分，即

$$S = \int_a^b f(x)\mathrm{d}x, (f(x)\geqslant 0) \tag{7.1}$$

(2)物体作变速直线运动所经过的距离是速度函数$v=v(t)$在时间区间$[a,b]$上的定积分，即

$$s = \int_a^b v(t)\mathrm{d}t \tag{7.2}$$

关于定积分的定义，我们提出下列两点，请读者注意：

(1)当积分和(部分和)的极限存在时，$\int_a^b f(x)\mathrm{d}x$是一个确定的常量，它只与被积函数$f(x)$以及积分区间$[a,b]$有关，而与积分变量的记号(用什么字母)无关，即有

$$\int_a^b f(x)\mathrm{d}x = \int_a^b f(t)\mathrm{d}t = \int_a^b f(y)\mathrm{d}y$$

它们表示同一积分值.

(2)关于函数的可积性，我们给出如下结论，不予证明.

1)有限区间上的连续函数是可积的；

2)有限区间上只有有限个间断点的有界函数也是可积的.

在定积分的定义中，假定$a<b$.如果$b<a$，则规定

$$\int_a^b f(x)\mathrm{d}x = -\int_b^a f(x)\mathrm{d}x \tag{7.3}$$

即定积分的上、下限互换时，定积分变号.

显然，当$a=b$时

$$\int_a^a f(x)\mathrm{d}x=0 \tag{7.4}$$

还要指出,定积分是求积分和(部分和)的极限,它代表一个数;而不定积分是求被积函数的原函数,这是两个不同的概念.当然二者之间也是有联系的,这一点后面我们将作详细介绍.

7.1.3 定积分的性质

在下面的讨论中,我们总假定函数 $f(x)$ 与 $g(x)$ 在给定的区间 $[a,b]$ 上是可积的.

性质 7.1 常数因子可以提到积分号外,即

$$\int_a^b kf(x)\mathrm{d}x=k\int_a^b f(x)\mathrm{d}x \quad (k\text{ 为常数}) \tag{7.5}$$

事实上

$$\int_a^b kf(x)\mathrm{d}x=\lim_{n\to\infty}\sum_{i=1}^n kf(\xi_i)\Delta x_i=k\lim_{n\to\infty}\sum_{i=1}^n f(\xi_i)\Delta x_i=k\int_a^b f(x)\mathrm{d}x.$$

性质 7.2 代数和的积分等于积分的代数和,即

$$\int_a^b[f(x)\pm g(x)]\mathrm{d}x=\int_a^b f(x)\mathrm{d}x\pm\int_a^b g(x)\mathrm{d}x \tag{7.6}$$

这个性质可以推广到任意有限个函数的代数和的情形.

性质 7.3(定积分的可加性) 如果积分区间 $[a,b]$ 被点 c 分成两个小区间 $[a,c]$ 与 $[c,b]$,则

$$\int_a^b f(x)\mathrm{d}x=\int_a^c f(x)\mathrm{d}x+\int_c^b f(x)\mathrm{d}x \tag{7.7}$$

推论 7.1 当 c 不介于 a,b 之间,式(7.7)仍成立.这是因为若 $a<b<c$,则由式(7.5)知

$$\int_a^c f(x)\mathrm{d}x=\int_a^b f(x)\mathrm{d}x+\int_b^c f(x)\mathrm{d}x=\int_a^b f(x)\mathrm{d}x-\int_c^b f(x)\mathrm{d}x$$

移项后有

$$\int_a^b f(x)\mathrm{d}x=\int_a^c f(x)\mathrm{d}x+\int_c^b f(x)\mathrm{d}x.$$

性质 7.2 与性质 7.3 可以利用定义来证明,请读者自己补证.

性质 7.4 如果函数 $f(x)$ 与 $g(x)$ 在区间 $[a,b]$ 上满足条件 $f(x)\leqslant g(x)$,则

$$\int_a^b f(x)\mathrm{d}x\leqslant\int_a^b g(x)\mathrm{d}x \tag{7.8}$$

因为

$$\begin{aligned}&\int_a^b g(x)\mathrm{d}x-\int_a^b f(x)\mathrm{d}x\\&=\int_a^b[g(x)-f(x)]\mathrm{d}x=\lim_{n\to\infty}\sum_{i=1}^n[g(\xi_i)-f(\xi_i)]\Delta x_i\end{aligned}$$

由于

$$g(\xi_i)-f(\xi_i)\geqslant 0,\Delta x_i\geqslant 0\quad(i=1,2,\cdots,n)$$

所以有

$$\int_a^b[g(x)-f(x)]\mathrm{d}x\geqslant 0$$

即

$$\int_a^b f(x)\mathrm{d}x \leqslant \int_a^b g(x)\mathrm{d}x.$$

性质 7.5 如果被积函数 $f(x)=1$,则有

$$\int_a^b \mathrm{d}x = b-a \tag{7.9}$$

事实上

$$\int_a^b \mathrm{d}x = \lim_{n\to\infty}\sum_{i=1}^{n}\Delta x_i = b-a.$$

性质 7.6 若 m 和 M 分别是 $f(x)$ 在区间 $[a,b]$ 上的最小值与最大值,则成立

$$m(b-a) \leqslant \int_a^b f(x)\mathrm{d}x \leqslant M(b-a) \tag{7.10}$$

因为 $m\leqslant f(x)\leqslant M$,利用性质 7.4,有

$$\int_a^b m\mathrm{d}x \leqslant \int_a^b f(x)\mathrm{d}x \leqslant \int_a^b M\mathrm{d}x$$

再由性质 7.1 及性质 7.5,有

$$m(b-a) \leqslant \int_a^b f(x)\mathrm{d}x \leqslant M(b-a).$$

性质 7.7(定积分中值定理) 若 $f(x)$ 在区间 $[a,b]$ 上连续,则在 $[a,b]$ 内至少存在一点 ξ,使

$$\int_a^b f(x)\mathrm{d}x = f(\xi)(b-a) \tag{7.11}$$

成立.

事实上,因为 $f(x)$ 在 $[a,b]$ 上连续,故 $f(x)$ 在 $[a,b]$ 上必可以取得最小值与最大值,记为 m 与 M. 由性质 7.6,有

$$m(b-a) \leqslant \int_a^b f(x)\mathrm{d}x \leqslant M(b-a)$$

因为 $b-a>0$,所以有

$$m \leqslant \frac{1}{b-a}\int_a^b f(x)\mathrm{d}x \leqslant M$$

亦即数 $\frac{1}{b-a}\int_a^b f(x)\mathrm{d}x$ 是介于最小值 m 与最大值 M 之间的. 由闭区间上连续函数的介值定理,至少存在一点 $\xi\in[a,b]$,使得

$$\frac{1}{b-a}\int_a^b f(x)\mathrm{d}x = f(\xi)$$

所以有

$$\int_a^b f(x)\mathrm{d}x = f(\xi)(b-a).$$

定积分中值定理也称为函数平均值定理. 该定理的几何意义是:以区间 $[a,b]$ 为底,以曲线 $y=f(x)$ 为曲边的曲边梯形的面积,等于底边相同而高为 $f(\xi)$ 的一个矩形的面积,如图 7-3 所示. 通常称数 $\frac{1}{b-a}\int_a^b f(x)\mathrm{d}x$ 为函数 $f(x)$ 在区间 $[a,b]$ 上的平均值.

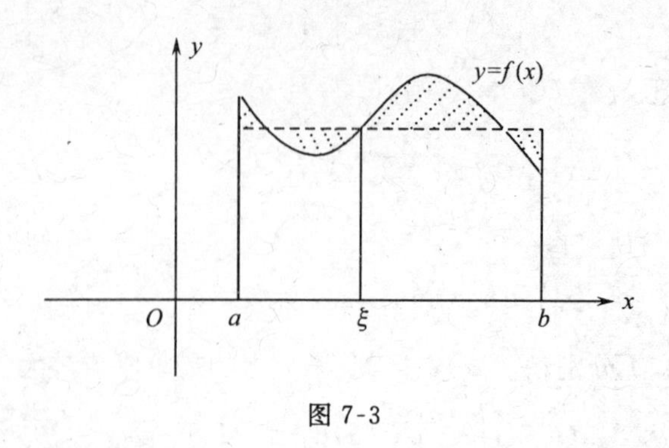

图 7-3

§7.2 积分学基本定理

首先,我们必须注意到,不定积分求原函数与定积分作为积分和的极限,二者概念不同.那么,这两者之间有没有什么联系呢?为了弄清楚这一问题,首先我们来建立一个函数.

设函数 $f(x)$ 在区间 $[a,b]$ 上连续,且设 x 为 $[a,b]$ 上的一点,那么 $f(x)$ 在部分区间 $[a,x]$ 上的定积分

$$\int_a^x f(x)\mathrm{d}x$$

存在.这里,记号 x 一方面表示积分变量,同时又表示定积分的上限.前面我们说过,定积分与积分变量的记号无关.所以为了明确起见,我们将上述积分改写成

$$\int_a^x f(t)\mathrm{d}t$$

如果上限 x 在区间 $[a,b]$ 上任意变动,则对于每一个取定的 x 值,定积分有一个确定的值与之对应,所以它在 $[a,b]$ 上定义了一个函数,记做 $\phi(x)$

$$\phi(x)=\int_a^x f(t)\mathrm{d}t \quad (a\leqslant x\leqslant b)$$

我们称 $\phi(x)$ 为积分上限的函数.函数 $\phi(x)$ 具有非常重要的性质.

定理 7.1(定积分基本定理) 设函数 $f(x)$ 在区间 $[a,b]$ 上连续,则积分上限函数

$$\phi(x)=\int_a^x f(t)\mathrm{d}t$$

在 $[a,b]$ 上可导,且它的导数为

$$\phi'(x)=\frac{\mathrm{d}}{\mathrm{d}x}\int_a^x f(t)\mathrm{d}t=f(x) \quad (a\leqslant x\leqslant b) \tag{7.12}$$

证 给 x 以增量 Δx,则

$$\phi(x+\Delta x)=\int_a^{x+\Delta x} f(t)\mathrm{d}t=\int_a^x f(t)\mathrm{d}t+\int_x^{x+\Delta x} f(t)\mathrm{d}t=\phi(x)+\int_x^{x+\Delta x} f(t)\mathrm{d}t$$

所以

$$\Delta\phi=\phi(x+\Delta x)-\phi(x)=\int_x^{x+\Delta x} f(t)\mathrm{d}t$$

由定积分中值定理,可知在 x 与 $x+\Delta x$ 之间至少存在一点 ξ,使得

$$\Delta\phi=f(\xi)[x+\Delta x-x]=f(\xi)\Delta x$$

于是，$\frac{\Delta\phi}{\Delta x}=f(\xi)$. 令 $\Delta x\to 0$，这时有 $\xi\to x$，且 $f(x)$ 在$[a,b]$上连续，故

$$\phi'(x)=\lim_{\Delta x\to 0}\frac{\Delta\phi}{\Delta x}=\lim_{\Delta x\to 0}f(\xi)=\lim_{\xi\to x}f(\xi)=f(x).$$

定理7.1揭示了连续函数的原函数必定存在. 事实上，当 $f(x)$ 在$[a,b]$上连续时，$\phi(x)=\int_a^x f(t)\mathrm{d}t$ 就是 $f(x)$ 的一个原函数，这说明连续函数必定可积。现将这一结论归纳为如下原函数存在定理.

定理 7.2(原函数存在定理) 如果函数 $f(x)$ 在区间$[a,b]$上连续，则函数

$$\phi(x)=\int_a^x f(t)\mathrm{d}t$$

就是 $f(x)$ 在$[a,b]$上的一个原函数.

例 1 $\frac{\mathrm{d}}{\mathrm{d}x}\left(\int_0^x \mathrm{e}^{2t}\mathrm{d}t\right)=\mathrm{e}^{2x}$.

例 2 $\frac{\mathrm{d}}{\mathrm{d}x}\left[\int_x^{-1}\cos^2 t\mathrm{d}t\right]=\frac{\mathrm{d}}{\mathrm{d}x}\left[-\int_{-1}^x\cos^2 t\mathrm{d}t\right]=-\cos^2 x$.

例 3 求 $\frac{\mathrm{d}}{\mathrm{d}x}\left[\int_x^{x^2}\sin t\mathrm{d}t\right]$.

解 $\frac{\mathrm{d}}{\mathrm{d}x}\left[\int_x^{x^2}\sin t\mathrm{d}t\right]=\frac{\mathrm{d}}{\mathrm{d}x}\left[\int_x^0\sin t\mathrm{d}t\right]+\frac{\mathrm{d}}{\mathrm{d}t}\left[\int_0^{x^2}\sin t\mathrm{d}t\right]$

$$=\frac{\mathrm{d}}{\mathrm{d}x}\left[-\int_0^x\sin t\mathrm{d}t\right]+\frac{\mathrm{d}}{\mathrm{d}x}\left[\int_0^{x^2}\sin t\mathrm{d}t\right]=-\sin x+\frac{\mathrm{d}}{\mathrm{d}x}\left[\int_0^{x^2}\sin t\mathrm{d}t\right]$$

现在计算 $\left(\int_0^{x^2}\sin t\mathrm{d}t\right)'$. 因为 $\int_0^{x^2}\sin t\mathrm{d}t$ 是 x 的复合函数，若令 $u=x^2$，则

$$\int_0^{x^2}\sin t\mathrm{d}t=\int_0^u\sin t\mathrm{d}t=g(u)$$

于是

$$\left(\int_0^{x^2}\sin t\mathrm{d}t\right)'=\frac{\mathrm{d}}{\mathrm{d}x}[g(u)]=g'(u)\cdot u'_x=\sin u\cdot 2x=2x\sin x^2$$

最后得

$$\frac{\mathrm{d}}{\mathrm{d}x}\left[\int_x^{x^2}\sin t\mathrm{d}t\right]=2x\sin x^2-\sin x.$$

一般地，若 $f(x)$ 是$[a,b]$上的连续函数，又 $u(x)$ 与 $v(x)$ 是$[a,b]$上可导的函数，则有

$$\frac{\mathrm{d}}{\mathrm{d}x}\left[\int_{v(x)}^{u(x)}f(t)\mathrm{d}t\right]=u'(x)f[u(x)]-v'(x)f[v(x)] \tag{7.13}$$

例 4 求 $\frac{\mathrm{d}}{\mathrm{d}x}\left[\int_{\cos x}^{\sin x}\sin^2 t\mathrm{d}t\right]$.

解 由公式(7.13)有

$$\frac{\mathrm{d}}{\mathrm{d}x}\left[\int_{\cos x}^{\sin x}\sin^2 t\mathrm{d}t\right]=(\sin x)'\cdot\sin^2\sin x-(\cos x)'\sin^2\cos x$$

$$=\cos x\sin^2\sin x+\sin x\cdot\sin^2\cos x.$$

定理 7.3 (牛顿—莱布尼兹(Newton—Leibniz)公式) 设函数 $f(x)$ 在区间$[a,b]$上连续，且 $F(x)$ 是 $f(x)$ 的一个原函数，则

$$\int_a^b f(x)\mathrm{d}x = F(b) - F(a) \tag{7.14}$$

证 已知 $F(x)$是 $f(x)$的一个原函数,由定理 7.2, $\phi(x)=\int_a^x f(t)\mathrm{d}t$ 也是 $f(x)$的一个原函数,因此有

$$F(x)-\phi(x)=C \quad (C\text{为某个常数})$$

取 $x=a$
$$\phi(a)=\int_a^a f(x)\mathrm{d}x=0$$

因此
$$C=F(a)$$

所以有
$$F(x)-\phi(x)=F(a)$$

取 $x=b$
$$F(b)-\phi(b)=F(a)$$

又
$$\phi(b)=\int_a^b f(x)\mathrm{d}x$$

故
$$\int_a^b f(x)\mathrm{d}x=F(b)-F(a).$$

为了方便,通常将上式写成

$$\int_a^b f(x)\mathrm{d}x=F(x)\Big|_a^b=F(b)-F(a).$$

式(7.14)是积分学中的一个基本公式.它进一步揭示了定积分与被积函数的原函数或不定积分之间的联系,式(7.14)表明:一个连续函数 $f(x)$在区间$[a,b]$上的定积分等于 $f(x)$的任一个原函数在区间$[a,b]$上的增量.这样一来,定积分的计算问题就转化为求被积函数的原函数的增量问题.只要能求出 $f(x)$的原函数,那也就不难求出 $f(x)$的定积分了.

例 5 求 $\int_0^1 x^2\mathrm{d}x$.

解
$$\int_0^1 x^2\mathrm{d}x=\frac{1}{3}x^3\Big|_0^1=\frac{1}{3}-0=\frac{1}{3}.$$

例 6 求 $\int_{-1}^{\sqrt{3}}\frac{\mathrm{d}x}{1+x^2}$.

解
$$\int_{-1}^{\sqrt{3}}\frac{\mathrm{d}x}{1+x^2}=\arctan x\Big|_{-1}^{\sqrt{3}}=\arctan\sqrt{3}-\arctan(-1)$$
$$=\frac{\pi}{3}-\left(-\frac{\pi}{4}\right)=\frac{7\pi}{12}.$$

例 7 求 $\int_{-2}^{-1}\frac{\mathrm{d}x}{x}$.

解 当 $x<0$ 时,$\frac{1}{x}$的一个原函数为 $\ln|x|$,故有

$$\int_{-2}^{-1}\frac{1}{x}\mathrm{d}x=\ln|x|\Big|_{-2}^{-1}=\ln|-1|-\ln|-2|=-\ln 2.$$

例 8 求 $\int_{-1}^{3}|2-x|\mathrm{d}x$.

解 因为
$$|2-x|=\begin{cases}2-x, & x\leqslant 2\\ x-2, & x>2\end{cases}$$

由定积分的可加性,有

$$\int_{-1}^{3}|2-x|\,dx=\int_{-1}^{2}(2-x)dx+\int_{2}^{3}(x-2)dx$$

$$=\left(2x-\frac{x^2}{2}\right)\Big|_{-1}^{2}+\left(\frac{x^2}{2}-2x\right)\Big|_{2}^{3}=\frac{9}{2}+\frac{1}{2}=5.$$

例 9 设 $f(x)=\begin{cases}2x+1, & |x|\leqslant 2\\ 1+x^2, & 2<x\leqslant 4\end{cases}$,求 k 的值,使 $\int_{k}^{3}f(x)dx=\frac{40}{3}$.

解 由定积分的可加性,有

$$\int_{k}^{3}f(x)dx=\int_{k}^{2}(2x+1)dx+\int_{2}^{3}(1+x^2)dx$$

$$=(x^2+x)\Big|_{k}^{2}+\left(x+\frac{x^3}{3}\right)\Big|_{2}^{3}=6-(k^2+k)+\frac{22}{3}$$

依题意有

$$6-(k^2+k)+\frac{22}{3}=\frac{40}{3}$$

因此有 $k^2+k=0$,解之得 $k_1=0,k_2=-1$.

经检验,k 的两个值 0,−1 都满足题意.

例 10 设 $f(x)$在$[0,+\infty)$内连续且 $f(x)>0$,证明函数

$$F(x)=\frac{\int_0^x tf(t)dt}{\int_0^x f(t)dt}$$

在$(0,+\infty)$内为单调增加函数.

证 由公式(7.12)有

$$\frac{d}{dx}\left[\int_0^x tf(t)dt\right]=xf(x)$$

$$\frac{d}{dx}\left[\int_0^x f(t)dt\right]=f(x)$$

故

$$F'(x)=\frac{xf(x)\int_0^x f(t)dt-f(x)\int_0^x tf(t)dt}{\left[\int_0^x f(t)dt\right]^2}=\frac{f(x)\int_0^x (x-t)f(t)dt}{\left[\int_0^x f(t)dt\right]^2}.$$

由题设,在区间$[0,x](x>0)$上,$f(t)>0$,$(x-t)f(t)\geqslant 0$,且$(x-t)f(t)\not\equiv 0$可知

$$\int_0^x f(t)dt>0,\int_0^x (x-t)f(t)dt>0$$

所以 $F'(x)>0(x>0)$,从而证明了 $F(x)$在$(0,+\infty)$内为单调增加的函数.

例 11 求 $\lim\limits_{x\to 0}\frac{\int_{\cos x}^{1}e^{-t^2}dt}{x^2}$.

解 显然这是一个$\frac{0}{0}$型的未定式,可以利用洛必达法则来求极限.

由公式(7.12),我们有

$$\lim_{x\to 0}\frac{\int_{\cos x}^{1}e^{-t^2}dt}{x^2}=\lim_{x\to 0}\frac{-e^{-\cos^2 x}(\cos x)'}{2x}=\lim_{x\to 0}\frac{e^{-\cos^2 x}\cdot\sin x}{2x}=\frac{e^{-1}}{2}=\frac{1}{2e}.$$

注意:如果函数在所论区间上不满足可积条件,则定理 7.3 不适用.例如求 $\int_{-1}^{1}\frac{1}{x^2}\mathrm{d}x$,若利用公式(7.14),有

$$\int_{-1}^{1}\frac{1}{x^2}\mathrm{d}x=-\frac{1}{x}\bigg|_{-1}^{1}=-1-1=-2,$$

这显然是错误的.因为在区间$[-1,1]$上,函数 $f(x)=\frac{1}{x^2}$在点 $x=0$ 处发生了无穷的间断,使这个积分不存在.

§7.3 定积分的换元积分法与分部积分法

前面已介绍过,牛顿一莱布尼兹公式将定积分的计算转化为求被积函数的原函数的增量,因此,不定积分中用以求原函数的两个主要方法——换元积分法与分部积分法,同样可以在定积分中加以应用.

7.3.1 定积分的换元积分法

定理 7.4 设函数 $f(x)$在区间$[a,b]$上连续,作变换 $x=\phi(t)$,$\phi(t)$满足下列条件:

(1)$\phi(t)$在区间$[\alpha,\beta]$上有连续的导函数 $\phi'(t)$;

(2)当 t 从 α 变到 β 时 $\phi(t)$从 $\phi(\alpha)=a$ 单调地变到 $\phi(\beta)=b$,则有定积分换元公式

$$\int_{a}^{b}f(x)\mathrm{d}x=\int_{\alpha}^{\beta}f[\phi(t)]\phi'(t)\mathrm{d}t \tag{7.15}$$

证 如果 $\int f(x)\mathrm{d}x=F(x)+C$,则由不定积分换元公式,有

$$\int f[\phi(t)]\phi'(t)\mathrm{d}t=F[\phi(t)]+C$$

于是有

$$\begin{aligned}\int_{a}^{b}f(x)\mathrm{d}x&=F(x)\Big|_{a}^{b}=F(b)-F(a)\\&=F[\phi(\beta)]-F[\phi(\alpha)]=\int_{\alpha}^{\beta}f[\phi(t)]\phi'(t)\mathrm{d}t.\end{aligned}$$

定积分的这个换元公式,从左端到右端,相当于不定积分的第二类换元法;从右端到左端相当于不定积分的第一类换元法.

在使用这个换元公式时要注意的是:换元必须更换积分上、下限.

例 1 求 $\int_{0}^{a}\sqrt{a^2-x^2}\,\mathrm{d}x$. $(a>0)$.

解 令 $x=a\sin t$,$\mathrm{d}x=a\cos t\mathrm{d}t$,当 t 从 0 变到$\frac{\pi}{2}$时,x 从 0 变到 a,所以

$$\begin{aligned}\int_{0}^{a}\sqrt{a^2-x^2}\,\mathrm{d}x&=\int_{0}^{\frac{\pi}{2}}a\cdot\cos t\cdot a\cdot\cos t\mathrm{d}t=a^2\int_{0}^{\frac{\pi}{2}}\cos^2 t\mathrm{d}t\\&=a^2\int_{0}^{\frac{\pi}{2}}\frac{1+\cos 2t}{2}\mathrm{d}t=a^2\left(\frac{t}{2}+\frac{\sin 2t}{4}\right)\bigg|_{0}^{\frac{\pi}{2}}=\frac{\pi a^2}{4}.\end{aligned}$$

例 2 求$\int_0^4 \frac{x+2}{\sqrt{2x+1}}dx$.

解 令$t=\sqrt{2x+1}$,则$x=\frac{t^2-1}{2}$,$dx=tdt$且当$x=0$时,$t=1$;$x=4$时,$t=3$,于是

$$\int_0^4 \frac{x+2}{\sqrt{2x+1}}dx=\int_1^3 \frac{t^2+3}{2t}\cdot tdt$$
$$=\frac{1}{2}\int_1^3 (t^2+3)dt=\frac{1}{2}\left(\frac{t^3}{3}+3t\right)\bigg|_1^3=\frac{22}{3}.$$

例 3 求$\int_0^{\sqrt{a}} xe^{x^2}dx$.

解
$$\int_0^{\sqrt{a}} xe^{x^2}dx=\int_0^{\sqrt{a}} \frac{1}{2}e^{x^2}d(x^2)$$
$$=\frac{1}{2}e^{x^2}\bigg|_0^{\sqrt{a}}=\frac{1}{2}(e^a-1).$$

假如积分区间是对称的,那么下述性质在计算定积分时非常适用.

性质 7.8 设$f(x)$是区间$[-a,a]$上的任意连续函数,则

$$\int_{-a}^a f(x)dx=\int_0^a [f(x)+f(-x)]dx \tag{7.16}$$

证 由定积分的可加性,有

$$\int_{-a}^a f(x)dx=\int_{-a}^0 f(x)dx+\int_0^a f(x)dx$$

对积分$\int_{-a}^0 f(x)dx$作变换,$x=-t$,则得

$$\int_{-a}^0 f(x)dx=-\int_a^0 f(-t)dt=\int_0^a f(-t)dt=\int_0^a f(-x)dx$$

于是

$$\int_{-a}^a f(x)dx=\int_0^a f(x)dx+\int_0^a f(-x)dx=\int_0^a [f(x)+f(-x)]dx.$$

特别地:

(1)当$f(x)$为连续的偶函数时

$$\int_{-a}^a f(x)dx=2\int_0^a f(x)dx \tag{7.17}$$

(2)当$f(x)$为连续的奇函数时

$$\int_{-a}^a f(x)dx=0 \tag{7.18}$$

例 4 求$\int_{-\frac{\pi}{2}}^{\frac{\pi}{2}} \frac{\cos^2 x}{1+e^{-x}}dx$.

解 由式(7.16)

$$\int_{-\frac{\pi}{2}}^{\frac{\pi}{2}} \frac{\cos^2 x}{1+e^{-x}}dx=\int_0^{\frac{\pi}{2}} \left(\frac{\cos^2 x}{1+e^{-x}}+\frac{\cos^2 x}{1+e^x}\right)dx$$
$$=\int_0^{\frac{\pi}{2}} \cos^2 x\left(\frac{1}{1+e^{-x}}+\frac{1}{1+e^x}\right)dx=\int_0^{\frac{\pi}{2}} \cos^2 xdx=\frac{\pi}{4}.$$

例 5 证明:若 $f(x)$为连续的偶(奇)函数,则 $\int_0^x f(t)\mathrm{d}t$ 为奇(偶)函数.

证 记
$$\phi(x)=\int_0^x f(t)\mathrm{d}t$$
$$\phi(-x)=\int_0^{-x} f(t)\mathrm{d}t$$
令
$$t=-u,\mathrm{d}t=-\mathrm{d}u$$
于是
$$\phi(-x)=-\int_0^x f(-u)\mathrm{d}u$$

(1)当 $f(x)$为偶函数时
$$\phi(-x)=-\int_0^x f(-u)\mathrm{d}u=-\int_0^x f(u)\mathrm{d}u=-\phi(x)$$
可见 $\phi(x)=\int_0^x f(t)\mathrm{d}t$ 为奇函数.

(2)当 $f(x)$为奇函数时
$$\phi(-x)=-\int_0^x f(-u)\mathrm{d}u=\int_0^x f(u)\mathrm{d}u=\phi(x)$$
因此 $\phi(x)=\int_0^x f(t)\mathrm{d}t$ 为偶函数.

例 6 若 $f(x)$在[0,1]上连续,证明

(1)
$$\int_0^{\frac{\pi}{2}} f(\sin x)\mathrm{d}x=\int_0^{\frac{\pi}{2}} f(\cos x)\mathrm{d}x \tag{7.19}$$

(2)
$$\int_0^{\pi} xf(\sin x)\mathrm{d}x=\frac{\pi}{2}\int_0^{\pi} f(\sin x)\mathrm{d}x \tag{7.20}$$

由此计算
$$\int_0^{\pi}\frac{x\sin x}{1+\cos^2 x}\mathrm{d}x.$$

证 (1)设 $x=\frac{\pi}{2}-t,\mathrm{d}x=-\mathrm{d}t$ 且当 $x=0$ 时,$t=\frac{\pi}{2}$;当 $x=\frac{\pi}{2}$时,$t=0$. 于是
$$\int_0^{\frac{\pi}{2}} f(\sin x)\mathrm{d}x=-\int_{\frac{\pi}{2}}^0 f\left[\sin\left(\frac{\pi}{2}-t\right)\right]\mathrm{d}t$$
$$=\int_0^{\frac{\pi}{2}} f(\cos t)\mathrm{d}t=\int_0^{\frac{\pi}{2}} f(\cos x)\mathrm{d}x.$$

(2)设 $x=\pi-t,\mathrm{d}x=-\mathrm{d}t$ 且当 $x=0$ 时,$t=\pi$;当 $x=\pi$ 时,$t=0$. 于是
$$\int_0^{\pi} xf(\sin x)\mathrm{d}x=-\int_{\pi}^0(\pi-t)f[\sin(\pi-t)]\mathrm{d}t$$
$$=\int_0^{\pi}(\pi-t)f(\sin t)\mathrm{d}t=\int_0^{\pi}(\pi-x)f(\sin x)\mathrm{d}x$$
$$=\pi\int_0^{\pi} f(\sin x)\mathrm{d}x-\int_0^{\pi} xf(\sin x)\mathrm{d}x$$
移项得
$$\int_0^{\pi} xf(\sin x)\mathrm{d}x=\frac{\pi}{2}\int_0^{\pi} f(\sin x)\mathrm{d}x.$$

由式(7.20),有

$$\int_0^{\pi}\frac{x\sin x}{1+\cos^2 x}dx=\frac{\pi}{2}\int_0^{\pi}\frac{\sin x}{1+\cos^2 x}dx$$

$$=-\frac{\pi}{2}\int_0^{\pi}\frac{d\cos x}{1+\cos^2 x}=-\frac{\pi}{2}[\arctan\cos x]_0^{\pi}$$

$$=-\frac{\pi}{2}\left[-\frac{\pi}{4}-\frac{\pi}{4}\right]=\frac{\pi^2}{4}.$$

7.3.2　定积分的分部积分法

设函数 $u(x),v(x)$ 在区间 $[a,b]$ 上具有连续导数 $u'(x),v'(x)$,则有

$$(uv)'=u'v+uv'$$

即

$$uv'=(uv)'-u'v$$

对上述等式两端取 x 由 a 到 b 的积分,得到

$$\int_a^b uv'dx=\int_a^b (uv)'dx-\int_a^b u'vdx$$

亦即

$$\int_a^b udv=uv\Big|_a^b-\int_a^b vdu \tag{7.21}$$

式(7.21)就是定积分的分部积分公式.

例 1　求积分 $\int_1^5 \ln x dx$.

解　令 $u=\ln x, dv=dx$,则 $du=\frac{dx}{x}, v=x$,由式(7.21)有

$$\int_1^5 \ln x dx=x\ln x\Big|_1^5-\int_1^5 x\cdot\frac{1}{x}dx=5\ln 5-(5-1)=5\ln 5-4.$$

如同不定积分一样,熟练以后就不必再设中间变量了.

例 2　求积分 $\int_0^1 xe^x dx$.

解

$$\int_0^1 xe^x dx=\int_0^1 xde^x=xe^x\Big|_0^1-\int_0^1 e^x dx$$

$$=xe^x\Big|_0^1-e^x\Big|_0^1=e-(e-1)=1.$$

例 3　求积分 $\int_0^1 e^{\sqrt{x}}dx$.

解　先用换元法.令 $t=\sqrt{x}, x=t^2, dx=2tdt$.当 $x=0$ 时,$t=0$;$x=1$ 时,$t=1$.于是

$$\int_0^1 e^{\sqrt{x}}dx=\int_0^1 e^t\cdot 2tdt=2\int_0^1 te^t dt$$

利用例 2 的结果得

$$\int_0^1 e^{\sqrt{x}}dx=2.$$

例 4　证明公式

$$I_n=\int_0^{\frac{\pi}{2}}\sin^n x dx=\int_0^{\frac{\pi}{2}}\cos^n x dx$$

$$=\begin{cases}\dfrac{n-1}{n}\cdot\dfrac{n-3}{n-2}\cdot\cdots\cdot\dfrac{3}{4}\cdot\dfrac{1}{2}\cdot\dfrac{\pi}{2} & (n\text{ 为正偶数})\\ \dfrac{n-1}{n}\cdot\dfrac{n-3}{n-2}\cdot\cdots\cdot\dfrac{4}{5}\cdot\dfrac{2}{3}\cdot 1 & (n\text{ 为正奇数})\end{cases}\tag{7.22}$$

证

$$\begin{aligned}I_n&=\int_0^{\frac{\pi}{2}}\sin^n x\,dx\\&=\int_0^{\frac{\pi}{2}}\sin^{n-1}x\cdot\sin x\,dx=-\int_0^{\frac{\pi}{2}}\sin^{n-1}x\,d\cos x\\&=-\sin^{n-1}x\cos x\Big|_0^{\frac{\pi}{2}}+\int_0^{\frac{\pi}{2}}(n-1)\sin^{n-2}x\cos^2 x\,dx\\&=(n-1)\int_0^{\frac{\pi}{2}}(\sin^{n-2}x-\sin^n x)\,dx\\&=(n-1)I_{n-2}-(n-1)I_n\end{aligned}$$

移项合并,有

$$I_n=\frac{n-1}{n}I_{n-2}.$$

这个公式叫做积分 I_n 关于下标的递推公式.

如果将 n 换成 $n-2$,则得

$$I_{n-2}=\frac{n-3}{n-2}I_{n-4}$$

如此继续下去,直到 I_n 的下标递减为 0 或 1 为止,则得

$$I_{2m}=\frac{2m-1}{2m}\cdot\frac{2m-3}{2m-2}\cdot\frac{2m-5}{2m-4}\cdots\frac{5}{6}\cdot\frac{3}{4}\cdot\frac{1}{2}\cdot I_0$$

$$I_{2m+1}=\frac{2m}{2m+1}\cdot\frac{2m-2}{2m-1}\cdot\frac{2m-4}{2m-3}\cdot\cdots\cdot\frac{4}{5}\cdot\frac{2}{3}\cdot I_1\quad(m=1,2,\cdots)$$

而

$$I_0=\int_0^{\frac{\pi}{2}}dx=\frac{\pi}{2},\ I_1=\int_0^{\frac{\pi}{2}}\sin x\,dx=1$$

因此有

$$I_{2m}=\frac{2m-1}{2m}\cdot\frac{2m-3}{2m-2}\cdot\frac{2m-5}{2m-4}\cdot\cdots\cdot\frac{5}{6}\cdot\frac{3}{4}\cdot\frac{1}{2}\cdot\frac{\pi}{2}$$

$$I_{2m+1}=\frac{2m}{2m+1}\cdot\frac{2m-2}{2m-1}\cdot\frac{2m-4}{2m-3}\cdot\cdots\cdot\frac{4}{5}\cdot\frac{2}{3}\cdot 1$$

将上述两式合写成一个式子,有

$$I_n=\begin{cases}\dfrac{n-1}{n}\cdot\dfrac{n-3}{n-2}\cdot\dfrac{n-5}{n-4}\cdot\cdots\cdot\dfrac{5}{6}\cdot\dfrac{3}{4}\cdot\dfrac{1}{2}\cdot\dfrac{\pi}{2} & (n\text{ 为正偶数})\\ \dfrac{n-1}{n}\cdot\dfrac{n-3}{n-2}\cdot\dfrac{n-5}{n-4}\cdot\cdots\cdot\dfrac{4}{5}\cdot\dfrac{2}{3}\cdot 1 & (n\text{ 为正奇数})\end{cases}$$

应用类似的方法可以证明 $I_n=\int_0^{\frac{\pi}{2}}\sin^n x\,dx=\int_0^{\frac{\pi}{2}}\cos^n x\,dx$.

例 5 求 $\int_0^{\frac{\pi}{2}}\sin^8 x\,dx$ 及 $\int_0^{\frac{\pi}{2}}\cos^7 x\,dx$.

解 由式(7.22)得

$$\int_0^{\frac{\pi}{2}} \sin^8 x\mathrm{d}x = \frac{7}{8}\cdot\frac{5}{6}\cdot\frac{3}{4}\cdot\frac{1}{2}\cdot\frac{\pi}{2} = \frac{105\pi}{768}$$

$$\int_0^{\frac{\pi}{2}} \cos^7 x\mathrm{d}x = \frac{6}{7}\cdot\frac{4}{5}\cdot\frac{2}{3}\cdot 1 = \frac{48}{105}.$$

§7.4 定积分的应用

定积分在多种不同的领域内有着广泛的应用.本节我们将集中地应用定积分的知识分析和解决某些实际问题.

7.4.1 平面图形的面积

我们已经知道,如果函数 $y=f(x)\geqslant 0$ 在区间$[a,b]$上连续,则定积分 $\int_a^b f(x)\mathrm{d}x$ 的几何意义是由曲线 $y=f(x)$、Ox 轴以及直线$x=a$,$x=b$所围成的曲边梯形的面积,如图 7-4 所示.

如果在$[a,b]$上 $f(x)<0$,如图 7-5 所示,则由于积分和

$$S_n = \sum_{i=1}^{n} f(\xi_i)\Delta x_i$$

中每个 $f(\xi_i)<0$,因之 $S_n<0$,所以积分 $\int_a^b f(x)\mathrm{d}x \leqslant 0$,这时积分代表曲边梯形面积的负值,即有面积

$$S = -\int_a^b f(x)\mathrm{d}x \text{ 或 } S = \left|\int_a^b f(x)\mathrm{d}x\right|.$$

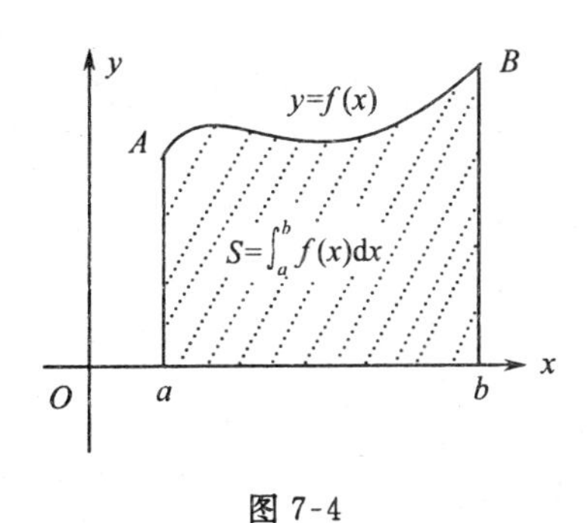

图 7-4

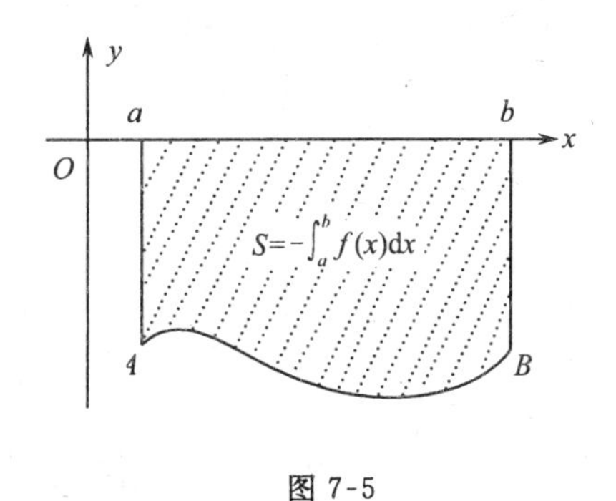

图 7-5

由于在$[a,b]$上函数 $y=f(x)$有时取正值,有时取负值,如图7-6所示,曲边梯形面积可以表示为

$$S = \int_a^{c_1} f(x)\mathrm{d}x - \int_{c_1}^{c_2} f(x)\mathrm{d}x + \int_{c_2}^{b} f(x)\mathrm{d}x$$

类似地,由连续曲线 $x=\phi(y)\geqslant 0$、Oy 轴及直线 $y=c$,$y=d$ 所围成的曲边梯形面积 S,如图 7-7 所示,可以表示为

$$S = \int_c^d \phi(y)\mathrm{d}y. \tag{7.23}$$

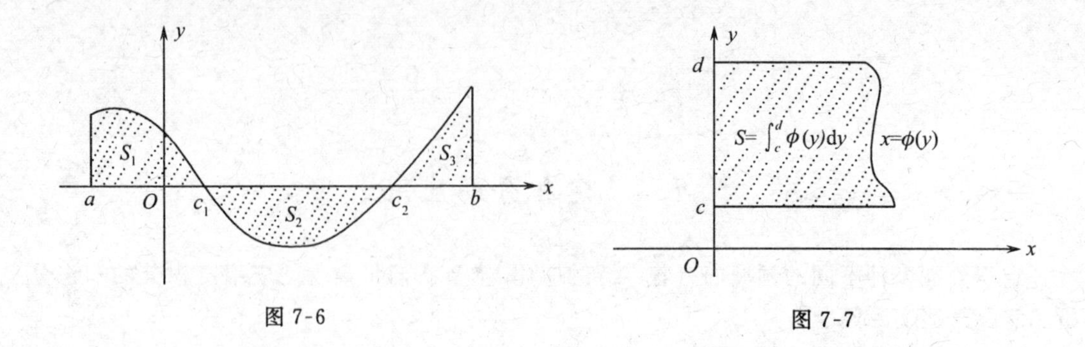

图 7-6　　　　图 7-7

如果在$[a,b]$上总有

$$0 \leqslant g(x) \leqslant f(x)$$

则曲线 $f(x)$与 $g(x)$所夹的面积(见图 7-8 阴影部分)为

$$S=\int_a^b f(x)\mathrm{d}x-\int_a^b g(x)\mathrm{d}x=\int_a^b[f(x)-g(x)]\mathrm{d}x \tag{7.24}$$

式(7.24)对于如图 7-9 所示的情形也是适用的.事实上,如果在$[a,b]$内函数值不全为正,可以将 Ox 轴向下平移k 个单位(k 为常数),使整个曲线都位于 Ox 轴上方,这时两个函数同增一个常数 k,它们之差

$$[f(x)+k]-[g(x)+k]=f(x)-g(x)$$

不变.

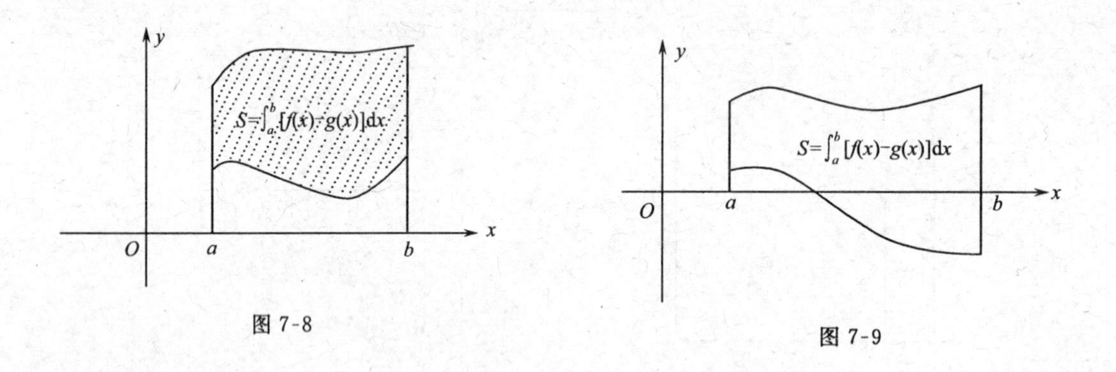

图 7-8　　　　图 7-9

例 1　求由曲线 $y=x^2-2x+3$ 与直线 $y=x+3$ 所围的平面图形面积.

解　曲线与直线所围成的图形如图 7-10 中的阴影部分.

为了具体定出图形的所在范围,先求出曲线与直线的交点,即解方程组

$$\begin{cases} y=x+3 \\ y=x^2-2x+3 \end{cases}$$

解得交点(0,3),(3,6).

由此,所求面积 S 是直线 $y=x+3$,抛物线 $y=x^2-2x+3$ 分别与直线 $x=0$,$x=3$ 所围图形的面积之差,即

$$S=\int_0^3[(x+3)-(x^2-2x+3)]\mathrm{d}x=\int_0^3(-x^2+3x)\mathrm{d}x$$

$$=\left(-\frac{x^3}{3}+\frac{3}{2}x^2\right)\Big|_0^3=\frac{9}{2}(\text{平方单位}).$$

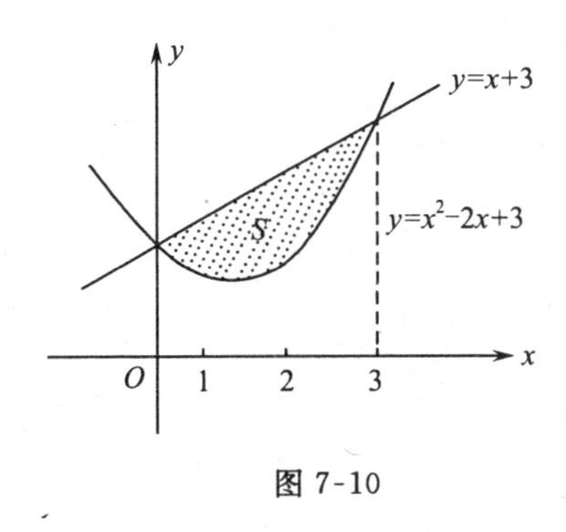

图 7-10

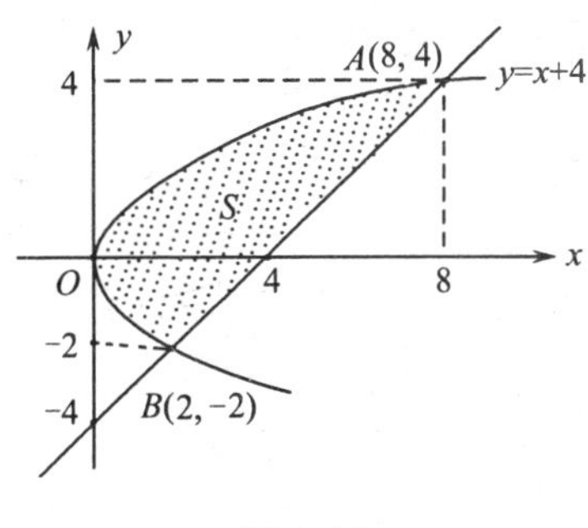

图 7-11

例 2 求抛物线 $y^2=2x$ 与直线 $y=x-4$ 所围成的图形的面积.

解 画出已知曲线的图形,如图 7-11 所示. 求得抛物线与直线的交点为 $A(8,4)$ 和 $B(2,-2)$.

从图 7-11 中不难看出,将 Oy 轴看做曲边梯形的底,可以使计算简单. 所求的面积 S 是直线 $x=y+4$ 和抛物线 $x=\frac{y^2}{2}$ 分别与直线 $y=-2$,$y=4$ 所围成的图形的面积之差. 因此

$$S=\int_{-2}^{4}\left[(y+4)-\frac{y^2}{2}\right]\mathrm{d}y=\left(\frac{y^2}{2}+4y-\frac{y^3}{6}\right)\Big|_{-2}^{4}=18(\text{平方单位}).$$

例 3 求曲线 $y=\frac{x^2}{2}$,$y=\frac{1}{1+x^2}$ 与直线 $x=-\sqrt{3}$,$x=\sqrt{3}$ 所围成的图形的面积,如图7-12 中阴影部分面积的总和.

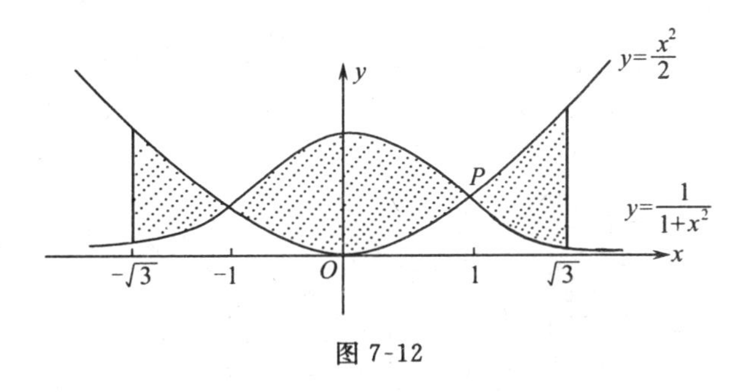

图 7-12

解 由于图形对称于 Oy 轴,所以所求面积 S 是第一象限内两小块图形面积的两倍. 两曲线交点 P 的横坐标为 $x=1$,于是

$$S=2\left[\int_0^1\left(\frac{1}{1+x^2}-\frac{x^2}{2}\right)\mathrm{d}x+\int_1^{\sqrt{3}}\left(\frac{x^2}{2}-\frac{1}{1+x^2}\right)\mathrm{d}x\right]$$

$$=2\left[\left(\arctan x-\frac{x^3}{6}\right)\Big|_0^1+\left(\frac{x^3}{6}-\arctan x\right)\Big|_1^{\sqrt{3}}\right]$$

$$=\frac{1}{3}(\pi+3\sqrt{3}-2)\approx 2.11(\text{平方单位}).$$

例 4 求椭圆$\dfrac{x^2}{a^2}+\dfrac{y^2}{b^2}=1$的面积.

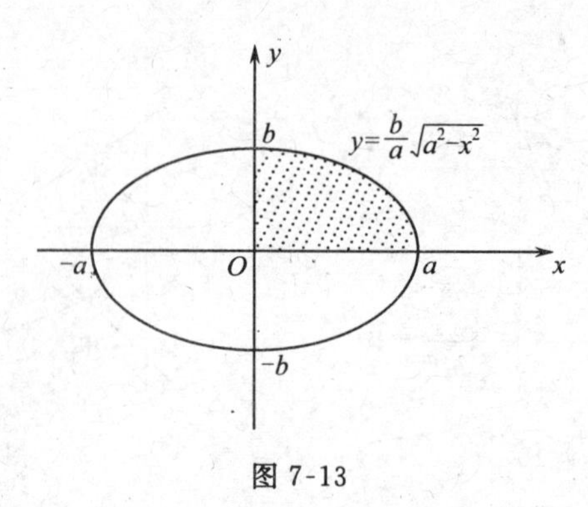

图 7-13

解 椭圆的图形如图 7-13 所示.由对称性,我们只需计算椭圆在第一象限部分的面积,然后乘以 4 即可.所以

$$S=4\int_0^a \frac{b}{a}\sqrt{a^2-x^2}\,\mathrm{d}x=\frac{4b}{a}\int_0^a \sqrt{a^2-x^2}\,\mathrm{d}x$$

利用 7.3.1 节中例 1 的结果,有

$$S=\frac{4b}{a}\cdot\frac{\pi a^2}{4}=\pi ab(\text{平方单位}).$$

当 $a=b$ 时即为圆的面积 $S=\pi a^2$.

7.4.2 旋转体和已知平行截面面积的立体的体积

设旋转体是连续曲线 $y=f(x)$、直线 $x=a$、$x=b$ 和 Ox 轴所围成的曲边梯形绕 Ox 轴旋转而成的,如图 7-14 所示.

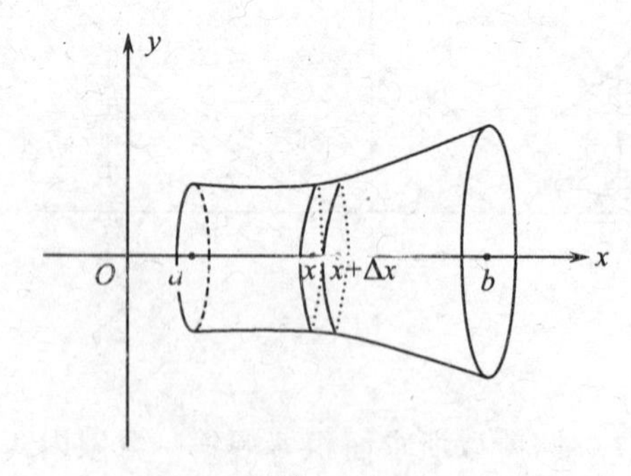

图 7-14

显然,任何一个与 Ox 轴垂直的平面同旋转体必定相交成一个圆.我们用垂直于 Ox 轴且间距为 $\Delta x=\dfrac{b-a}{n}$的平面将旋转体分成 n 块,那么其中一块的体积(微体积元素)为

$$\Delta V\approx\pi[f^2(x)]\Delta x$$

令 $\Delta x\to 0$,就得到旋转体的体积

$$V=\pi\int_a^b f^2(x)\mathrm{d}x \tag{7.25}$$

例 1 连接坐标原点 $O(0,0)$及点 $P(h,r)$的直线、直线 $x=h$ 及 Ox 轴围成一个三角形(如图 7-15 所示),将它绕 Ox 轴旋转一周,构成一个底半径为 r、高为 h 的圆锥体.计算这个圆锥体的体积.

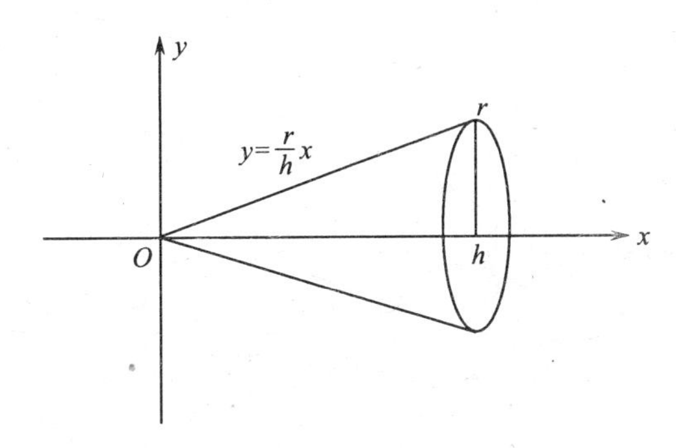

图 7-15

解 过原点及点 $P(h,r)$的直线方程为

$$y=\frac{r}{h}x$$

由式(7.25),得圆锥体的体积为

$$V=\pi\int_0^h\left(\frac{r}{h}x\right)^2\mathrm{d}x=\frac{\pi r^2}{h^2}\int_0^h x^2\mathrm{d}x=\frac{\pi}{3}hr^2(\text{立方单位}).$$

例 2 求 7.4.1 节中例 4 的椭圆绕 Ox 轴旋转一周所成的旋转体的体积.

解 这个旋转体是由上半椭圆 $y=\frac{b}{a}\sqrt{a^2-x^2}$ 绕 Ox 轴旋转而成的.

由式(7.25)及对称性,有

$$V=2\pi\int_0^a\left(\frac{b}{a}\sqrt{a^2-x^2}\right)^2\mathrm{d}x=2\pi\cdot\frac{b^2}{a^2}\int_0^a(a^2-x^2)\mathrm{d}x$$

$$=\frac{2\pi b^2}{a^2}\left[a^2x-\frac{x^3}{3}\right]\Bigg|_0^a=\frac{4}{3}\pi ab^2.$$

若将该椭圆绕 Oy 轴旋转一周,其旋转体的体积为 $V=\frac{4}{3}\pi ab^2$.

当 $a=b$ 时即为球体体积

$$V=\frac{4}{3}\pi a^3.$$

现设有一空间物体,它垂直于某直线(不妨设为 Ox 轴)的截面所截的物体截面积 $S=S(x)$是 x 的连续函数,且该物体的位置在$x=a$和 $x=b(a<b)$之间,如图 7-16 所示.则可以求出该空间物体的体积,其体积为

$$V=\int_a^b S(x)\mathrm{d}x \tag{7.26}$$

例 3 一平面经过半径为 R 的圆柱体的底圆中心,并与底面交成角 α(如图 7-17 所示),

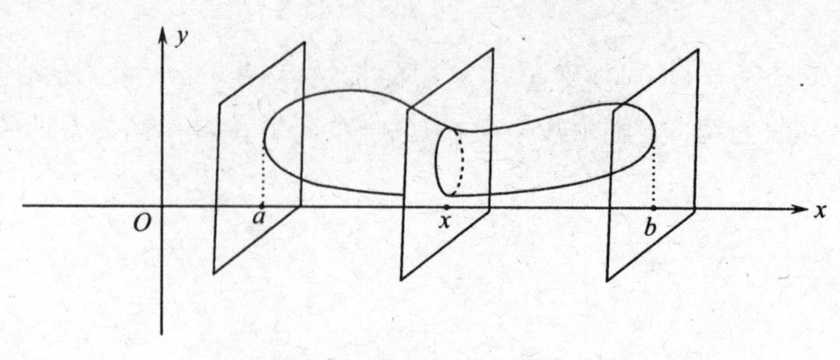

图 7-16

试计算该平面截圆柱体所得立体的体积.

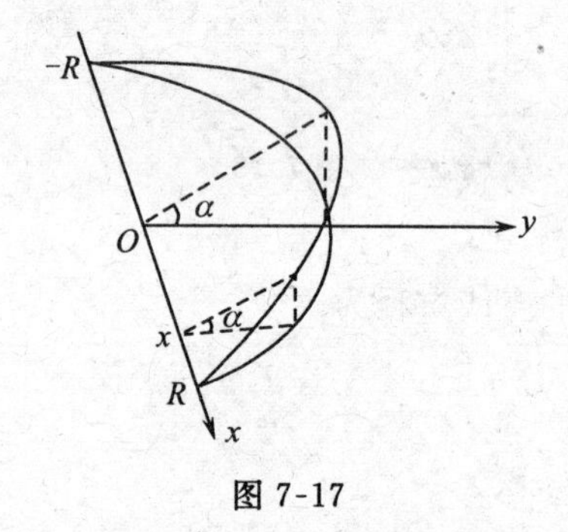

图 7-17

解 取这平面与圆柱体的底面的交线为 Ox 轴,底面上过圆中心且垂直于 Ox 轴的截面是一个直角三角形,它的两条直角边的长分别为 y 及 $y\cdot\tan\alpha$,即$\sqrt{R^2-x^2}$ 及$\sqrt{R^2-x^2}\tan\alpha$,因之已知截面的面积为 $S(x)=\dfrac{1}{2}(R^2-x^2)\tan\alpha$,由式(7.26),所求立体体积为

$$V=\int_{-R}^{R}S(x)\mathrm{d}x=\int_{-R}^{R}\frac{1}{2}(R^2-x^2)\tan\alpha\mathrm{d}x$$

$$=\frac{1}{2}\tan\alpha\cdot\left[R^2x-\frac{1}{3}x^3\right]\Bigg|_{-R}^{R}=\frac{2}{3}R^3\tan\alpha(\text{立方单位}).$$

定积分解决实际问题最主要的思想方法就是“微元法”,取一微元素加以分析清楚、透彻,然后作积分和求极限.如求曲边梯形面积,$f(\xi_i)\Delta x_i$ 即为微面积元素,旋转体体积,$\pi f^2(x)\Delta x$即为微体积元素,上例中的$\dfrac{1}{2}(R^2-x^2)\tan\alpha\Delta x$ 为微面积元素.只要掌握了这类“微元法”,就从根本上理解了定积分的实际内涵.

7.4.3 定积分在经济学中的应用举例

例 1. 设某产品在时刻 t 总产量的变化率 $Q'(t)=100+12t-0.6t^2$(单位/小时),试求从 $t=2$到 $t=4$ 这两小时的总产量.

解 因为总产量 $Q(t)$是它的变化率的原函数,所以从 $t=2$ 到$t=4$这两小时的总产量为

$$Q(t)=\int_2^4 Q'(t)\mathrm{d}t=\int_2^4(100+12t-0.6t^2)\mathrm{d}t$$

$$=(100t+6t^2-0.2t^3)\Big|_2^4=260.8(\text{单位}).$$

例2 设某种产品每天生产 x 单位,固定成本为20元,边际成本函数为 $C'(x)=0.4x+2$(元/单位),求总成本函数 $C(x)$. 又如果这种商品规定的销售单价为18元,且产品可以全部售出,求总利润函数 $L(x)$,试问每天生产多少单位产品才能获得最大利润?

解 因为变上限的定积分是被积函数的一个原函数,因此可变成本就是边际成本函数在$[0,x]$上的定积分. 又已知固定成本为20元,即 $C(0)=20$,所以每天生产 x 单位产品总成本函数为

$$C(x)=\int_0^x(0.4t+2)\mathrm{d}t+C(0)$$

$$=(0.2t^2+2t)\Big|_0^x+20=0.2x^2+2x+20$$

设销售 x 单位产品得到的总收益为 $R(x)$,根据题意,有

$$R(x)=18x$$

因为

$$L(x)=R(x)-C(x)$$

所以

$$L(x)=18x-(0.2x^2+2x+20)=-0.2x^2+16x-20$$

由

$$L'(x)=-0.4x+16=0$$

得 $x=40$,而 $L''(40)=-0.4<0$,所以每天生产40个单位产品才能获得最大利润. 最大利润为

$$L(40)=-0.2\times40^2+16\times40-20=300(\text{元}).$$

例3 已知生产某产品 x 单位时,边际收益函数为 $R'(x)=200-\frac{x}{50}$(元/单位),试求生产 x 单位这种产品时总收益 $R(x)$ 及平均单位收益 $\overline{R}(x)$,并求生产这种产品2000单位这种产品时的总收益及平均单位收益.

解 因为总收益是边际收益函数在$[0,x]$上的定积分,所以生产 x 单位这种产品时的总收益为

$$R(x)=\int_0^x\left(200-\frac{x}{50}\right)\mathrm{d}t=\left(200t-\frac{t^2}{100}\right)\Big|_0^x=200x-\frac{x^2}{100}$$

则平均单位收益为

$$\overline{R}(x)=\frac{R(x)}{x}=200-\frac{x}{100}$$

当生产2 000个单位这种产品时,总收益为

$$R(2\,000)=200\times2\,000-\frac{2\,000^2}{100}$$

$$=400\,000-40\,000=360\,000(\text{元})$$

平均单位收益为

$$\overline{R}(2\,000)=\frac{R(2\,000)}{2\,000}=180(\text{元}).$$

§7.5 定积分的近似计算*

当 $f(x)$ 的原函数不易求得或不能求得(即不能以初等函数表示)时,我们就不能应用牛

顿一莱布尼兹公式来计算定积分 $\int_a^b f(x)\mathrm{d}x$ 的准确值.因此,求定积分的近似值的方法问题,在实际上就具有一定的意义.下面我们根据定积分的几何意义尽可能地加以简化,以导出便于计算的三个近似公式——矩形公式、梯形公式及辛卜生(Simpson)公式.

7.5.1 矩形法与梯形法

将$[a,b]$分成 n 个相等的小区间,每一小区间之长为

$$\Delta x=\frac{b-a}{n}$$

分点为 $x_0=a$、$x_1,x_2,\cdots,x_n=b$,所对应之纵坐标为

$$y_0,y_1,y_2,\cdots,y_n$$

通过每个纵坐标线的端点 $M_0,M_1,M_2,\cdots,M_{n-1}$ 向右作水平线与次一纵坐标线相交(如图7-18所示),或通过端点 $M_1,M_2,\cdots,M_n$ 向左作水平线与前一纵坐标线相交,都能得到 n 个矩形.分别取这 n 个矩形面积的和作为面积 M_0abM_n 的近似值,也就是定积分 $\int_a^b f(x)\mathrm{d}x$ 的

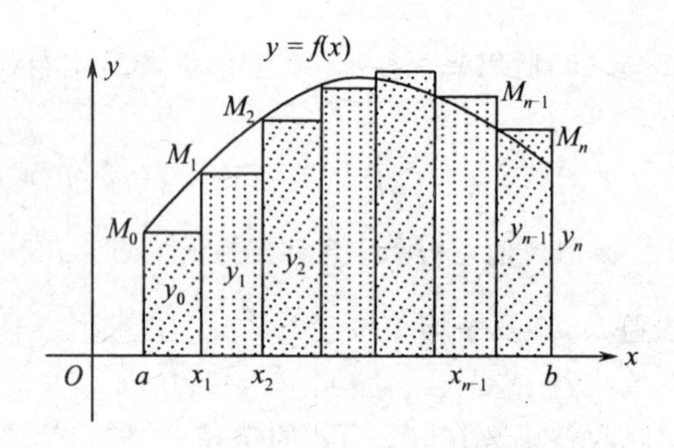

图 7-18

近似值,我们得到两个矩形公式为

$$\int_a^b f(x)\mathrm{d}x \approx \frac{b-a}{n}(y_0+y_1+\cdots+y_{n-1}) \tag{7.27}$$

$$\int_a^b f(x)\mathrm{d}x \approx \frac{b-a}{n}(y_1+y_2+\cdots+y_n) \tag{7.28}$$

同样,如果通过每相邻二纵坐标线上的端点作弦$\overline{M_0M_1}$,$\overline{M_1M_2}$,$\cdots$,$\overline{M_{n-1}M_n}$,于是得到 n 个梯形(如图 7-19 所示).取这 n 个梯形面积的和作为面积 M_0abM_n 的近似值,也就是定积分 $\int_a^b f(x)\mathrm{d}x$ 的近似值,得到梯形公式为

$$\int_a^b f(x)\mathrm{d}x \approx \frac{1}{2}(y_0+y_1)\Delta x+\frac{1}{2}(y_1+y_2)\Delta x+\cdots+\frac{1}{2}(y_{n-1}+y_n)\Delta x$$

即

$$\int_a^b f(x)\mathrm{d}x \approx \frac{b-a}{n}\left(\frac{1}{2}y_0+y_1+y_2+\cdots+\frac{1}{2}y_n\right) \tag{7.29}$$

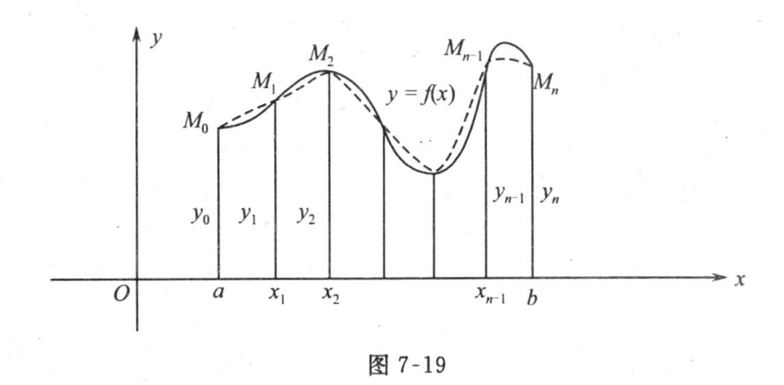

图 7-19

7.5.2 辛卜生法(抛物线法)

我们先证一个辅助公式. 设一抛物线,其轴平行于 Oy 轴,通过已给三点 $M_0(x_0,y_0)$、$M_1(x_1,y_1)$、$M_2(x_2,y_2)$,其中 $x_1=\frac{x_0+x_2}{2}$. 这个抛物线与 Ox 轴及二纵标线 $x=x_0$、$x=x_2$ 所包围的面积(见图 7-20)为

$$S=\frac{1}{6}(x_2-x_0)(y_0+4y_1+y_2) \tag{7.30}$$

设抛物线的方程为

$$y=\alpha x^2+\beta x+\gamma,$$

其中常数 α,β,γ 由关系式

$$y_0=\alpha x_0^2+\beta x_0+\gamma,$$
$$y_1=\alpha x_1^2+\beta x_1+\gamma,$$
$$y_2=\alpha x_2^2+\beta x_2+\gamma$$

所确定,则面积为

$$\begin{aligned}S&=\int_{x_0}^{x_2}(\alpha x^2+\beta x+\gamma)\mathrm{d}x\\&=\frac{\alpha}{3}(x_2^3-x_0^3)+\frac{\beta}{2}(x_2^2-x_0^2)+\gamma(x_2-x_0)\\&=\frac{1}{6}(x_2-x_0)[2\alpha(x_2^2+x_0x_2+x_0^2)+3\beta(x_2+x_0)+6\gamma]\\&=\frac{1}{6}(x_2-x_0)[(\alpha x_0^2+\beta x_0+\gamma)+(\alpha x_2^2+\beta x_2+\gamma)+\\&\quad\alpha(x_0+x_2)^2+2\beta(x_0+x_2)+4\gamma].\end{aligned}$$

由于 $x_2+x_0=2x_1$,可见方括号内的数值为 $y_0+y_2+4y_1$ 这就是公式(7.30).

下面介绍辛卜生法.

将区间$[a,b]$分成 n(偶数)个相等的小区间,每一小区间之长为

$$\Delta x=\frac{b-a}{n}$$

分点为 $x_0=a,x_1,x_2,\cdots,x_n=b$,所对应之纵坐标为

$$y_0, y_1, y_2, \cdots, y_n.$$

将曲线 $y=f(x)$ 上对应于区间 $[x_0, x_2]$ 的弧换成一段抛物线,使其轴平行于 Oy 轴,且通过 $M_0(x_0, y_0)$, $M_1(x_1, y_1)$, $M_2(x_2, y_2)$ 三点. 又将对应于区间 $[x_2, x_4]$, $[x_4, x_6]$, $\cdots$, $[x_{n-2}, x_n]$ 的各弧同样换成这种抛物线弧. 于是把面积 M_0abM_n 换成 $\frac{n}{2}$ 个抛物线弧下的面积,如图 7-20 所示,其面积由公式(7.30)知各为

$$\frac{1}{3}\Delta x(y_0+4y_1+y_2), \frac{1}{3}\Delta x(y_2+4y_3+y_4), \cdots, \frac{1}{3}\Delta x(y_{n-2}+4y_{n-1}+y_n).$$

取这些面积的和作为面积 M_0abM_n 的近似值,亦即定积分 $\int_a^b f(x)\mathrm{d}x$ 的近似值,得辛卜生公式为

$$\int_a^b f(x)\mathrm{d}x \approx \frac{1}{3}\Delta x[y_0+4y_1+2y_2+4y_3+2y_4+\cdots+4y_{n-1}+y_n]$$

即 $$\int_a^b f(x)\mathrm{d}x \approx \frac{1}{3}\Delta x[y_0+y_n+4(y_1+y_3+\cdots+y_{n-1})+2(y_2+y_4+\cdots+y_{n-2})] \tag{7.31}$$

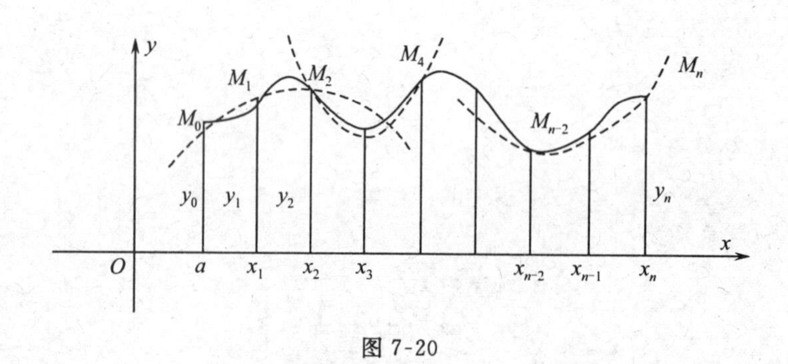

图 7-20

例 求 $\int_1^4 \frac{\mathrm{d}x}{x}$ 的近似值.

解 (1)用梯形法将区间[1,4]等分为 6 个小区间,计算各分点处被积函数的对应值,列表如表 7-1 所示.

表 7-1

i	0	1	2	3	4	5	6
x_i	1.0	1.5	2.0	2.5	3.0	3.5	4.0
$y_i=\frac{1}{x_i}$	1.000	0.667	0.500	0.400	0.333	0.286	0.250

应用梯形公式(7.29),这时 $n=6$, $6-a=3$,得到

$$\int_1^4 \frac{\mathrm{d}x}{x} \approx \frac{3}{6}\left[\frac{1.000+0.250}{2}+(0.667+0.500+0.400+0.333+0.286)\right]$$

$$=\frac{1}{2}\times 2.811=1.405$$

应用抛物线公式(7.31)(辛卜生法),可得

$$\int_1^4 \frac{1}{x}\mathrm{d}x \approx \frac{4-1}{3\times 6}[1+0.250+4(0.667+0.400+0.286)+2\times(0.500+0.333)]$$

$$=\frac{1}{6}(1.250+5.412+1.666)=1.388$$

实际上 $\int_1^4 \frac{1}{x}\mathrm{d}x=\ln x\Big|_1^4=\ln 4\approx 1.386$. 因此在梯形法下绝对误差为

$$1.405-1.386=0.019$$

而在抛物线法下,绝对误差为

$$1.388-1.386=0.002$$

可见,用抛物线法公式计算积分近似值精确度更高一些.

§7.6　广　义　积　分

前面我们讨论的定积分,都是在积分区间为有限区间且被积函数有界的情形下进行的.但在实际应用和理论分析上都需要将定积分概念加以推广,讨论积分区间为无限与被积函数为无界的情形,并将这两种积分称为广义积分.

7.6.1　无穷区间上函数的积分

定义 7.2　设函数 $f(x)$ 在区间 $[a,+\infty)$ 上连续,如果极限

$$\lim_{b\to+\infty}\int_a^b f(x)\mathrm{d}x$$

存在,则称该极限为函数 $f(x)$ 在无穷区间 $[a,+\infty)$ 上的广义积分,记做

$$\int_a^{+\infty} f(x)\mathrm{d}x=\lim_{b\to+\infty}\int_a^b f(x)\mathrm{d}x \tag{7.32}$$

这时我们称广义积分 $\int_a^{+\infty} f(x)\mathrm{d}x$ 存在或收敛. 如果 $\lim\limits_{b\to+\infty}\int_a^b f(x)\mathrm{d}x$ 不存在,函数 $f(x)$ 在无穷区间 $[a,+\infty)$ 上的广义积分 $\int_a^{+\infty} f(x)\mathrm{d}x$ 就没有意义,称为广义积分 $\int_a^{+\infty} f(x)\mathrm{d}x$ 不存在或发散,此时记号 $\int_a^{+\infty} f(x)\mathrm{d}x$ 不再表示数值了.

类似地,可以定义函数在 $(-\infty,b]$ 及 $(-\infty,+\infty)$ 上的广义积分

$$\int_{-\infty}^b f(x)\mathrm{d}x=\lim_{a\to-\infty}\int_a^b f(x)\mathrm{d}x \tag{7.33}$$

$$\int_{-\infty}^{+\infty} f(x)\mathrm{d}x=\int_{-\infty}^c f(x)\mathrm{d}x+\int_c^{+\infty} f(x)\mathrm{d}x \tag{7.34}$$

其中 $c\in(-\infty,+\infty)$.

对于广义积分 $\int_{-\infty}^{+\infty} f(x)\mathrm{d}x$,其收敛的充要条件是 $\int_{-\infty}^c f(x)\mathrm{d}x$ 及 $\int_c^{+\infty} f(x)\mathrm{d}x$ 都收敛.

上述广义积分统称为无穷限的广义积分.

例 1 计算广义积分$\int_{0}^{+\infty} x\mathrm{e}^{-x^2}\mathrm{d}x$.

解 由广义积分的定义

$$\int_{0}^{+\infty} x\mathrm{e}^{-x^2}\mathrm{d}x=\lim_{b\to+\infty}\int_{0}^{b} x\mathrm{e}^{-x^2}\mathrm{d}x=\lim_{b\to+\infty}\left[-\frac{1}{2}\int_{0}^{b}\mathrm{e}^{-x^2}\mathrm{d}(-x^2)\right]$$

$$=-\frac{1}{2}\lim_{b\to+\infty}(\mathrm{e}^{-x^2})\Big|_{0}^{b}=-\frac{1}{2}\lim_{b\to+\infty}(\mathrm{e}^{-b^2}-1)=\frac{1}{2}.$$

例 2 计算广义积分$\int_{-\infty}^{+\infty}\frac{\mathrm{d}x}{1+x^2}$.

解 被积函数的图形如图 7-21 所示.由式(7.34)知

$$\int_{-\infty}^{+\infty}\frac{\mathrm{d}x}{1+x^2}=\int_{-\infty}^{0}\frac{\mathrm{d}x}{1+x^2}+\int_{0}^{+\infty}\frac{\mathrm{d}x}{1+x^2}$$

$$=\lim_{a\to-\infty}\int_{a}^{0}\frac{\mathrm{d}x}{1+x^2}+\lim_{b\to+\infty}\int_{0}^{b}\frac{\mathrm{d}x}{1+x^2}$$

$$=\lim_{a\to-\infty}(\arctan x)\Big|_{a}^{0}+\lim_{b\to+\infty}(\arctan x)\Big|_{0}^{b}$$

$$=-\lim_{a\to-\infty}\arctan a+\lim_{b\to+\infty}\arctan b=-\left(-\frac{\pi}{2}\right)+\frac{\pi}{2}=\pi.$$

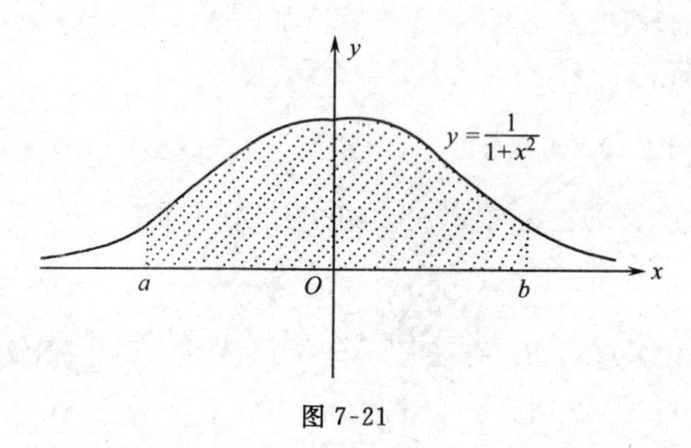

图 7-21

这个广义积分值的几何意义是:当 $a\to-\infty$,$b\to+\infty$时,虽然图 7-21 中的阴影部分向左、右无限延伸,但其面积却有极限 π. 简单地说,它是位于曲线 $y=\frac{1}{1+x^2}$的下方、Ox 轴上方的图形的面积.

例 3 讨论广义积分$\int_{a}^{+\infty}\frac{\mathrm{d}x}{x^\lambda}$的收敛性,其中 $a>0$.

解 当 $\lambda\neq1$ 时

$$\int_{a}^{+\infty}\frac{\mathrm{d}x}{x^\lambda}=\lim_{b\to+\infty}\int_{a}^{b}\frac{\mathrm{d}x}{x^\lambda}=\lim_{b\to+\infty}\frac{b^{1-\lambda}-a^{1-\lambda}}{1-\lambda}=\begin{cases}\dfrac{a^{1-\lambda}}{\lambda-1},\text{当 }\lambda>1\text{ 时},\\+\infty,\text{当 }\lambda<1\text{ 时}.\end{cases}$$

当 $\lambda=1$ 时

$$\int_{a}^{+\infty}\frac{\mathrm{d}x}{x}=\lim_{b\to+\infty}\int_{a}^{b}\frac{\mathrm{d}x}{x}=\lim_{b\to+\infty}\ln x\Big|_{a}^{b}=\lim_{b\to+\infty}(\ln b-\ln a)=+\infty$$

综合以上讨论，当 $\lambda>1$ 时广义积分 $\int_a^{+\infty}\frac{dx}{x^\lambda}$ 收敛，积分值为 $\frac{a^{1-\lambda}}{\lambda-1}$；而当 $\lambda\leqslant 1$ 时广义积分 $\int_a^{+\infty}\frac{dx}{x^\lambda}$ 发散.

以上各例中，如果我们将"∞"当做一个固定的数，那么广义积分的计算也可以依照牛顿—莱布尼兹公式进行. 例如，设 $F(x)$ 是 $f(x)$ 的一个原函数，那么

$$\int_a^{+\infty} f(x)dx = F(x)\Big|_a^{+\infty} = F(+\infty)-F(a) \tag{7.35}$$

只须注意，$F(+\infty)$ 是一个极限值.

例 4 计算广义积分 $I=\int_0^{+\infty}\frac{dx}{1+x^4}$.

解 令 $x=\frac{1}{t}$，$dx=-\frac{1}{t^2}dt$. 当 x 从 0 变化到 $+\infty$ 时，变量 t 相应地从 $+\infty$ 变到了 0，于是

$$I=\int_0^{+\infty}\frac{dx}{1+x^4}=-\int_{+\infty}^0\frac{t^2dt}{1+t^4}=\int_0^{+\infty}\frac{x^2dx}{1+x^4}$$

于是，I 可以改写为

$$I=\frac{1}{2}\int_0^{+\infty}\frac{1+x^2}{1+x^4}dx=\frac{1}{2}\int_0^{+\infty}\frac{1+\frac{1}{x^2}}{x^2+\frac{1}{x^2}}dx=\frac{1}{2}\int_0^{+\infty}\frac{d\left(x-\frac{1}{x}\right)}{\left(x-\frac{1}{x}\right)^2+2}$$

记 $u=x-\frac{1}{x}$，则

$$I=\frac{1}{2}\int_{-\infty}^{+\infty}\frac{du}{u^2+2}=\frac{1}{\sqrt{2}}\arctan\frac{u}{\sqrt{2}}\Big|_0^{+\infty}=\frac{1}{\sqrt{2}}\cdot\frac{\pi}{2}=\frac{\pi}{2\sqrt{2}}.$$

7.6.2 无界函数的积分

定义 7.3 设函数 $f(x)$ 在 $(a,b]$ 上连续，当 $x\to a^+$ 时，$f(x)\to\infty$，取 $\varepsilon>0$，如果极限

$$\lim_{\varepsilon\to 0}\int_{a+\varepsilon}^b f(x)dx$$

存在，则称该极限为函数 $f(x)$ 在 $(a,b]$ 上的广义积分，记做

$$\int_a^b f(x)dx=\lim_{\varepsilon\to 0}\int_{a+\varepsilon}^b f(x)dx \tag{7.36}$$

这时称广义积分 $\int_a^b f(x)dx$ 存在或收敛. 如果极限 $\lim\limits_{\varepsilon\to 0}\int_{a+\varepsilon}^b f(x)dx$ 不存在，则称广义积分 $\int_a^b f(x)dx$ 不存在或发散.

类似地，可以定义函数 $f(x)$ 在 $[a,b)$ 上的广义积分，即设 $f(x)$ 在 $[a,b)$ 上连续，当 $x\to b^-$ 时，$f(x)\to\infty$. 如果极限

$$\lim_{\varepsilon\to 0}\int_a^{b-\varepsilon} f(x)dx$$

存在，则定义

$$\int_a^b f(x)dx=\lim_{\varepsilon\to 0}\int_a^{b-\varepsilon} f(x)dx \tag{7.37}$$

否则,就称广义积分发散.

假定函数 $f(x)$在$[a,b]$上除点 $c(a<c<b)$外连续而在点 c 的邻域内无界.如果两个广义积分

$$\int_a^c f(x)\mathrm{d}x \text{ 与} \int_c^b f(x)\mathrm{d}x$$

都收敛,则定义

$$\int_a^b f(x)\mathrm{d}x=\int_a^c f(x)\mathrm{d}x+\int_c^b f(x)\mathrm{d}x=\lim_{\varepsilon\to0}\int_a^{c-\varepsilon} f(x)\mathrm{d}x+\lim_{\varepsilon\to0^+}\int_{c+\varepsilon}^b f(x)\mathrm{d}x \tag{7.38}$$

否则,称广义积分 $\int_a^b f(x)\mathrm{d}x$ 发散.

例 1 求积分 $\int_0^1 \ln x\mathrm{d}x$.

解 因为被积函数 $\ln x$ 当 $x\to0^+$ 时无界,所以按定义

$$\begin{aligned}\int_0^1 \ln x\mathrm{d}x&=\lim_{\varepsilon\to0^+}\int_\varepsilon^1 \ln x\mathrm{d}x=\lim_{\varepsilon\to0^+}(x\ln x-x)\Big|_\varepsilon^1\\&=\lim_{\varepsilon\to0^+}(-1-\varepsilon\ln\varepsilon+\varepsilon)=-1-\lim_{\varepsilon\to0^+}\varepsilon\ln\varepsilon\end{aligned}$$

对右端第二项应用洛必达法则

$$\lim_{x\to0^+}x\ln x=\lim_{x\to0^+}\frac{\ln x}{\frac{1}{x}}=\lim_{x\to0^+}\frac{\frac{1}{x}}{-\frac{1}{x^2}}=0$$

因此

$$\int_0^1 \ln x\mathrm{d}x=-1.$$

例 2 计算积分 $\int_0^a \frac{\mathrm{d}x}{\sqrt{a^2-x^2}}$, $(a>0)$.

解 被积函数在 $x\to a^-$ 时无界.按定义

$$\begin{aligned}\int_0^a \frac{\mathrm{d}x}{\sqrt{a^2-x^2}}&=\lim_{\varepsilon\to0^+}\int_0^{a-\varepsilon}\frac{\mathrm{d}x}{\sqrt{a^2-x^2}}=\lim_{\varepsilon\to0^+}\left(\arcsin\frac{x}{a}\right)\Big|_0^{a-\varepsilon}\\&=\lim_{\varepsilon\to0^+}\arcsin\frac{a-\varepsilon}{a}=\arcsin1=\frac{\pi}{2}.\end{aligned}$$

这个积分值的几何意义是:位于曲线 $y=\frac{1}{\sqrt{a^2-x^2}}$之下,$Ox$ 轴之上,直线 $x=0$ 与 $x=a$ 之间的图形面积,如图 7-22 所示.

例 3 讨论广义积分 $\int_{-1}^1 \frac{1}{x^2}\mathrm{d}x$ 的收敛性.

解 被积函数 $f(x)=\frac{1}{x^2}$在$[-1,1]$内一点 $x=0$ 处无穷间断,即

$$\lim_{x\to0}\frac{1}{x^2}=\infty.$$

由于

$$\lim_{\varepsilon\to0^+}\int_{-1}^{-\varepsilon}\frac{1}{x^2}\mathrm{d}x=\lim_{\varepsilon\to0^+}\left(-\frac{1}{x}\right)\Big|_{-1}^{-\varepsilon}=\lim_{\varepsilon\to0^+}\left(\frac{1}{\varepsilon}-1\right)=+\infty$$

即广义积分 $\int_{-1}^0 \frac{1}{x^2}\mathrm{d}x$ 发散,所以广义积分$\int_{-1}^1 \frac{1}{x^2}\mathrm{d}x$ 发散.

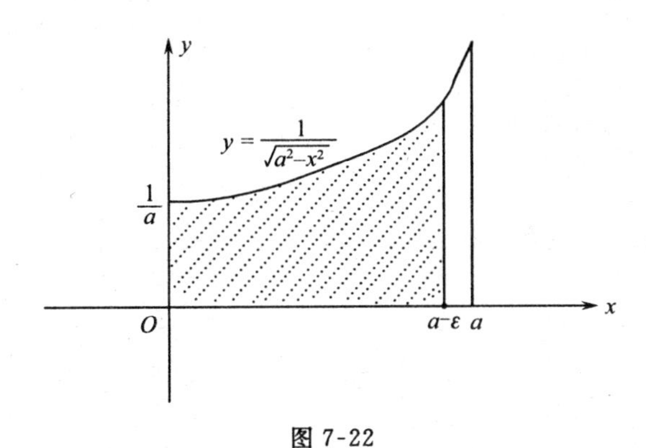

图 7-22

为了方便，通常在计算广义积分过程中省去了极限符号.

例 4 讨论广义积分 $\int_0^1 \frac{\mathrm{d}x}{x^{\lambda}}$ 的收敛性.

解 当 $\lambda \neq 1$ 时

$$\int_0^1 \frac{1}{x^{\lambda}}\mathrm{d}x = \frac{1}{1-\lambda}x^{1-\lambda}\Big|_0^1 = \begin{cases} \frac{1}{1-\lambda}, & \text{当 } \lambda < 1 \\ \infty, & \text{当 } \lambda > 1 \end{cases}$$

当 $\lambda = 1$ 时

$$\int_0^1 \frac{1}{x}\mathrm{d}x = \ln x\Big|_0^1 = \infty$$

因此积分 $\int_0^1 \frac{1}{x^{\lambda}}\mathrm{d}x$ 在 $\lambda < 1$ 时收敛，积分值为 $\frac{1}{1-a}$；当 $\lambda \geqslant 1$ 时发散.

例 5 这样计算定积分

$$\int_{-1}^1 \frac{\mathrm{d}}{\mathrm{d}x}\left(\arctan\frac{1}{x}\right)\mathrm{d}x = \arctan\frac{1}{x}\Big|_{-1}^1 = \frac{\pi}{4} - \left(-\frac{\pi}{4}\right) = \frac{\pi}{2}$$

对吗?

答：不对. 因为当 $x=0$ 时，函数 $\arctan\frac{1}{x}$ 发生间断，又 $x=0$ 在区间 $(-1,1)$ 内，不满足牛顿—莱布尼兹公式的条件，故不能直接应用.

正确的解法应为

$$I_1 = \lim_{\varepsilon\to 0^-}\int_{-1}^{\varepsilon} \frac{\mathrm{d}}{\mathrm{d}x}\left(\arctan\frac{1}{x}\right)\mathrm{d}x = \lim_{\varepsilon\to 0^-}\left(\arctan\frac{1}{x}\right)\Big|_{-1}^{\varepsilon} = -\frac{\pi}{2} + \frac{\pi}{4} = -\frac{\pi}{4}$$

$$I_2 = \lim_{\varepsilon\to 0^+}\int_{\varepsilon}^{1} \frac{\mathrm{d}}{\mathrm{d}x}\left(\arctan\frac{1}{x}\right)\mathrm{d}x = \lim_{\varepsilon\to 0^+}\left(\arctan\frac{1}{x}\right)\Big|_{\varepsilon}^{1} = \frac{\pi}{4} - \frac{\pi}{2} = -\frac{\pi}{4}$$

所以

$$I_1 + I_2 = \int_{-1}^1 \frac{\mathrm{d}}{\mathrm{d}x}\left(\arctan\frac{1}{x}\right)\mathrm{d}x = -\frac{\pi}{2}.$$

7.6.3 Γ-函数

在无穷区间 $(0,+\infty)$ 上给定一个连续函数 $f(x)=x^{\lambda-1}\mathrm{e}^{-x}$，作积分 $\int_0^{+\infty} x^{\lambda-1}\mathrm{e}^{-x}\mathrm{d}x$ ，它是

一个广义积分.我们能够证明,这个广义积分对所有大于0的实数λ值都是收敛的,也就是说,对于任意一个大于0的实数λ,都有一个确定的积分值$\int_0^{+\infty} x^{\lambda-1}\mathrm{e}^{-x}\mathrm{d}x$与之对应.这样,我们就建立了一个关于参数$\lambda$的函数,记做

$$\Gamma(\lambda)=\int_0^{+\infty} x^{\lambda-1}\mathrm{e}^{-x}\mathrm{d}x$$

这个函数称为Γ-函数.Γ-函数在理论上和应用上都具有重要的意义.Γ-函数的图形如图7-23所示.

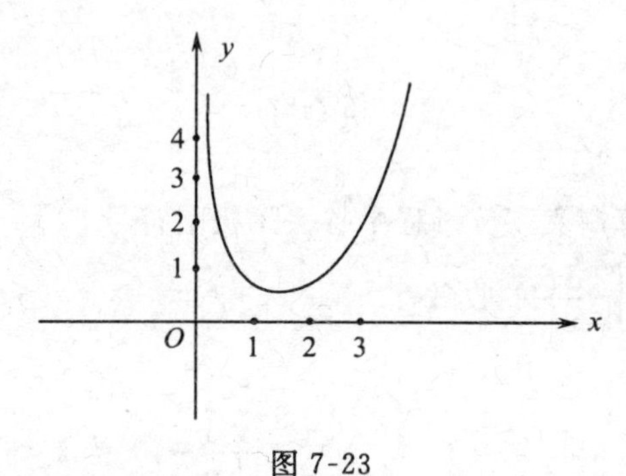

图 7-23

Γ-函数有以下几个重要性质:

性质 7.9 递推公式 $\Gamma(\lambda+1)=\lambda\Gamma(\lambda),(\lambda>0)$. (7.39)

证 因为

$$\Gamma(\lambda+1)=\int_0^{+\infty} x^{\lambda}\mathrm{e}^{-x}\mathrm{d}x=\lim_{b\to+\infty}\lim_{\varepsilon\to0^+}\int_\varepsilon^b x^{\lambda}\mathrm{e}^{-x}\mathrm{d}x$$

由分部积分公式

$$\int_\varepsilon^b x^{\lambda}\mathrm{e}^{-x}\mathrm{d}x=(-\mathrm{e}^{-x}x^{\lambda})\Big|_\varepsilon^b+\lambda\int_\varepsilon^b x^{\lambda-1}\mathrm{e}^{-x}\mathrm{d}x$$

而$\lim\limits_{b\to+\infty}\lim\limits_{\varepsilon\to0^+}(\mathrm{e}^{-x}x^{\lambda})=0$,所以

$$\Gamma(\lambda+1)=\lim_{b\to+\infty}\lim_{\varepsilon\to0^+}\lambda\int_\varepsilon^b x^{\lambda-1}\mathrm{e}^{-x}\mathrm{d}x=\lambda\int_0^{+\infty} x^{\lambda-1}\mathrm{e}^{-x}\mathrm{d}x=\lambda\Gamma(\lambda).$$

这是一个递推公式.利用这个公式,计算Γ-函数的任意一个函数值,都可以化作求Γ-函数在[0,1]上的函数值.

显然 $\Gamma(1)=\int_0^{+\infty}\mathrm{e}^{-x}\mathrm{d}x=1.$

反复利用递推公式(7.39),有

$$\Gamma(2)=1\cdot\Gamma(1)=1!$$
$$\Gamma(3)=2\cdot\Gamma(2)=2!$$
$$\Gamma(4)=3\cdot\Gamma(3)=3!$$
$$\vdots\qquad\vdots$$

一般地,对任何正整数n,有

$$\Gamma(n+1)=n\Gamma(n)=n! \tag{7.40}$$

所以，我们可以将 Γ-函数看成是阶乘的推广.

性质 7.10 当 $\lambda\to0^+$ 时，$\Gamma(\lambda)\to+\infty$.

证 因为

$$\Gamma(\lambda)=\frac{\Gamma(\lambda+1)}{\lambda},\quad \Gamma(1)=1$$

所以当 $\lambda\to0^+$ 时，$\Gamma(\lambda)\to+\infty$. 这里应用了 Γ-函数在 $\lambda>0$ 时为连续函数的性质.

性质 7.11

$$\Gamma(\lambda)\Gamma(1-\lambda)=\frac{\pi}{\sin\lambda\pi}\quad(0<\lambda<1)\tag{7.41}$$

这个公式称为余元公式. 它的证明较繁琐，这里从略.

取 $\lambda=\frac{1}{2}$，则得

$$\Gamma\left(\frac{1}{2}\right)=\int_0^{+\infty}x^{-\frac{1}{2}}e^{-x}dx=\pi$$

因此

$$\Gamma\left(\frac{1}{2}\right)=\sqrt{\pi}\tag{7.42}$$

例如

$$\Gamma\left(\frac{7}{2}\right)=\frac{5}{2}\cdot\frac{3}{2}\cdot\frac{1}{2}\Gamma\left(\frac{1}{2}\right)=\frac{15}{8}\sqrt{\pi}.$$

性质 7.12 在 $\Gamma(\lambda)=\int_0^{+\infty}x^{\lambda-1}e^{-x}dx$ 中，作变换 $x=t^2$，有

$$\Gamma(\lambda)=2\int_0^{+\infty}t^{2\lambda-1}e^{-t^2}dt.$$

取 $\lambda=\frac{1}{2}$，已知 $\Gamma\left(\frac{1}{2}\right)=\sqrt{\pi}$，则有

$$2\int_0^{+\infty}e^{-t^2}dt=\Gamma\left(\frac{1}{2}\right)=\sqrt{\pi}$$

所以

$$\int_0^{+\infty}e^{-t^2}dt=\frac{\sqrt{\pi}}{2}\tag{7.43}$$

积分 $\int_0^{+\infty}e^{-x^2}dx$ 是在概率论中常用的积分.

例 1 计算下列各值

(1) $\frac{\Gamma(6)}{\Gamma(3)}$；　(2) $\frac{\Gamma\left(\frac{5}{2}\right)}{\Gamma\left(\frac{1}{2}\right)}$.

解 (1)

$$\frac{\Gamma(6)}{\Gamma(3)}=\frac{5!}{2\cdot2!}=30,$$

(2)

$$\frac{\Gamma\left(\frac{5}{2}\right)}{\Gamma\left(\frac{1}{2}\right)}=\frac{\frac{3}{2}\cdot\frac{1}{2}\cdot\sqrt{\pi}}{\sqrt{\pi}}=\frac{3}{4}.$$

例 2 计算积分 $\int_0^{+\infty}x^3e^{-x}dx$.

解

$$\int_0^{+\infty}x^3e^{-x}dx=\int_0^{+\infty}x^{4-1}e^{-x}dx=\Gamma(4)=3!\ =6.$$

例 3 计算积分$\int_0^{+\infty} x^{\lambda-1} e^{-rx} dx$.

解 令 $t=rx$,$rdx=dt$,所以

$$\int_0^{+\infty} x^{\lambda-1} e^{-rx} dx=\int_0^{+\infty} \left(\frac{t}{r}\right)^{\lambda-1} e^{-t} \cdot \frac{1}{r} dt=\frac{1}{r^{\lambda}}\int_0^{+\infty} t^{\lambda-1} e^{-t} dt=\frac{\Gamma(\lambda)}{r^{\lambda}}.$$

习 题 7

1. 利用定积分定义计算下列积分

(1)$\int_0^4 (2x+3)dx$; (2)$\int_0^1 e^x dx$.

2. 将图 7-24 中各曲边梯形的面积用定积分表示.

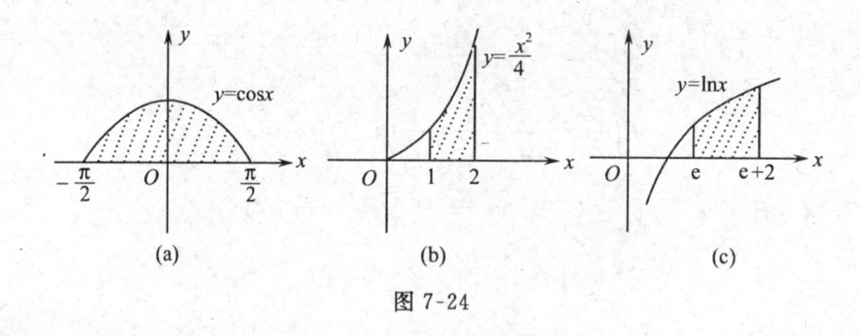

图 7-24

3. 不计算积分,比较下列各组积分值的大小

(1)$\int_0^1 x^2 dx$,$\int_0^1 x^3 dx$; (2)$\int_1^2 x^2 dx$,$\int_1^2 x^3 dx$;

(3)$\int_1^2 \ln x dx$,$\int_1^2 (\ln x)^2 dx$; (4)$\int_3^4 \ln x dx$,$\int_3^4 (\ln x)^3 dx$;

(5)$\int_0^1 e^x dx$,$\int_0^1 e^{x^2} dx$; (6)$\int_{-\frac{\pi}{2}}^0 \sin x dx$,$\int_0^{\frac{\pi}{2}} \sin x dx$.

4. 利用定积分性质估计下列各积分值

(1)$\int_{\frac{\pi}{4}}^{\frac{5\pi}{4}} (1+\sin^2 x)dx$; (2)$\int_0^2 e^{x^2-x} dx$;

(3)$\int_{\frac{1}{\sqrt{3}}}^{\sqrt{3}} x\arctan x dx$; (4)$\int_{\frac{\pi}{4}}^{\frac{\pi}{2}} \frac{\sin x}{x} dx$.

5. 求下列函数的导数

(1)$\phi(x)=\int_0^x \sqrt{1+t^2} dt$; (2)$\phi(x)=\int_x^{-1} t e^{-t} dt$;

(3)$\phi(x)=\int_0^{x^2} \frac{1}{\sqrt{1+t^4}} dt$; (4)$\phi(x)=\int_{x^3}^{x^2} \sin t^2 dt$.

6. 计算下列积分

(1)$\int_2^6 (x^2-1)dx$; (2)$\int_{-1}^1 (x^3-3x^2)dx$;

(3) $\int_1^2 \left(x^2+\frac{1}{x^4}\right)\mathrm{d}x$；　(4) $\int_1^2 \left(x+\frac{1}{x}\right)^2\mathrm{d}x$；

(5) $\int_0^a (\sqrt{a}-\sqrt{x})^2\mathrm{d}x$；　(6) $\int_{-2}^2 (x-1)^2\mathrm{d}x$；

(7) $\int_0^5 \frac{x^3}{x^2+1}\mathrm{d}x$；　(8) $\int_0^1 \frac{x}{x^2+1}\mathrm{d}x$；

(9) $\int_{-1}^1 \frac{x\mathrm{d}x}{(x^2+1)^2}$；　(10) $\int_1^2 \frac{\mathrm{e}^{\frac{1}{x}}}{x^2}\mathrm{d}x$；

(11) $\int_0^{\pi} \cos^2\left(\frac{x}{2}\right)\mathrm{d}x$；　(12) $\int_0^3 |x-2|\,\mathrm{d}x$；

(13) $\int_0^{2\pi} |\sin x|\,\mathrm{d}x$；　(14) $\int_{-1}^0 \frac{3x^4+3x^2+1}{x^2+1}\mathrm{d}x$.

7. 计算下列积分

(1) $\int_0^4 \frac{\mathrm{d}t}{1+\sqrt{t}}$；　(2) $\int_2^{-13} \frac{\mathrm{d}x}{\sqrt[5]{(3-x)^4}}$；

(3) $\int_0^a x^2\sqrt{a^2-x^2}\,\mathrm{d}x$；　(4) $\int_0^1 \frac{x^2}{(1+x^2)^2}\mathrm{d}x$；

(5) $\int_0^1 (1+x^2)^{-\frac{3}{2}}\mathrm{d}x$；　(6) $\int_1^2 \frac{\sqrt{x^2-1}}{x}\mathrm{d}x$；

(7) $\int_0^3 \frac{x^2}{\sqrt{1+x}}\mathrm{d}x$；　(8) $\int_0^9 x\sqrt[3]{1-x}\,\mathrm{d}x$；

(9) $\int_0^{\ln 3} \frac{\mathrm{d}x}{\sqrt{\mathrm{e}^x+1}}$；　(10) $\int_0^{\frac{\pi}{4}} \tan^3 x\,\mathrm{d}x$.

8. 计算下列积分

(1) $\int_1^{\mathrm{e}} \ln x\,\mathrm{d}x$；　(2) $\int_0^{\ln 2} x\mathrm{e}^{-x}\mathrm{d}x$；

(3) $\int_1^{\mathrm{e}} x\ln x\,\mathrm{d}x$；　(4) $\int_1^{\mathrm{e}} (\ln x)^3\mathrm{d}x$；

(5) $\int_0^{\frac{\pi}{2}} \mathrm{e}^x\cos x\,\mathrm{d}x$；　(6) $\int_0^1 x\arctan x\,\mathrm{d}x$；

(7) $\int_0^{\pi} x^2\sin 2x\,\mathrm{d}x$；　(8) $\int_{\frac{\pi}{4}}^{\frac{\pi}{3}} \frac{x}{\sin^2 x}\mathrm{d}x$；

(9) $\int_{\frac{1}{e}}^{e} |\ln x|\,\mathrm{d}x$；　(10) $\int_0^{\frac{1}{2}} (\arcsin x)^2\mathrm{d}x$.

9. 求下列极限

(1) $\lim\limits_{x\to 0}\frac{\int_0^x \cos^2 t\,\mathrm{d}t}{x}$；　(2) $\lim\limits_{x\to 0^+}\frac{\int_0^{\tan x}\sqrt{\sin t}\,\mathrm{d}t}{\int_0^{\sin x}\sqrt{\tan t}\,\mathrm{d}t}$.

10. 求函数 $F(x)=\int_0^x t(t-4)\mathrm{d}t$ 在$[-1,5]$上的最大值与最小值.

11. 求 c 的值，使 $\lim\limits_{x\to+\infty}\left(\frac{x+c}{x-c}\right)^x=\int_{-\infty}^c t\mathrm{e}^{2t}\mathrm{d}t$.

12. 求 c 的值,使 $\int_0^1 (x^2+cx+c)^2\mathrm{d}x$ 最小.

13. 设 $x\geqslant 0$ 时 $f(x)$ 连续,且 $\int_0^{x^2} f(t)\mathrm{d}t = x^2(1+x)$,试求 $f(4)$.

14. 计算下列积分

(1) $\int_{-\frac{1}{2}}^{\frac{1}{2}} \frac{x\arcsin x}{\sqrt{1-x^2}}\mathrm{d}x$;　　(2) $\int_{-5}^{5} \frac{x^3\sin^2 x}{(x^4+2x^2+1)^2}\mathrm{d}x$.

15. 若 $f(x)$ 为连续的奇函数,证明 $\int_0^x f(t)\mathrm{d}t$ 为偶函数;若 $f(x)$ 为连续的偶函数,证明 $\int_0^x f(t)\mathrm{d}t$ 为奇函数.

16. 设 $f(x)$ 是以 T 为周期的连续函数,证明 $\int_a^{a+T} f(x)\mathrm{d}x$ 的值与 a 无关.

17. 设 $f(x)$ 为连续可导的函数,且满足 $f(x)=x^2-\int_0^a f(x)\mathrm{d}x$,$(a\neq -1)$ 证明

$$\int_0^a f(x)\mathrm{d}x = \frac{a^3}{3(1+a)}.$$

18. 证明 $\left[\int_0^1 (x^2+ax+b)\mathrm{d}x\right]^2 < \int_0^1 (x^2+ax+b)^2\mathrm{d}x$.

19. 试求下列各题中平面图形的面积

(1) 曲线 $y=a-x^2 (a>0)$ 与 Ox 轴所围成的图形;

(2) 曲线 $y=x^2+3$ 在区间 $[0,1]$ 上的曲边梯形;

(3) 曲线 $y=x^2$ 与 $y=2-x^2$ 所围成的图形;

(4) 曲线 $y=x^3$ 与直线 $x=0, y=1$ 所围成的图形;

(5) 在区间 $\left[0,\frac{\pi}{2}\right]$ 上,曲线 $y=\sin x$ 与直线 $x=0$、$y=1$ 所围成的图形;

(6) 曲线 $y=\frac{1}{x}$ 与直线 $y=x, x=2$ 所围成的图形;

(7) 曲线 $y=x^3-3x+2$ 在 Ox 轴上介于两极点之间的曲边梯形;

(8) 分别求介于抛物线 $y^2=2x$ 与圆 $y^2=4x-x^2$ 之间的三块图形;

(9) 曲线 $y=x^3-x$ 与 $y=x-x^2$ 所围成的图形.

20. 试求 $c(c>0)$ 的值,使两曲线 $y=x^2$ 与 $y=cx^3$ 所围成的图形的面积为 $\frac{2}{3}$.

21. 试求旋转体的体积

(1) 曲线 $y=x^3$ 与直线 $x=2, y=0$ 所围成的图形分别绕 Ox 轴与 Oy 轴旋转一周;

(2) 圆 $x^2+y^2=R^2$ 绕直线 $x=-b(b>R>0)$ 旋转一周.

22. 已知某产品总产量的变化率是时间 t(单位:年) 的函数

$$f(t)=2t+5\quad t\geqslant 0$$

试求第一个五年和第二个五年的总产量各为多少?

23. 已知某产品生产 x 个单位时,总收益 R 的变化率(边际收益) 为

$$R'(x)=200-\frac{x}{100}\quad x\geqslant 0$$

(1) 试求生产了 50 个单位时的总收益；

(2) 如果已经生产了 100 个单位产品，试求再生产 100 个单位产品时的总收益.

24. 某产品的总成本 C(万元) 的变化率(边际成本)$C'=1$，总收益 R(万元) 的变化率(边际收益) 为生产量 x(百台) 的函数

$$R'(x)=5-x$$

(1) 试求生产量等于多少时，总利润 $L=R-C$ 为最大？

(2) 从利润最大的生产量又多生产了 100 台，总利润减少了多少？

25. 生产某产品的固定成本为 50，边际成本和边际收益分别为

$$C'(Q)=Q^2-14Q+111$$

$$R'(Q)=100-2Q$$

试确定厂商的最大利润.

26. 求下列广义积分

(1) $\int_{\frac{2}{\pi}}^{+\infty}\frac{1}{x^2}\sin\frac{1}{x}\mathrm{d}x$；　(2) $\int_0^{+\infty}x\mathrm{e}^{-x^2}\mathrm{d}x$；

(3) $\int_1^{+\infty}\frac{\mathrm{d}x}{\sqrt{x}(1+x)}$；　(4) $\int_{-\infty}^{+\infty}\frac{\mathrm{d}x}{x^2+2x+2}$；

(5) $\int_1^2\frac{x\mathrm{d}x}{\sqrt{x-1}}$；　(6) $\int_0^{+\infty}\mathrm{e}^{-ax}\sin bx\mathrm{d}x\ (a>0)$；

(7) $\int_0^{+\infty}\mathrm{e}^{-ax}\cos bx\mathrm{d}x$；　(8) $\int_0^{+\infty}\frac{x^2\mathrm{d}x}{1+x^4}$.

27. 利用 $\Gamma\left(\frac{1}{2}\right)$ 计算

(1) $\int_0^{+\infty}\mathrm{e}^{-a^2x^2}\mathrm{d}x\ (a>0)$；　(2) $\int_{-\infty}^{+\infty}\frac{1}{\sqrt{2\pi}}\mathrm{e}^{-\frac{x^2}{2}\mathrm{d}x}$.

综合练习七

一、选择题

1. 设 $f(x)$ 在区间 $[a,b]$ 上可积，则下列各结论中不正确的是____.

A. $\int_a^b f(x)\mathrm{d}x=\int_a^b f(y)\mathrm{d}y$

B. $\int_a^a f(x)\mathrm{d}x=0$

C. 若 $f(x)\geqslant b-a$，则 $\int_a^b f(x)\mathrm{d}x\geqslant(b-a)^2$

D. $\left[\int_a^b f(x)\mathrm{d}x\right]'=f(x)$

2. 在下列不等式中，正确的是____.

A. $\int_0^1\mathrm{e}^x\mathrm{d}x<\int_0^1\mathrm{e}^{x^2}\mathrm{d}x$　　B. $\int_1^2\mathrm{e}^x\mathrm{d}x<\int_1^2\mathrm{e}^{x^2}\mathrm{d}x$

C. $\int_0^1 e^{-x}dx<\int_1^2 e^{-x}dx$　　D. $\int_{-2}^{-1}x^2dx<\int_{-2}^{-1}x^3dx$

3. 下列定积分中,等于 0 的是____.

A. $\int_{-1}^1\ln(x+\sqrt{1+x^2})dx$　　B. $\int_{-1}^1\frac{dx}{\sqrt{1-x^2}}$

C. $\int_{-1}^1\frac{dx}{x^3}$　　D. $\int_{-1}^1\frac{dx}{1+\sin x}$

4. 设函数

$f(x)=x\cdot\lim\limits_{n\to\infty}\frac{1-x^{2n}}{1+x^{2n}}$,且$\int_0^2 f(x)dx=a$,则 a 等于____.

A. 2　　B. 1　　C. 0　　D. -1

5. 下列各积分中可以直接使用牛顿－莱布尼兹公式的有____.

A. $\int_{-1}^1\frac{dx}{x^2}$　　B. $\int_{-1}^2\frac{x\,dx}{\sqrt{1-x^2}}$

C. $\int_{-a}^a\frac{dx}{\sqrt{a^2-x^2}}$　　D. $\int_0^4\frac{x\,dx}{(x^{\frac{3}{2}}-5)^2}$

6. 已知$\int_0^x f(t^2)dt=x^3$,则$\int_0^1 f(x)dx=$____.

A. 1　　B. $\frac{1}{2}$　　C. $\frac{3}{2}$　　D. 2

7. 设 $f(x)=\int_1^{x^2}\frac{\ln(1+t)}{t}dt$,则 $f'(2)=$____.

A. 0　　B. ln5　　C. $\frac{1}{2}\ln5$　　D. 2ln3

8. $\int_{-1}^1\frac{d}{dx}\left(\arctan\frac{1}{x}\right)dx=$____.

A. $\frac{\pi}{2}$　　B. 0　　C. $-\frac{\pi}{2}$　　D. 不存在

9. 下列广义积分收敛的是____.

A. $\int_0^{+\infty}\cos x\,dx$　　B. $\int_0^2\frac{dx}{(x-1)^2}$

C. $\int_0^{+\infty}\frac{dx}{\sqrt{x+1}}$　　D. $\int_1^{+\infty}\frac{dx}{(2x+1)^{3/2}}$

10. 设 $f(x-5)=\frac{4}{x^2-10x}$,则$\int_0^4 f(2x+1)dx$ ____.

A. 为广义积分且发散　　B. 为广义积分且收敛

C. 不是广义积分,且其值为 0　　D. 不是广义积分,且其值为$\frac{\pi}{4}$

二、填空题

1. $\int_0^{\frac{\pi}{2}}\sin^6 x\,dx=$__________.

2. 设 $0<a<1$，且 $\int_0^a \frac{\cos 2x}{\cos x-\sin x}\mathrm{d}x=1$，则 $a=$__________.

3. 方程 $\int_0^y (1+x^2)\mathrm{d}x+\int_x^0 \mathrm{e}^{t^2}\mathrm{d}t=0$ 确定 y 是 x 的函数，则 $\frac{\mathrm{d}y}{\mathrm{d}x}=$__________.

4. $\lim\limits_{x\to 0^+}\frac{\int_0^{x^2}\sin\sqrt{t}\,\mathrm{d}t}{x^3}=$__________.

5. 若 $f(2x-1)=\frac{\ln x}{\sqrt{x}}$，则 $\int_1^7 f(x)\mathrm{d}x=$__________.

6. 若 $f(x)=\int_1^x \frac{1}{\sqrt{1+t^3}}\mathrm{d}t$，则 $\int_0^1 xf(x)\mathrm{d}x=$__________.

7. 函数 $f(x)=\int_1^x \frac{\ln t}{t}\mathrm{d}t$ 的拐点坐标为__________.

8. 曲线 $y=\sqrt{x}$ 与直线 $y=x$ 围成的平面图形绕 Ox 轴旋转一周所成的旋转体体积 $V=$__________.

三、计算下列各题

1. $\int_{\frac{1}{2}}^1 \mathrm{e}^{\sqrt{2x-1}}\mathrm{d}x$.

2. $\int_0^{\frac{1}{\sqrt{3}}} \frac{\mathrm{d}x}{(1+5x^2)\sqrt{1+x^2}}$.

3. $\int_0^{\ln 2} \sqrt{1-\mathrm{e}^{-2x}}\mathrm{d}x$.

4. 已知 $\int_0^a 3t^2\mathrm{d}t=8$，求 $\int_0^a x\mathrm{e}^{-x^2}\mathrm{d}x$.

5. 设 $\int_0^{\pi}[f(x)+f''(x)]\sin x\mathrm{d}x=5$，且 $f(\pi)=2$，求 $f(0)$.

6. $\int_0^{\frac{\pi}{2}} \frac{\cos x}{\cos x+\sin x}\mathrm{d}x$.

7. $I=\int_0^x \frac{1}{1+t^2}\mathrm{d}t+\int_0^{\frac{1}{x}} \frac{\mathrm{d}t}{1+t^2}$.

四、应用题

过点 $P(1,0)$ 作抛物线 $y=\sqrt{x-2}$ 的切线. 该切线与抛物线及 Ox 轴围成一平面图形. 试求：

(1) 该平面图形的面积；

(2) 该平面图形绕 Ox 轴旋转一周的旋转体体积.

五、证明题

设函数 $f(x)$ 连续可导，且满足

$$f(x)=\ln x-\int_1^{\mathrm{e}} f(x)\mathrm{d}x,\ \text{证明：}\int_1^{\mathrm{e}} f(x)\mathrm{d}x=\frac{1}{\mathrm{e}}.$$

六、综合题

1. 求常数 a 及 b，使其满足

$$\lim_{x \to 0} \frac{1}{bx - \sin x} \cdot \int_0^x \frac{t^2}{\sqrt{a+t}} \mathrm{d}t = 1.$$

2. 已知 $\int_0^x t f(2x-t) \mathrm{d}t = \frac{1}{2} \arctan x^2$，$f(1)=1$，求 $\int_1^2 f(x) \mathrm{d}x$.

七、杂题

设 $f(x)$、$g(x)$ 在区间 $[-a,a](a>0)$ 上连续，$g(x)$ 为偶函数，且 $f(x)$ 满足条件

$$f(x)+f(-x)=A(A \text{ 为常数})$$

1. 证明：$\int_{-a}^{a} f(x) g(x) \mathrm{d}x = A \int_0^a g(x) \mathrm{d}x$；

2. 利用(1)的结论计算定积分 $\int_{-\frac{\pi}{2}}^{\frac{\pi}{2}} |\sin x| \arctan e^x \mathrm{d}x$.

八、定积分在经济学上的应用

1. 已知生产某种产品 x 件时的边际收入 $R'(x)=100-\frac{x}{20}$(元/件)，试求生产这种产品 1 000件时的总收入和从 1 000 件到 2 000 件所增加的收入以及产量为 1 000 件时的平均收入和产量从 1 000 件到 2 000 件的平均收入.

2. 已知某产品每天生产 x 单位时，边际成本为 $c'(x)=0.4x+2$(元/单位)，其固定成本是 20 元，试求总成本函数 $c(x)$. 如果这种产品规定的销售单价为 18 元，且产品可以全部售出，试求总利润函数 $L(x)$，并问每天生产多少单位这种产品获得的总利润才最大？

参考答案

习　题　1

1.

(1)$\{x \mid x > 30, x \in \mathbf{R}\}$.

(2)$\{(x,y) \mid x^2 + y^2 = 25,\quad x,y \in \mathbf{R}\}$.

(3)$\left\{(x,y) \mid \dfrac{x^2}{4} + \dfrac{y^2}{9} \geqslant 1,\quad x,y \in \mathbf{R}\right\}$.

2. $B.C.$

3. 略.　4.略.　5.是.　6.略.

7. (1)$f(x) \neq g(x)$;　(2)$f(x) \neq g(x)$;

(3)$f(x) = g(x)$;　(4)$f(x) = g(x)$.

8.

(1)$x \in (0,2) \cup (2,4]$;

(2)$x \in (0,\pi)$.

9.

$x \in [4,7]$.

10. $f[g(x)] = \begin{cases} 1, & x \in (e^{-1}, e) \\ 0, & x = e^{-1} \text{ 或 } x = e. \\ -1, & x \in (0, e^{-1}) \cup (e, +\infty) \end{cases}$

11.

(1) 奇;　(2) 偶;　(3) 奇;　(4) 偶.

12. 略.

13.

(1)$T = \pi$;　(2)$T = 4\pi$;　(3)$T = 2\pi$.

14.

(1) 增函数;

(2) 增函数;

(3)$a \in (0,1)$,减函数;$a \in (1, +\infty)$,增函数;

(4)$x \in (-\infty, 0]$,增函数;$a \in [0, +\infty)$,减函数.

(5) 增函数.

15. 略.

16.

(1) $f^{-1}(x)=-\sqrt{1-(1-x)^2}, x\in[0,1]$;

(2) $f^{-1}(x)=\dfrac{e^{2x}+1}{2e^x}, x\in[0,+\infty)$;

(3) $f^{-1}(x)=\dfrac{1}{4}\cdot\left(\dfrac{1-x}{1+x}\right)^2-\dfrac{1}{4}, x\in[-\infty,+\infty)$.

17. 略.

18. 略.

19. $[0,1]\cup(1,+\infty)$ 单调递增;$(-\infty,0)$ 单调递减.

20. $Q\in[0,100]$, $K\in[150,850]$.

21.

(1) $Q=60-3P$;

(2) $R(Q)=\dfrac{1}{3}Q\cdot(60-Q)$;

(3) $Q(0)=60$, $Q(1)=57$, $Q(6)=42$.

$R(7)=\dfrac{371}{3}$, $R(1.5)=\dfrac{117}{4}$, $R(5.5)=\dfrac{1199}{12}$.

22. 略.

23. 略.

24. $C=140+8Q$, $Q\in[0,100]$.

25. $R=\begin{cases} q\cdot Q, & Q\leqslant 30 \\ 30q+(Q-30)\cdot q\cdot 90\%, & Q>30. \end{cases}$

26. $C=\dfrac{1}{2}bQ+aq$.

综合练习一

一、

1. B; 2. A; 3. B; 4. A;
5. C; 6. B; 7. D; 8. C.

二、

1. $\dfrac{2-x}{2x-3}$.

2. $x\in[-4,-\pi]\cup[0,\pi]$.

3. $x\in[0,2]$.

4. $\dfrac{\pi}{2}$.

5. $f(7)=5$.

6. $f^{-1}(x)=\begin{cases} -\sqrt{x}, & x\geqslant 0 \\ \log_2(1-x), & x<0. \end{cases}$

7. $f(\cos x)=2+2\cos^2 x$.

8. (0,0) 点.

三、略.

四、

1. $f(x)=x^2-2x+2$.

2. $f(x)=e^x-e^x\cdot\sqrt{1-x}$.

3. $y=\dfrac{1}{2}\ln\dfrac{1+x}{1-x}\qquad x\in(-1,1)$.

4. (1) $f(0)=f(-1)=f(1)=0$

   (2) $f(x)$ 为偶函数

习　题　2

1.

(1)0；　(2)0；　(3)2；　(4)1；　(5) 无极限.

2. 4.　3. 略.　4. 略.

5. $\varepsilon=0.1$,　$n>9$.

$\varepsilon=0.01$,　$n>99$.

$\varepsilon=0.001$,　$n>999$.

6.

(1) $\dfrac{1}{4}$；　(2) $\dfrac{1}{2}$；　(3) $\dfrac{1}{3}$；

(4)0；　(5)0；　(6)0.

7. 略.

8. $\lim\limits_{x\to1^-}f(x)=5$,　$\lim\limits_{x\to1^+}f(x)=1$,　$\lim\limits_{x\to1}f(x)$ 不存在.

9. 略.　10. 无.

11.

(1)2；　(2) $\dfrac{5}{7}$；　(3)∞；　(4) $\dfrac{2}{3}$.

12. $\lim\limits_{x\to0}f(x)=-1$,　$\lim\limits_{x\to+\infty}f(x)=0$,　$\lim\limits_{x\to-\infty}f(x)=0$.

13. 略.

14.

(1)1；　(2)k；　(3) $\dfrac{1}{2}$；

(4)1；　(5) $\dfrac{1}{\arcsin 1}$；　(6)1；

(7) $\dfrac{2}{3}\sqrt{2}$；　(8)1；　(9)1；

(10) $\dfrac{1}{2}\cdot\dfrac{\sqrt{x}}{x}$.

15. 略.

16.

(1) $\frac{1}{4}$;　(2)0;　(3)4;　(4)0.

17.

(1) -9;　(2)2;　(3)0;

(4) ∞;　(5) $\frac{1}{2}$;　(6) $2x$;

(7)2;　(8) $\frac{1}{2}$;　(9)2;

(10)1.

18.

(1)3;　(2) π;　(3)0;

(4) e;　(5) e^2;　(6) e^{-3}.

19.

(1)1;　(2) $\ln a$;　(3) $\frac{1}{a}$;　(4) e^a.

20.

(1) $x\to 0$,　无穷大量,

$x\to\infty$,　无穷小量;

(2) $x\to -1$,　无穷大量,

$x\to\infty$,　无穷小量;

(3) $x\to n\pi$,　无穷小量,

$x\to \frac{\pi}{2}+n\pi$,　无穷大量;

(4) $x\to 1$,　无穷小量,

$x\to\infty$,　无穷大量.

21.

(1) 同阶;　(2) 高阶;　(3) 等价;　(4) 低阶.

22. (1)0;　(2) ∞;　(3)0.

23. $k=-3$.

24. $a=-7$, $b=6$.

25. $a=1$, $b=-1$.

综合练习二

一、

1. D;　2. D;　3. D;　4. C;

5. D;　6. B;　7. C;　8. C.

二、

1. 1.　　2. -2.　　3. 2.

4. 1.　　5. 12.　　6. 0,1;　0,0;　$\frac{2}{5}$, -3.

7. e^4.　　8. $\frac{2}{3}$.

三、

1. $\lim\limits_{x\to 0}f(x)=4$.　　$\lim\limits_{x\to 2}f(x)$ 不存在.

2. (1) 不存在;　(2)0;　(3)0;　(4)e^{-1}.

3. $k=\frac{1}{2}$.

四、略.

五、

1. 3

2. $\frac{1}{2}(1+\sqrt{1+4a})$

习　题　3

1.

(1) -1;　(2) $\sqrt{3.8}-2\approx -0.051$.

2.

(1) $x\in R$ 且 $x\neq 2,1$, $\lim\limits_{x\to 0}f(x)=2^{-\frac{1}{3}}$;

(2) $x\in(-\infty,2)$, $\lim\limits_{x\to -3}f(x)=\ln 5$;

(3) $x\in[4,6]$, $\lim\limits_{x\to 5}f(x)=2$;

(4) $x\in(0,1]$, $\lim\limits_{x\to \frac{1}{2}}f(x)=\ln\frac{\pi}{6}$.

3.

(1) $x=-1$,　无穷间断点;

(2) $x=2$,　无穷间断点;

$x=1$,　可去间断点,补充定义 $f(1)=-2$;

(3) $x=0$,　可去间断点,补充定义 $f(0)=2$;

(4) $x=0$,　可去间断点,补充定义 $f(0)=0$,

$x=k\pi(k\in \mathbf{N}$ 且 $k\neq 0)$,无穷间断点;

(5) $x=0$,　可去间断点,补充定义 $f(0)=0$;

(6) $x=0$,　可去间断点,补充定义 $f(0)=\frac{1}{2}$;

(7) $x=1$,　可去间断点,补充定义 $f(1)=\frac{2}{3}$;

(8) $x=0$，　可去间断点，补充定义 $f(0)=-\frac{5}{2}$；

(9) $x=0$，　可去间断点，补充定义 $f(0)=0$；

(10) $x=0$，　可去间断点，补充定义 $f(0)=e$；

(11) $x=0$，　可去间断点，补充定义 $f(0)=2$.

4.

(1) $\lim\limits_{x\to 1^-} f(x)=0$，　$\lim\limits_{x\to 1^+} f(x)=1$，　$\lim\limits_{x\to 1} f(x)$ 不存在；

(2) 不连续；

(3) $\lim\limits_{x\to 2} f(x)=0$，　$\lim\limits_{x\to \frac{1}{2}} f(x)=-\frac{1}{2}$.

5.

(1) $\lim\limits_{x\to 1^-} f(x)=1$，　$\lim\limits_{x\to 1^+} f(x)=1$，　$\lim\limits_{x\to 1} f(x)$ 存在；

(2) 不连续；

(3) $(-\infty,1)\cup(1,2)$.

6.　$a=1$.

7.

(1) 连续；

(2) $x=-1$，　跳跃间断点；

(3) $x=-1$，　跳跃间断点；

(4) $x=0$，　为第一类间断点.

8.

在(1) 的情况下，$f(x)+g(x)$ 不连续，$f(x)\cdot g(x)$ 可能连续；

在(2) 的情况下，$f(x)+g(x)$ 可能连续，$f(x)\cdot g(x)$ 不连续.

9.　不一定.

10. ～ 14. 略.

15. 不连续.

16.　$a=4$，　$b=\ln 2$.

17.　$a=4$，　$b=2$.

综合练习三

一、

1. A；　2. C；　3. A；　4. B；

5. C；　6. A；　7. C；　8. B.

二、

1. $a=e^6$，　$b=e^6-2$.

2. $\alpha=4$，$\beta=11$.

3. $(-\infty,+\infty)$.

4. $(-\infty,+\infty)$.

5. $k=-2$.

6. $a=2$.

7. 必要、充分.

8. $b=2a$.

三、

1. 不连续.

2. $\max f(x)=1$,　　$\min f(x)=-1$.

3. $x=\pm 1$,　跳跃间断点.

4. $x=0$,　　第一类间断点.

　$x=-1$,　无穷间断点.

　$x=1$,　　可去间断点. 补充定义 $f(1)=\frac{1}{2}$.

四、略.

五、

$f(x)=3x^2-6x$

六、$-\frac{1}{2}$

习　题　4

1.

(1) $2x+3$;

(2) $3\cos(3x+1)$;

(3) $-2\sin(2x-3)$.

2.

$f'(x)=2ax+b$;　　　　$f'(0)=b$;

$f'\left(\frac{1}{2}\right)=a+b$;　　　　$f'\left(-\frac{b}{2a}\right)=0$.

3.

切线方程:　　$y=12x-16$;

法线方程:　　$y=-\frac{1}{12}x+8\frac{1}{6}$.

4.

(1) $(0,0)$;

(2) $\left(\frac{1}{2},\frac{1}{4}\right)$.

5. 略.

6. 连续,可导.

7. 可导.

8. $f'(0)=1$.

9. 连续,可导.

10. $V_0=3\text{m/s}$, $t=\frac{3}{2}\text{s}$.

11. 略.

12. $a=-2$, $b=-2$.

13.

(1)$6x-5$;　(2)$x^{-\frac{1}{2}}+x^{-2}$;　(3) $\frac{2mx+n}{p+q}$;

(4)$3\sqrt{2}x^2+\frac{\sqrt{2}}{2}x^{-\frac{1}{2}}$;　(5)$(x+1)(3x-1)$;　(6) $\frac{2ax^3-c}{(a+b)x^2}$.

14.

$f'(-1)=-14$;　$f'(2)=\frac{13}{16}$;　$f'\left(\frac{1}{a}\right)=-3a^4+10a^3-a^2$.

15.

$S'(0)=\frac{3}{25}$;　$S'(2)=\frac{17}{15}$.

16.

$f'(1)=16$;　$f'(a)=15a^2+2a^{-3}-1$.

17.

(1)$-2(x-1)^{-2}$;

(2)$-2(1+\ln x)^{-2}\cdot x^{-1}$;

(3) $\frac{1-\cos x-x\cdot\sin x}{(1-\cos x)^2}$;

(4)$x\cdot\cos x$;

(5)$\sec^2x-\cot x+x\cdot\csc^2x$;

(6) $\frac{x\cdot\cos x-\sin x}{x^2}+\frac{\sin x-x\cdot\cos x}{\sin^2x}$;

(7)$\sin x\cdot\ln x+x\cdot\cos x\cdot\ln x+\sin x$;

(8) $\frac{1}{1+\cos x}$;

(9) $\frac{\sin 2x\cos(x^2)+(1+\sin^2x)\cdot 2x\cdot\sin(x^2)}{\cos^2(x^2)}$;

(10) $\frac{1-n\ln x}{x^{n+1}}$;

(11)$2^x+x\cdot 2^x\cdot\ln 2$;

(12)$x\cdot(1-x^2)^{-\frac{3}{2}}$;

(13)$-\sin 2x$;

(14)$3^{\sin x}\cdot\cos x\cdot\ln 3$;

(15)$\sec x\cdot\csc x$;

(16)$\cos(2^x)\cdot 2^x\cdot\ln 2$;

(17)$(2x+x^2)^{-\frac{1}{2}}$;

(18) $\sin 2x\cos 3x-3\sin 3x\sin^2 x$；

(19) $2x\cdot\sin\frac{1}{x}-\cos\frac{1}{x}$；

(20) $\frac{-2x}{1-(1-x^2)^2}$；

(21) $-e^{-x}\cos 3x-3e^{-x}\sin 3x$；

(22) $2x^{-1}\cdot(x^2-4)^{-\frac{1}{2}}$；

(23) $\frac{1}{2x\sqrt{1-3x}}$；

(24) $2\arcsin x\cdot(1-x^2)^{-\frac{1}{2}}$；

(25) $-\frac{x+\arccos x\cdot\sqrt{1-x^2}}{x^2\sqrt{1-x^2}}$；

(26) $2x^{-\frac{1}{2}}\cdot\arctan x+x^{\frac{1}{2}}(1+x^2)^{-1}$；

(27) $\frac{\sqrt{1-x^2}+x\cdot\arcsin x}{(1-x^2)\cdot\sqrt{1-x^2}}$；

(28) $\sin x\cdot\arctan x+x\cdot\cos x\cdot\arctan x+\frac{x}{1+x^2}\cdot\sin x$；

(29) $-\frac{1}{1+x^2}$；

(30) $\frac{1}{2\sqrt{x}(1+x)}\cdot e^{\arctan\sqrt{x}}$；

(31) $x^{\sin x}\cdot\left(\ln x\cdot\cos x+\frac{\sin x}{x}\right)$；

(32) $\left(\frac{x}{1+x}\right)^x\cdot\left(\frac{1}{1+x}+\ln\frac{x}{1+x}\right)$；

(33) $(\tan 2x)^{\cot\frac{x}{2}}\cdot\left[\frac{2\sec^2 2x\cot\frac{x}{2}}{\tan 2x}-\frac{1}{2}\csc^2\frac{x}{2}\ln\tan 2x\right]$；

(34) $2x^2(1+x^3)^{-\frac{2}{3}}(1-x^3)^{-\frac{4}{3}}$.

18.

(1) $\frac{ay-x^2}{y^2-ax}$；

(2) $\frac{2a}{3-3y^2}$；

(3) $\frac{y(x\ln y-y)}{x(y\ln x-x)}$；

(4) $\frac{y^2\sin x+3a^2\cos 3x}{2y\cos x}$；

(5) $-\frac{1}{x\cdot\sin(xy)}-\frac{y}{x}$；

(6) $\frac{e^y}{1-x\cdot e^y}$；

(7) $\dfrac{y\cdot\cos x+\sin(x-y)}{\sin(x-y)-\sin x}$.

19. (0,1).

20. $a=\dfrac{1}{2\mathrm{e}}$.

21.

(1) $-x(1-x^2)^{-\frac{1}{2}}\mathrm{d}x$;

(2) $(1+x^2)(1-x^2)^{-2}\mathrm{d}x$;

(3) $-\mathrm{e}^{-x}(\cos x+\sin x)\mathrm{d}x$;

(4) $\dfrac{1}{2}(1-x)^{-\frac{1}{2}}\cdot x^{-\frac{1}{2}}\mathrm{d}x$;

(5) $n\cdot\sin x\cdot\cos x\mathrm{d}x$;

(6) $\dfrac{1}{2}\sec^2\dfrac{x}{2}\mathrm{d}x$;

(7) $2(\mathrm{e}^{2x}-\mathrm{e}^{-2x})\mathrm{d}x$;

(8) $(1-\mathrm{e}^y)^{-1}\mathrm{d}x$;

(9) $f'(\mathrm{e}^x\sin 2x)\mathrm{e}^x(\sin 2x+2\cos 2x)\mathrm{d}x$.

22.

(1)0.99; (2)2.0016; (3)0.01;

(4)1.05; (5)0.495; (6)0.795.

23. 略.

24.

(1) $(6x+4x^3)\mathrm{e}^{x^2}$;

(2) $\dfrac{a^2}{(a^2+x^2)^{\frac{3}{2}}}$;

(3) $-\left(2\cos 2x\ln x+\dfrac{\sin 2x}{x}+\dfrac{x\cdot\sin 2x+\cos^2 x}{x^2}\right)$;

(4) $-\csc^2 x$;

(5) $\dfrac{\sin(x+y)}{[\cos(x+y)-1]^3}$;

(6) $\dfrac{\mathrm{e}^{x+y}(x-y)^2}{(x-\mathrm{e}^{x+y})^3}-\dfrac{2(\mathrm{e}^{x+y}-y)}{(x-\mathrm{e}^{x+y})^2}$;

(7) $\dfrac{1}{\mathrm{e}^2}$.

25. 略.

26.

$$\frac{\mathrm{d}^2y}{\mathrm{d}x^2}=f''[\varphi(x)],\varphi'^2(x)+f'[\varphi(x)]\cdot\varphi''(x);$$

$$\frac{\mathrm{d}^3y}{\mathrm{d}x^3}=f'''[\varphi(x)],\varphi'^3(x)+3f''[\varphi(x)]\cdot\varphi'(x)\cdot\varphi''(x)+f'[\varphi(x)]\cdot\varphi'''(x).$$

27.

(1)$y^{(n)}=2n!\ (-1)^n\cdot(1+x)^{-n-1}\quad(n\geqslant1)$;

(2) $y'=\ln x+1$;

$y^{(n)}=(-1)^{n-2}\cdot(n-2)!\ \cdot x^{1-n}\ (n\geqslant2)$;

(3)$y^{(n)}=2^{n-1}\cdot\sin\left(2x+\frac{n-1}{2}\pi\right)\quad(n\geqslant1)$;

(4)$y^{(n)}=(n+x)e^x\quad(n\geqslant1)$.

28. 略.　29.略.

30.

(1)$f'(a)=\varphi(a)$;

(2)i)$\varphi(a)=0$ 时 $f'(a)=0$;　ii)$\varphi(a)\neq0$ 时,$f'(a)$ 不存在.

31. 略.

32. $V=50$km/h.

33. $V(1)=-2.8$km/h.

34. $144\pi\ \text{m}^2/\text{s}$.

35. 0.204(m/min).

综合练习四

一、

1. C;　2. C;　3. B;　4. D;
5. A;　6. C;　7. B;　8. B;
9. A;　10. B;　11. A.

二、

1. $\frac{2}{3}$.　2. $2^n\cos\left(2x+\frac{n\pi}{2}\right)$.

3. $e^{2t}+2t\cdot e^{2t}$.　4. 0.

5. $\sin2x\cdot[f'(\sin^2x)-f'(\cos^2x)]dx$.

6. $\sqrt{1-x^2}$.　7. $6!\ a^2$.

8. $\frac{\arctan\sqrt{x}}{\sqrt{x}\cdot(1+x)}dx$.　9. $y=\sqrt[3]{6}(x+3)$.

10. $16x-4y-21=0$.

三、

1. $\frac{1}{\cos x}$.　2. $-\frac{1}{\cos x}$.　3. $-\tan t$.　4. $-\sqrt{\frac{y}{x}}$.

四、$\frac{16}{25}$cm/min.

五、略.

六、略

习　题　5

1. $\varepsilon=\frac{\pi}{2}$.　　2. $\varepsilon=\frac{5\pm\sqrt{13}}{12}$.

3. $\varepsilon=\frac{\pi}{4}$.　　4. 略.　　5. 3.　　6. ～13. 略.

14.

(1) $-\frac{a^2}{2}$；　(2) $-\frac{1}{2}$；　(3) $-\frac{1}{8}$；　(4) $\frac{1}{2}$；

(5) 1；　(6) 1；　(7) $-\frac{2}{\pi}$；　(8) 0；

(9) $e^{\frac{2}{\pi}}$；　(10) 1.

15.

(1) 0；　(2) 1；　(3) $\frac{2}{\pi}$.

16.

(1) $-\frac{1}{12}$；　(2) $\frac{1}{2}$；　(3) $\frac{2}{9}$；　(4) $\frac{1}{3}$.

17.

(1) $\frac{1}{2}$；　(2) $-\frac{e}{2}$；　(3) 1；　(4) $\frac{1}{2}$；　(5) 3；　(6) 36.

18. 连续.　　19. 略.　　20. 略.

21.

$0<a<\frac{1}{e}$，　有两相异实根；

$a=\frac{1}{e}$，　有一实根；

$a>\frac{1}{e}$，　无实根.

22.

(1) $\left(0,\frac{1}{2}\right)$ 单调减，$\left(\frac{1}{2},+\infty\right)$ 单调增；

(2) $\left(0,\frac{\pi}{3}\right)\cup\left(\frac{5}{3}\pi,2\pi\right)$ 单调减，$\left(\frac{\pi}{3},\frac{5}{3}\pi\right)$ 单调增；

(3) $(-\infty,-1)\cup(3,+\infty)$ 单调增，$(-1,3)$ 单调减；

(4) $\left(-\infty,\frac{1}{2}\right]$ 单调减，$\left(\frac{1}{2},+\infty\right)$ 单调增；

(5) $[0,n]$ 单调增，$(n,+\infty)$ 单调减；

(6) $\left(-1,-\frac{2}{5}\right)$ 单调减，$\left(-\frac{2}{5},+\infty\right)$ 单调增.

23. 略.

24.

(1) 极大值，$f\left(\frac{7}{5}\right)=\frac{8^2\cdot 12^3}{5^5}$，

极小值，$f(3)=0$；

(2) 极大值，$f(1)=\frac{\pi}{4}-\frac{1}{2}\ln 2$；

(3) 极大值，$f(1)=1$，

极小值，$f(-1)=-1$；

(4) 极大值，$f(1)=2$；

(5) 极大值，$f(\mathrm{e})=\mathrm{e}^{\frac{1}{2}}$；

(6) 无极值.

25. 略.

26.

极大值，$f\left(\frac{\pi}{3}\right)=\sqrt{3}$.

27.

(1) $\max f(x)=80$，　$\min f(x)=-5$；

(2) $\max f(x)=11$，　$\min f(x)=-14$；

(3) $\max f(x)=\frac{5}{4}$，　$\min f(x)=\sqrt{6}-5$；

(4) $\max f(x)=\frac{1}{2}$，　$\min f(x)=0$.

28.

第10000项，$\frac{1}{200}$.

29.

$p>0$，　唯一实根；

$\frac{p^3}{27}+\frac{q^2}{4}<0$，　三相异实根.

30.

$r=\sqrt[3]{\frac{150}{\pi}}m$，　$h=2r$.

31. 12次/日，　6只/次.

32.

$2h$.

33.

$\frac{x_1+x_2+\cdots+x_n}{n}$.

34.

5批.

35.

$\sqrt{\frac{ac}{2b}}$ 批.

36.

(1) 无拐点;

(2) 无拐点;

(3) 拐点, $x=-1,1$;

(4) 拐点, $x=\pm\sqrt{3},0$;

(5) 拐点, $x=2$;

(6) 拐点, $x=1$.

37. 略. 38. 略.

39. $a=-\frac{3}{2}$, $b=\frac{9}{2}$.

40. $a=1$, $b=-3$, $c=-24$, $d=16$.

41. $k=\pm\frac{\sqrt{2}}{8}$.

42. $x=x_0$ 非极值点,$(x_0,f(x_0))$ 为拐点.

43. 略.

44. $P=150$ 元, $L_{\max}=5\,000$ 元.

45. 9.5 元, 22 元.

46.

(1)1 775,约 1.97;

(2) 约 1.58;

(3)1.5,约 1.67.

47. 9975,199.5,199.

48. 50000.

49. 250.

50.

(1) $R(20)=120$, $R(30)=120$, $\overline{R}(20)=6$,
$\overline{R}(30)=4$, $R'(20)=2$, $R'(30)=-2$;

(2)$Q=25$.

51. 15 个.

52. $P\cdot\ln 4$.

53. $\eta=\frac{1}{4}P$,

$\eta(3)=\frac{3}{4}$, $\eta(4)=1$, $\eta(5)=\frac{5}{4}$.

54.

(1)$Q'(4)=-8,\eta(4)\approx 0.54$;

(2) 增 0.46%,减 0.85%;

(3)$P=5$.

55. $Q=4\sqrt{6}$, $\min \bar{c}'=3.2\sqrt{6}+3.8$.

56.

$P=3$ 元，$R=9000$ 元.

57.

(1) $L_{\max}=47, Q_0=\frac{7}{2}, P_0=19\frac{1}{2}$;

(2) $T_{\max}=t_0, Q_t=24\frac{1}{2}, t_0=14$;

(3) $L_{\max}=10\frac{1}{4}, P_0=24\frac{3}{4}$;

(4) 消费者承担$\frac{21}{4}$，厂商承担$\frac{35}{4}$.

综合练习五

一、

1. B;	2. B;	3. D;
4. A;	5. C;	6. D;
7. C;	8. B;	9. A;
10. C;	11. B;	12. D.

二、

1. 1.

2. $b=2$,　$c=3$.

3. $x=0$,　$x=-\frac{1}{2}$;　$y=\frac{1}{2}$.

4. 1.

5. $(-3,2)$.

6. $\theta=\frac{1}{2}$.

7. $\left(-\frac{1}{2},\frac{9}{2}\right)$.

8. $y=2x+y-6=0$.

三、

1. $\frac{1}{6}$.　　2. $2e^{2t}$.

3. $dy=(\ln x)^x\cdot(1+\ln x)dx$.

4. $a=b$.

四、

(1) $Q_{\max}=11, P=89$;

(2) $a=111, b=2$.

五. 略.　　六. $p(x)=x^3-6x^2+9x+2$.

习　题　6

1.

$$S(t)=V_0t+\frac{1}{2}gt^2+S_0.$$

2.

$$f(x)=x^2+1.$$

3.

$$S(t)=\frac{1}{2}at^2+S_0-\frac{1}{2}at_0{}^2.$$

4.

$$P(t)=\frac{1}{2}at^2+bt.$$

5.

(1) $-\frac{1}{2}x^{-2}+C$;

(2) $\frac{2}{5}x^{\frac{5}{2}}+C$;

(3) $\sqrt{2}h^{\frac{1}{2}}g^{-\frac{1}{2}}+C$;

(4) $\frac{m}{m+n}t^{\frac{m+n}{m}}\cdot x+C$;

(5) $a^3x-a^2bx^3+\frac{3}{5}ab^2x^5-\frac{1}{7}b^3x^7+C$;

(6) $\frac{3}{2}x^{\frac{2}{3}}-\frac{6}{5}x^{\frac{5}{3}}+\frac{3}{8}x^{\frac{8}{3}}+C$;

(7) $\frac{1}{3}x^3+\frac{2}{5}x^{\frac{5}{2}}-\frac{1}{2}x^2+x+C$;

(8) $x-\arctan x+C$;

(9) $\frac{2}{5}x^{\frac{5}{2}}+\frac{1}{2}x^2+6x^{\frac{1}{2}}+C$;

(10) $\frac{1}{2}x-\frac{1}{2}\sin x+C$;

(11) $-x-\cot x+C$;

(12) $\frac{8}{15}x^{\frac{15}{8}}+C$;

(13) e^x+x+C;

(14) $\sin x+\cos x+C$;

(15) $-\frac{1}{x}-\arctan x+C$;

(16) $e^x-3\sin x+C$;

(17) $\frac{1}{1+\ln 2}(2e)^x+C$;

(18) $\frac{1}{3}x^3 - x + \arctan x + C$；

(19) $\ln x + \arctan x + C$；

(20) $\tan x - x + C$；

(21) $\frac{1}{2}x - \frac{1}{2}\sin x + C$；

(22) $-4\cot x + C$；

(23) $\tan x - \cot x + C$.

6.

(1) $\frac{3}{2}(1-2x)^{-1} + C$；

(2) $-\frac{3}{4}(3-2x)^{\frac{2}{3}} + C$；

(3) $\frac{1}{3\ln a}a^{3x} + C$；

(4) $\ln(1+x^2) + C$；

(5) $\frac{1}{3}(t^2-5)^{\frac{3}{2}} + C$；

(6) $-e^{\frac{1}{x}} + C$；

(7) $(x^3-5)^{\frac{1}{3}} + C$；

(8) $\frac{1}{3}(\ln|x|)^3 + C$；

(9) $\ln(x^2 - x + 3) + C$；

(10) $\ln|\ln x| + C$；

(11) $\ln(e^x + 1) + C$；

(12) $\frac{1}{2}\ln(x^2+1) - \arctan x + C$；

(13) $\frac{1}{6}\arctan\frac{3}{2}x + C$；

(14) $\frac{1}{4}\arctan\frac{2x+1}{2} + C$；

(15) $\frac{1}{12}\ln\left|\frac{2+3x}{2-3x}\right| + C$；

(16) $\frac{1}{5}\ln\left|\frac{x-3}{x+2}\right| + C$；

(17) $\frac{1}{3}\arcsin\frac{3x}{2} + C$；

(18) $\arcsin\frac{x+1}{\sqrt{6}} + C$；

(19) $-\frac{1}{3}\cos 3x + C$；

(20) $\frac{x}{2} - \frac{1}{12}\sin 6x + C$；

(21) $e^{\sin x}+C$;

(22) $\sin e^{x}+C$;

(23) $-\cos x+\frac{1}{3}\cos^{3}x+C$;

(24) $\frac{3}{8}x-\frac{1}{4}\sin 2x+\frac{1}{32}\sin 4x+C$;

(25) $\frac{1}{3}\sin^{3}x-\frac{2}{5}\sin^{5}x+\frac{1}{7}\sin^{7}x+C$;

(26) $\frac{1}{3}\tan^{3}x-\tan x+x+C$;

(27) $-\frac{\cot^{3}x}{3}-\cot x+C$;

(28) $\frac{1}{5}(1+x^{2})^{\frac{5}{2}}-\frac{1}{3}(1+x^{2})^{\frac{3}{2}}+C$;

(29) $\frac{1}{4}\ln x-\frac{1}{24}\ln(4+x^{6})+C$;

(30) $\frac{\tan^{2}x}{2}+\ln|\cos x|+C$;

(31) $\arctan e^{x}+C$.

7.

(1) $\frac{3}{4}(x+a)^{\frac{4}{3}}+C$;

(2) $\frac{2}{5}(x+1)^{\frac{5}{2}}-\frac{2}{3}(x+1)^{\frac{3}{2}}+C$;

(3) $\frac{1}{9}(2x+3)^{\frac{9}{4}}-\frac{3}{5}(2x+3)^{\frac{5}{4}}+C$;

(4) $\sqrt{2x-3}-\ln(\sqrt{2x-3}+1)+C$;

(5) $3\sqrt[3]{x}-6\sqrt[6]{x}+6\ln\left|\sqrt[6]{x}+1\right|+C$;

(6) $\frac{x}{\sqrt{1-x^{2}}}+C$;

(7) $\frac{1}{2}\left[\arctan x+\frac{x}{x^{2}+1}\right]+C$;

(8) $\frac{x}{a^{2}\sqrt{a^{2}+x^{2}}}+C$;

(9) $\arccos\frac{1}{x}+C$;

(10) $\sqrt{x^{2}-a^{2}}-a\arccos\frac{a}{x}+C$;

(11) $\frac{1}{2}(\arcsin x-x\sqrt{1-x^{2}})+C$;

(12) $\frac{1}{3}\ln\left|3x+\sqrt{9x^{2}-4}\right|+C$;

(13) $\frac{1}{3}\ln\left|\sqrt{9x^2-6x+7}+3x-1\right|+C$;

(14) $\ln\frac{\sqrt{1+e^x}-1}{\sqrt{1+e^x}+1}+C$.

8.

(1) $x\ln(x^2+1)-2x+2\arctan x+C$;

(2) $x\arctan x-\frac{1}{2}\ln(1+x^2)+C$;

(3) $(x-1)e^x+C$;

(4) $-x\cos x+\sin x+C$;

(5) $-\frac{1}{x}(\ln|x|+1)+C$;

(6) $\frac{1}{n+1}\cdot x^{n+1}\cdot\left(\ln|x|-\frac{1}{n+1}\right)+C$;

(7) $-e^{-x}(x^2+2x+2)+C$;

(8) $\frac{1}{8}x^4\left(2\ln^2 x-\ln x+\frac{1}{4}\right)+C$;

(9) $\frac{e^{ax}(b\sin bx+a\cos bx)}{a^2+b^2}+C$;

(10) $x\tan\frac{x}{2}+C$;

(11) $2e^{\sqrt{x}}(\sqrt{x}-1)+C$;

(12) $2x\sqrt{1+e^x}-4\sqrt{1+e^x}-2\ln\left|\frac{\sqrt{1+e^x}-1}{\sqrt{1+e^x}+1}\right|+C$.

9.

(1) $\frac{1}{6}\ln\frac{(x+1)^2}{x^2-x+1}+\frac{\sqrt{3}}{3}\arctan\frac{2x-1}{\sqrt{3}}+C$;

(2) $-\frac{x}{(x-1)^2}+C$;

(3) $2\ln\left(\frac{x+3}{x+2}\right)^2-\frac{7}{x+3}+C$;

(4) $\frac{1}{3}\arctan x-\frac{1}{6}\arctan\frac{x}{2}+C$;

(5) $\tan x-\sec x+C$;

(6) $x-\ln(1+e^x)+C$;

(7) $\frac{1}{2}\left[\ln|1+\tan x|+x-\frac{1}{2}\ln(1+\tan^2 x)\right]+C$;

(8) $\frac{1}{3}(1+x^2)^{\frac{3}{2}}-(1+x^2)^{\frac{1}{2}}+C$;

(9) $\arccos\frac{1}{x}+C$;

(10) $2\arctan\sqrt{\frac{a+x}{a-x}}-\frac{(a-x)^2}{2a^2}\sqrt{\frac{a+x}{a-x}}+C$;

(11) $\frac{1}{4}\ln\left|\frac{x-1}{x+1}\right|-\frac{1}{2}\arctan x+C$;

(12) $\frac{3}{5}(1+x^{\frac{2}{3}})^{\frac{5}{2}}-2(1+x^{\frac{2}{3}})^{\frac{3}{2}}+3(1+x^{\frac{2}{3}})^{\frac{1}{2}}$;

(13) $x+2\left(1+\tan\frac{x}{2}\right)^{-1}+C$;

(14) $\frac{1}{\sqrt{3}}\cdot\ln\left|\frac{\sqrt{7}+\sqrt{3}\tan\frac{x}{2}}{\sqrt{7}-\sqrt{3}\tan\frac{x}{2}}\right|+C$;

(15) $\frac{f(ax+b)}{a}+C$;

(16) $x\cdot f'(x)-f(x)+C$;

(17) $\arctan x\cdot\sqrt{1-x^2}-\ln(\sqrt{1+x^2}+x)+C$;

(18) $\frac{1}{2}\ln^2\tan x+C$.

10.

$Q=1000\cdot\left(\frac{1}{3}\right)^P$.

11.

$C(x)=x^2+10x+20$.

12.

$V(x)=9\pi x+6\pi x^2+\frac{4}{3}\pi x^3$,

$V(3)=117\pi$.

13. 略.

综合练习六

一、

1. D; 2. C; 3. C; 4. B;
5. A; 6. C; 7. C; 8. A;
9. A; 10. C.

二、

1. $x\sin x+\cos x+C$.
2. $-F(e^{-x})+C$.
3. $e^{-\tan^2 x}+C$.
4. $-2(1+x)^{-2}$.
5. $2x^{\frac{1}{2}}+C$.

6. $-\cos\frac{1}{x}+C$.

7. $\frac{x\cdot(\ln x-1)}{\ln^2 x}-\frac{x}{\ln x}+C$.

8. $\frac{1}{2}\arcsin x+\frac{1}{2}x\cdot\sqrt{1-x^2}$.

9. $-\frac{1}{2}(1-x^2)^2+C$.

10. $y=-4x^{-\frac{1}{2}}+4$.

三、

1. $(\arcsin\sqrt{x})^2+C$.

2. $\frac{1}{3}(x+1)^{\frac{3}{2}}-\frac{1}{3}(x-1)^{\frac{3}{2}}+C$.

3. $\frac{2}{9}\ln|x^3-2|+\frac{1}{9}\ln|x^3+1|$.

4. $\frac{1}{2}(\ln\tan x)^2+C$.

5. $\tan\frac{x}{2}+\frac{1}{2}\sin^{-2}x-\frac{1}{2}\csc\cot x+\frac{1}{2}\ln|\csc x-\cot x|+C$.

6. $x(\arcsin x)^2+2\sqrt{1-x^2}\arcsin x-2x+C$.

7. $\ln\left|\frac{xe^x}{1+xe^x}\right|+C$.

8. $-\frac{1}{2}\ln^2\left|\frac{x+1}{x}\right|+C$.

四、略.

五、

(1)27m；　(2)10s.

六、

$f(x)=x^3-6x^2-15x+2$

习　题　7

1.

(1)28；　(2)e－1.

2.

(a)$\int_{-\frac{\pi}{2}}^{\frac{\pi}{2}}\cos x\,dx$；　(b)$\int_1^2\frac{x^2}{4}dx$；　(c)$\int_e^{e+2}\ln x\,dx$.

3.　略.

4.

(1)$\pi\leqslant I\leqslant 2\pi$；　(2)$2e^{-\frac{1}{4}}\leqslant I\leqslant 2e^2$；

(3) $\frac{\pi}{3} \leqslant I \leqslant \frac{2}{3}\pi$；　(4) $\frac{1}{2} \leqslant I \leqslant \frac{\sqrt{2}}{2}$.

5.

(1)$\varphi'(x)=\sqrt{1+x^2}$；　(2)$\varphi'(x)=-x\mathrm{e}^{-x}$；

(3)$\varphi'(x)=\frac{2x}{\sqrt{1+x^8}}$；　(4)$\varphi'(x)=2x\sin x^4-3x^2\sin x^6$.

6.

(1)$65\frac{1}{3}$；(2)-2；(3)$\frac{63}{24}$；(4)$\frac{29}{6}$；(5)$\frac{a^2}{6}$；

(6)$\frac{28}{3}$；(7)$\frac{25}{2}-\frac{1}{2}\ln 26$；(8)$\frac{1}{2}\ln 2$；(9)0；

(10)$\mathrm{e}-\sqrt{\mathrm{e}}$；(11)$\frac{\pi}{2}$；(12)$\frac{5}{2}$；(13)4；(14)$1+\frac{\pi}{4}$.

7.

(1)$4-2\ln 2$；　(2)$5(1-\sqrt[5]{16})$；　(3)$\frac{a^2}{3}$；

(4)$\frac{1}{2}\left[\frac{\pi}{4}-\frac{1}{2}\right]$；　(5)$\frac{\sqrt{2}}{2}$；　(6)$\sqrt{3}-\operatorname{arcsec}2+\operatorname{arcsec}1$；

(7)$\frac{76}{15}$；　(8)$-\frac{1863}{28}$；

(9)$-[2\ln(\sqrt{2}-1)+\ln 3]$；　(10)$\frac{1}{2}+\ln\frac{\sqrt{2}}{2}$.

8.

(1)1；　(2)$\frac{1}{2}(1-\ln 2)$；　(3)$\frac{1}{4}(\mathrm{e}^2+1)$；

(4)$2(3-\mathrm{e})$；　(5)$\frac{1}{2}(\mathrm{e}^{\frac{\pi}{2}}-1)$；　(6)$\frac{\pi}{4}-\frac{1}{2}$；

(7)$-\frac{\pi^2}{2}$；　(8)$\left(\frac{1}{4}-\frac{\sqrt{3}}{9}\right)\pi+\frac{1}{2}\ln\frac{3}{2}$；

(9)$2\left(1-\frac{1}{\mathrm{e}}\right)$；　(10)$\frac{\pi^2}{72}+\frac{\sqrt{3}}{6}\pi-1$.

9.

(1)1；　(2)1.

10. $F_{\max}(0)=0$，　$F_{\min}(4)=-\frac{32}{3}$.

11. $\frac{5}{2}$.　12. $-\frac{1}{4}$.　13. 4.

14. (1)$1-\frac{\sqrt{3}}{6}\pi$；　(2)0.

15. ～18. 略.

19.

(1) $\frac{4}{3}a^{\frac{3}{2}}$； (2) $\frac{10}{3}$； (3) $\frac{8}{3}$； (4) $\frac{3}{4}$； (5) $\frac{\pi}{2}-1$；

(6) $\frac{1}{2}+\ln 2$； (7)4； (8) $\frac{16}{3}+2\pi$； (9) $\frac{37}{12}$.

20. $\frac{1}{2}$.

21. (1) $\frac{128\pi}{7}$, $\frac{6\pi}{5}$； (2)$2b\pi^2R^2$.

22. (1)50； (2)100.

23. (1)9987.5； (2)19850.

24. (1)4(百台)； (2)0.5(万台).

25. $111\frac{1}{3}$.

26.

(1)1； (2) $\frac{1}{2}$； (3)π； (4)$\pi-2\arctan^2$； (5) $\frac{8}{3}$；

(6) $\frac{b}{a^2+b^2}$； (7) $\frac{a}{a^2+b^2}$； (8) $\frac{\sqrt{2}}{4}\pi$.

27. (1) $\frac{\sqrt{\pi}}{2a}$； (2)1.

综合练习七

一、

1. D； 2. B； 3. A； 4. D； 5. C；
6. C； 7. B； 8. C； 9. D； 10. A.

二、

1. $\frac{15\pi}{96}$. 2. $\frac{\pi}{4}$. 3. $\frac{e^{x^2}}{1+y^2}$. 4. $\frac{2}{3}$. 5. $8(\ln 4-1)$.

6. $\frac{1}{3}(1-\sqrt{2})$. 7. $\left(e,\frac{1}{2}\right)$. 8. $\frac{\pi}{6}$.

三、

1. 1. 2. $\frac{\pi}{8}$. 3. $-\frac{\sqrt{3}}{2}-\frac{1}{2}\ln\frac{2+\sqrt{3}}{2-\sqrt{3}}$.

4. $\frac{1}{2}(1-e^{-4})$. 5. 3. 6. $\frac{\pi}{4}$ 7. $\frac{\pi}{2}$.

四、

(1) $\frac{1}{3}$(平方单位)； (2) $\frac{\pi}{6}$(立方单位).

五、 略.

六、

(1)$a=4, b=1$;

(2) $\frac{3}{4}$.

七、

1. 略,2. $\frac{\pi}{2}$.

八、

1.(1)75000(元)

(2)25000(元)

2.(1)75(元)

(2)25(元)

参考文献

[1] 格·马·菲赫金哥尔茨著. 数学分析原理.北京:高等教育出版社,1962
[2] 赵树源主编.微积分.北京:中国人民大学出版社,1987
[3] 刘书田、葛振三编.微积分解题思路与方法.北京:世界图书出版公司,1998
[4] 于春晖主编.管理经济学.上海:立信会计出版社,1998
[5] 樊映川等编.高等数学讲义.北京:人民教育出版社,1964
[6] Mankiw N.J.(莫坤,美).梁小民译.经济学管理.北京:机械工业出版社,2003.8(原书第三版).